兰华◎编著

女人的智慧是资本

智慧之于女人是立身处世的资本，它让女人可以独立坚韧地活。
智慧之于女人是成功处世的捷径，它让女人享受事业成功的乐。

中国纺织出版社

内容提要

现代女性已经把爱情和事业放在同等重要的位置，似乎幸福与否都要依照这两个指标来考量。赢得爱情、决战职场是每个女人都需要不断提升的人生智慧。

本书分上下两篇，上篇介绍婚恋中女人的心思和智慧，教会女人如何发挥自身的优势，经营好自己的爱情和婚姻；下篇从职场中的气场、相处和职业规划等多个角度，分析女性的状态、优势和劣势，让女人拥有更多的资本，迎接职场中的各种挑战，靠自己的智慧，赢来幸福的青睐！

图书在版编目(CIP)数据

女人的智慧是资本／兰华编著．—北京：中国纺织出版社，2017.5 （2024.1重印）

ISBN 978-7-5180-3238-9

Ⅰ.①女… Ⅱ.①兰… Ⅲ.①女性—修养—通俗读物 Ⅳ.①B825-49

中国版本图书馆CIP数据核字(2017)第019315号

责任编辑：闫星　　责任印制：储志伟

中国纺织出版社出版发行

地址：北京市朝阳区百子湾东里A407号楼　邮政编码：100124

销售电话：010—67004422　传真：010—87155801

http://www.c-textilep.com

E-mail:faxing@c-textilep.com

北京兰星球彩色印刷有限公司　　各地新华书店经销

中国纺织出版社天猫旗舰店

官方微博 http://weibo.com/2119887771

2017年5月第1版　2024年1月第4次印刷

开本：710×1000　1/16　印张：19

字数：240千字　定价：49.80元

前言

幸福是什么？这大概是很多女人终其一生都在思考的问题。关于幸福，不同的人有不同的看法。从社会学的角度来看，幸福是指心理欲望得到满足时的状态；或者说是从生活中获得较长时间的满足，品味到巨大的乐趣，由此自然而然产生希望这种生活持续久远的愉快心情。而对于女人来说，大概每个女人所渴望获得的就是美好的爱情、体贴的爱人、幸福的家庭、一份好的职业与极致的魅力……要知道，在追求幸福的过程中，难免会遇到种种不如意。如何才能披荆斩棘、成为好命女人呢？

关于这些，韩剧里学不到，言情小说里也看不到，它们是要靠女人自己用双手去获得的，而双手要靠的就是智慧。

然而，千百年来，婚姻被女人当成获取幸福的唯一途径。不少女人总认为“干得好不如嫁得好”，一些女人把找一个好男人当成自己一生的追求，希望有一个“帅气又多金”的男人来“拯救”自己，让自己过上衣食无忧的生活，甚至天塌下来他也能给自己顶着。然而，最后的结果呢？或许一些女人真的从此过上了幸福的生活，或许也有人就此毁了一生的幸福，而我们看到的似乎是后者居多。道理很简单，你才是自己命运的建造师，没有人能许你一个真实幸福的未来。

智慧的女人一直都知道自己需要和适合什么样的爱人，更知道如何经营自己的爱情和婚姻；她们更明白一点，嫁得好，更要干得好，婚姻和事业是女人幸福的两大金钥匙。二者兼得才是真正的幸福。所以，他们勤奋、拼搏，懂得经营自己的事业、与优秀的人为伍，让自己跻身于优秀者之列……

所以，每个智慧女人都要明白，真正的幸福来自于自己的争取，不能因为别人给你幸福，你就幸福；别人不给你幸福，你就不幸福。幸福与否，全在自己，因为每个人幸福的种子都在自己的心间，需要我们自己去灌溉、去逐渐培养，否则，它就会枯萎。

那么，生活中的女人们，你是否也想成为这样的女人？确实，哪个女人不希望自己找一个疼爱自己又懂生活的老公，不希望自己在有美好家庭的同时拥有一番好的事业呢？事实上，这既是一种美好的幻想，也是一个可以实现的梦想。但无论如何，都别只是羡慕他人，与其整天在幻想中生活，不如用自己的努力和勤奋去拼搏一把。只要你相信自己，那你也会成为好命女中的一分子，因为命运是握在自己手中的。

本书着眼于女人想要幸福必须要注意的关键问题，它旨在告诉女人要从虚幻的“幸福王国”中清醒过来，告诉女人如何找到自己的“如意郎君”，如何了解男人心理，如何经营自己的婚姻，如何驰骋于职场、经营自己的事业等。并且，本书还深入浅出地给女人提出了如何成为一位智慧女人的方法，如何通过自己的智慧和双手来设计命运、创造幸福生活，所以，女人们，不够聪明，不够漂亮，不够能干，不够……这些统统不能成为不幸福的理由！只要你读懂了书中的内容，你就能把握现在、规划未来，找到人生的动力和方向，并最终掌控自己的生活。

编著者

2016 年 11 月

目录

上篇　好男人在哪里，女人如何挑选自己一生的爱人

下篇　智慧女人懂得经营事业，嫁得好更要干得好

好男人在哪里，女人如何挑选自己一生的爱人

女人总是感叹："好男人太少了！"殊不知，很多时候，女人模糊了好男人的定义，她们自然难以找到所谓的好男人。不要总以为男人只是在乎容貌，只在乎容貌的男人，感情肯定不会长久，若是以容貌换来金玉满堂，最后不过是昙花一现。作为女人，只要用心寻觅，你就会发现好男人其实近在咫尺。

第1章

破除婚恋迷惘，婚姻是女人一辈子要经营的事业

“死生契阔，与子相悦；执子之手，与子偕老。”这是我们对婚姻追求的最高境界，对于婚姻，我们始终寄予了家庭幸福美满的最大渴望。婚姻，是一种契约。一对男女组成了一个家庭，就需要共同经营一份感情，共同享受两个人努力的成果。只有患难与共，才能采摘幸福的果实。在那一纸婚约的背后，已经不再是一种关系的改变，因为它赋予了爱情更加蓬勃的生命，更博大的内涵。

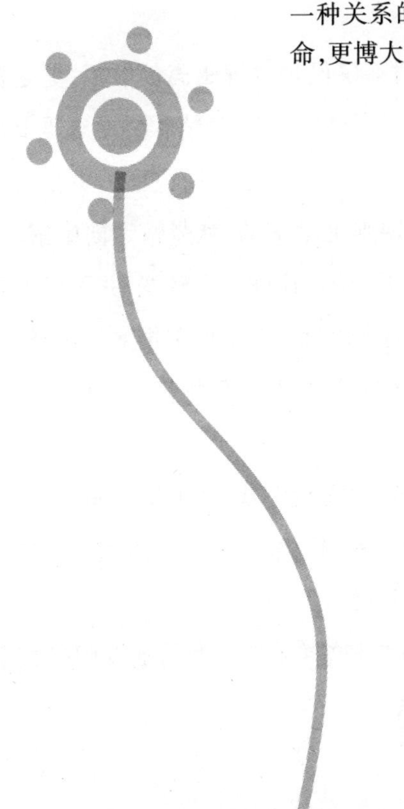

从女孩的爱情成长为女人的婚姻

“于茫茫人海中遇见你，没有早一步，也没有晚一步。”这是张爱玲所诠释的最美好的爱情，相遇是一种上天注定的缘分，但从童话般的爱情走向婚姻，从一个天真无邪的女孩成为一个女人，这个过程才是对爱情真正的考验。在电影《半生缘》里有这样一个镜头：几年之后，曼桢和世钧见面了，那时候双方都已经有了各自的孩子。当世钧知道这中间发生的一切之后，说：“让我想想，我该做点什么。”但曼桢只是说：“我们都回不去了。”这一刻是最悲凉的，他们的爱情最终没能逃出世俗的圈套，爱情在走向婚姻的路途中就不幸夭折了。当世钧走后，曼桢说了一句话：“如果我和世钧在一起，也生了一堆孩子，那这就不是一个故事了。”耐人寻味的话语，让人不得不佩服张爱玲对爱情、婚姻的深刻认识。

爱情是神圣的，婚姻是现实的，结婚不仅仅是生理距离的缩短，更是精神距离的缩短。人们总是向往爱情却抱怨婚姻，其实，爱情和婚姻本质上都是一回事，爱情所需要的是心灵相融、两情相悦，而婚姻则包含了更多的责任与义务。如果说爱情是快乐的，那婚姻则是幸福的，从爱情走向婚姻，在这个过程中，其实也是女孩成长为女人的开始。这样一个转变，并不仅仅是年纪、生理的变化，而是心灵的变化。结了婚的女人，她们不再贪玩，她们懂得婚姻的责任与义务，虽然她们依然在学习的过程中，但她们真正成为了成熟的女人，成为了善解人意的妻子。

阿英是一位典型的贪玩女孩，泡夜店、通宵玩游戏、在上班时间睡大觉。因为上班时睡觉，曾被主管呵斥：“怎么跟猪一样，能吃能睡。”听到这样的语言，阿英虽然觉得很不舒服，但还是我行我素。

即便是在邂逅爱情的那一刻，她依然是这样子的。和男朋友阿平相恋的时候，两人一起玩网游、打牌，混迹于各个酒吧。当然，与任何一个陷入爱情的女孩子一样，阿英总会花一些时间来为男朋友做饭、洗衣服，偶尔也会贴心地打个电话问吃饭没有。

就这样过了两三年，两人觉得应该结婚了。于是，两人疯疯癫癫地跑去民政局，领了结婚证。在拿到那张证书的时候，阿英突然觉得鼻子很酸，好想哭。结婚之后，阿英才明白那时候的感受，那表示自己再也不是那个贪玩的阿英了。不久，两人就有了孩子，重新回到公司上班，阿英发现自己没有心思玩了，也没有精力睡觉了，她所想的就是如何让自己的日子过好，让老公放心，还有就是为了可爱的儿子，她甚至愿意将自己变成一个贤妻良母。

她真的开始变化了，对工作负责任，每天按时回家。对于这样突如其来的变化，身边的朋友都不适应："阿英，你是怎么了？结婚了就好像变了一个人？难道第二次爱情来了吗？"阿英笑着回答说："爱情与婚姻本就是一体的，爱情的力量让我们走向了婚姻，因为爱情，婚姻才可以幸福美满。也可以说，我们现在已经没有爱情了，因为在婚姻里，爱情已经升华了。"

从爱情走向婚姻，我们只想到了这样一句话："婚姻是爱情的坟墓。"婚姻就好像是一座围城，城里的人想出去，城外的人想进来。因为这样的话流行太久，以至于那些正在品尝爱情甜蜜的年轻男女也会一脸沧桑地感叹："婚姻是围城。"当然，婚姻并不是一座围城，更不是爱情的坟墓，而是一种爱情的升华和沉淀。

1.婚姻是爱情的驿站

假如说爱情是过程，那婚姻就是爱情的驿站，即便是最美好的爱情也需要婚姻这个驿站停靠休息。俗话说，"鸟儿飞得再远也得归巢，船儿驶得再远也要归航。"而对我们而言，爱情的最终归宿就是婚姻，从爱情到婚姻，这是一个必然的过程。一个人不会永远只在爱情这个过程里徘徊，就算是爱情再美，也会感到疲惫，所以，婚姻成为了女人疲惫时停靠歇息的驿站。

2. 婚姻是爱情的升华

如果说在恋爱时你还懵懵懂懂，那在婚姻中你可以学到更多的东西。

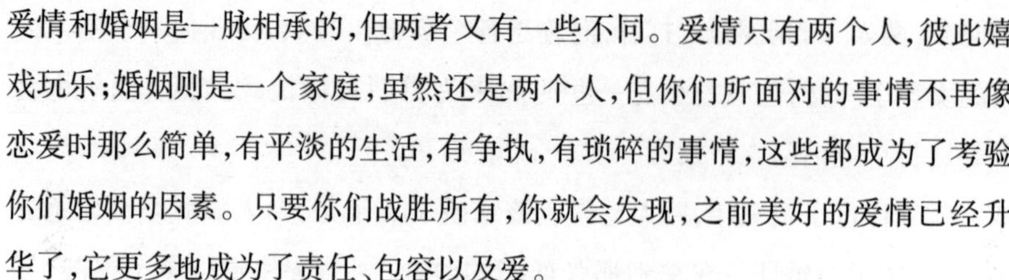

爱情和婚姻是一脉相承的，但两者又有一些不同。爱情只有两个人，彼此嬉戏玩乐；婚姻则是一个家庭，虽然还是两个人，但你们所面对的事情不再像恋爱时那么简单，有平淡的生活，有争执，有琐碎的事情，这些都成为了考验你们婚姻的因素。只要你们战胜所有，你就会发现，之前美好的爱情已经升华了，它更多地成为了责任、包容以及爱。

选择男人，合拍很重要

对于任何一个女人而言，男人没有最好的，只有最适合自己的。选择一个与自己合拍的男人，这才是幸福的捷径。有时候，幸福也需要对手，那个与你有共同意愿，并愿意配合你的种种制造幸福的举动，你所想要的他能给你，这样的“合适”男人，才是与你匹配的 Mr. Right。女人都有买鞋子的经历，当我们站在橱窗外，看着橱窗里那漂亮而款式新颖的鞋子就会兴奋不已，我们通常会选出一双最漂亮的鞋子来试穿。但是，穿在脚上才发现这双鞋子不是太小，就是太大，自己都觉得别扭。原来，鞋子合适不合适，只有自己才知道，那些外表靓丽的鞋子并不如我们想象中那么美好，如果我们硬是要穿，那自己只能忍受夹脚的痛苦。其实，挑选鞋子的过程，就是女人寻找爱情的过程。爱情，就好像鞋子一样，只有适合自己的才是最好的。反之，那些最好的未必是最合适的。就好像漂亮的鞋子一样，它只适合放在橱窗里供人欣赏，而不是带回家据为己有。在爱情的世界里，女人要善于选择适合自己的男人，那个与你合拍的男人才是你真正的如意郎君。

生活中，女人都希望自己能嫁一个既帅气又多金的男人，但理想与现实总会有一些差距。当你在选择爱情的时候，所参考的指数并不仅仅是“金钱”或“帅气”，还有其他的各种因素，最后我们只是找了一个再平凡不过的男人，虽然他不够帅，也没有钱，但茫茫人海中，他与自己才是最合拍的。爱情需要寻找最合拍的，而不是最好的。经常听到女人对男人说这样一句话："你不是最好的，但我依然只爱你。"如果仔细品味这句话，我们就可以感受到那种乐观豁达而又理智执着的爱情。那些被贴上"最好的"标签的男人，或许可以带给我们物质上的满足，却无法弥补我们心灵的空虚；最合适的会给我们带来心灵的充盈，因为合适而让爱情变得更美好，至于我们所羡慕的物质生活，那是可以用双手创造的。如果有这样一个人，他在你的心目中是绝对完美的，没有一丝缺陷，你敬畏他却又渴望亲近他，这种感觉不是"爱情"，而是"崇拜"。爱情就是当你知道了他并不是你所崇拜的人，而且清楚地知道他还存在着种种缺点，却仍然选择了他。

小娜在一家公司做销售，人很漂亮而且很优秀，虽说刚大学毕业两年，但她居然将自己的销售额做到了占全公司销售额的三分之一，对于初出茅庐的她来讲，确实不同凡响，她也因此而令人刮目相看。

最近，大家都听说她谈恋爱了，都觉得很好奇，很想知道这位传说中的男士是怎么俘获她的芳心的。昨天，她携男朋友与公司同事见面了，满足了大家的好奇心，同时，也让大家大跌眼镜。这位 Mr. Right 瘦高个儿，其貌不扬，样子看起来很斯文，不怎么爱说话，据小娜介绍是在旅行社工作。同事都觉得这位男士硬件和软件都不怎么样，与漂亮能干的小娜站在一起，给人极不相配的感觉。而且，由于同事们都很佩服小娜的能力，以前还私下评论过她未来男朋友该是如何如何地了不起和能干，没想到现在居然是这个样子。特别是同事小孟还不停地摇头："真想不到，这么漂亮的女孩最终找了这样的一个人，我真不能接受。"感叹之余，还是觉得很不理解。可是，看着小娜挽着男朋友那幸福的样子，大家又觉得很释然。

爱情的最终目的不过是幸福，不管别人是怎么看的，只要你觉得适合你，那就是最幸福的事情。小娜的选择是最合适她的，因为大家看到了她眼中飞扬的神采，还有她男朋友眼中欣赏和赞许的目光。或许，在外人看来，这两人显得并不般配，但鞋子合不合脚，只有自己知道，外人再怎么说，幸福终究是属于自己的。

1. 爱情就是两个人能配合对方的脚步

别人认为好的，不一定适合你。爱情的关键是要两个人都能配合对方的脚步，用欣赏的眼睛和愿意倾听的耳朵，一起发现爱的真谛。在我们短暂的生命中，只有爱才是永恒的。爱是一种恒久的财富，当岁月流逝，我们需要的不是高高在上的地位，也不是手中至高无上的权利，而是来自爱情的温暖与体贴。

2. 优秀的男人多，合适的却很少

这个世界优秀的男人太多，合适的男人却很少。那些优秀的男人对自己未必是最好的，而合适的必定是对自己最好的。在最合适的爱情里，有一种难以言说的契合，你可以在他那里活出你自己。每个人活着就要做最好的自己，如果你能在他那里找到自己，就选择他吧。因为，他对于你而言是再合适不过了，没有人会比他更好了！

女人嫁得好，幸福感更强

在《杨澜访谈录》六周年的庆典上，面对媒体专访时，杨澜提到了丈夫吴征："我想送给大家一句话，优秀的女人是没有好下场的，除非你找到一个好老公。"对于女人而言，嫁得好才能拥有幸福，这句话不仅仅是她自己切身的体会，更蕴含着一个好男人对女人的重要性。女人干得好是一种骄傲，但与此同时，更需要找个好男人，这样生活才两全其美。如果只是单一地干得好，那只会"高处不胜寒"，其间的哀伤与感慨又有谁知道呢？女人自己干得好，内心踏实，花钱有底气，做人做事更让人尊敬，遗憾的是她们无法拥有爱情，无法体会生活的幸福。人的第一性不是爱情而是生存，有了生存的前提，才有可能寻找爱情。在这里，且不论女人是要先干得好，还是嫁得好，但女人嫁得好一定会幸福，这绝对是不容置疑的。

北京某所高校的女生这样描述着自己理想中的幸福生活："有一个志趣相投的爱人，同他一起喂马，劈柴，周游世界，关心粮食和蔬菜，有一所大房子，面朝大海，春暖花开。"生活中，幸福其实很简单，我们几乎伸手就可以触摸到。当然，对女人而言，最大的幸福就是婚姻幸福，简而言之就是"嫁得好"。不同人看这个问题，也会有不同的眼光，父母觉得女儿的另一半有优秀的外在条件，比如稳定的工作、丰厚的收入、英俊的相貌、殷实的家境，这就是所谓的"嫁得好"。但这并不是女人自己的声音，我们通过对众多单身女性择偶条件的调查发现："人品好"成为其选择另外一半的重要指标；92%的女性认为，假如需要考虑婚姻，真心相爱是最重要的，而选择"有前途"和"事业有成"的分别达到66%和47%。与此相应的是，喜欢"长相英俊"只占了16%。在触及选择终身伴侣的时候，女人们是心明眼亮的，她们当然知道，什么样的男人才是好男人。如果我们重新来看"嫁得好"这个字眼，你会发现所谓的"嫁得好"并不是嫁个多金的男人，而是嫁一个好男人。

杨澜邂逅吴征后，才确定这个男人正是自己需要的爱人。杨澜是一个成功的电视人，她漂亮、聪明。杨澜曾经说过："最难的选择是选择一个老公。"杨澜的感慨，其实就是她自己的亲身经历。刚毕业的她觉得一个女人到了年龄就嫁人是一件天经地义的事情，于是，刚出校门的杨澜就选择了婚姻，但这次婚姻只维持了一年多就宣告结束。对此，杨澜说："你需要什么样的男人，什么样的生活，初恋是想不清楚的。"

说到丈夫吴征，杨澜说："我和吴征见面时，他根本不知道我的知名度。在我出国之前，也小有名气，追求我的人不少，可我多少有点防卫的心态。到了国外呢，我还原成了一个普通学生，心态很放松，我和吴征是在很朴素的状态下结识的。从1995年结婚到现在，我们结婚都已经九年了，我们都是希望过稳定家庭生活的人。我们俩的个性都很强，争执在所难免，但这种工作中的争执是不会真正影响夫妻感情的。"

对于杨澜吴征是最合适的，杨澜说："我觉得爱情是一种气质上性格上的相互吸引，或许互补。为什么喜欢他，说得太清楚了可能就不是了，就是

觉得挺舒服，挺谈得来的。他父母也是做教师的，我们都有海外留学的经历，我们的背景、价值观比较相像，在我遇到的年轻人中，他是很杰出的。而且他的性格很独特，他的见识与观点往往出人意料，我是比较循规蹈矩的人，他有时候的那种灵感火花的碰撞，想不到的点子，让我特别敬佩。”

在外人眼里，吴征虽然是一个成功的男人，但他外形看上去并不帅气，又怎么会俘获了杨澜这位漂亮主持人的芳心呢？这当然是因为爱情，也是因为合适，两人走到了一起，不仅仅是生活中的伴侣，更是事业上的合作伙伴，在幸福婚姻的笼罩下，他们自身的发展也越来越好了。

那么，如何才能嫁得好呢？

1.性格合拍的男人

婚姻是要两个人一起生活很多年的，因此金钱、地位以及外貌很快就会因为习惯而渐渐被忽略，但性格会伴随着我们。假如两人性格不合拍，彼此之间的感情就会出现问题，伪装永远只是暂时的，迁就也会隐藏祸根。所以，女人切记，要找一个性格合拍的男人。

2.有责任心的男人

一个人的性格是多样的，但那些与婚姻质量有关的基本特征需要认真面对。比如自私的男人，自私的人在很多时候会让你为难，还会让你周围的人不欢迎他，包括你的家人。但一个有责任心的男人就不一样了，责任心会让他对周围的世界都充满关怀，对周围的人充满友好，这样你就会为他自豪，当然你也就倍感幸福了。

嫁错郎，也许会耽误女人一生

婚姻从来都是人生大事，来不得半点马虎，因为婚姻可以改变一个人的命运，尤其对于女人来说，婚姻是女人人生的转折点。嫁对了郎君，就是嫁给了幸福，嫁给了快乐；若是嫁错了郎君，不但丧失了幸福，丧失了自由与尊严，甚至将会耽误自己一辈子。因此，女人在嫁人之前，需要擦亮眼睛，不要被假象迷惑，一定要充分地了解这个男人的秉性。每个在婚姻前徘徊或还单身的女人应该记住，结婚是过日子，不是显摆，也不是光宗耀祖，男人的品性尤为重要，稍有不慎，自己的一生幸福就被彻底葬送了。

小芝说："婚姻真是一盘棋啊，一着不慎，全盘皆输。我当初就不应该嫁给他，女人嫁错了人，一辈子苦啊。"她对这段婚姻后悔莫及，如果生活真的能再给她一次机会，她一定不会这样选择。

23岁时，经人介绍小芝认识了老公阿强，四月份认识，十月份就结婚，当时对他没什么坏印象，在双方家长的催促下，就答应结婚了。婚后，阿强在镇上当厨师，小芝在家里务农，平日里很少见面，不吵不闹，关系比较融洽。结婚一年后，他们的儿子刚出生，阿强就提议说自己想去外地打工，全家人都不同意，但他说："赚了钱，我就回来接小芝一块去。"

去外地不久，他就回来接了小芝母子，那时小芝在家里带孩子，阿强每个月把工资交给小芝，只是常常说工资被扣了一些，罚款了什么，小芝也没在意。有一次，阿强姐姐让小芝把丈夫看紧点，说他常在外面打麻将。等小芝追问，阿强却直说只是偶尔玩一下，小芝也就没再追究。

阿强渐渐迷上了打麻将，为了这件事，两人经常吵架，但他依旧我行我素。没过多久，小儿子出生了，小芝以为家庭负担加重，他就会收敛一点，但阿强还是继续沉迷赌博，交给小芝的工资也越来越少了，小芝只有一个人把眼泪往肚里咽。本以为他只是赌博就算了，可后来越来越不像话，竟然在小芝眼皮底下做了对不起她的事情。小芝很气愤地说："他跟麻将馆的老板娘一起跑了半个月我才知道，但我还是原谅了他，他也答应跟我回家一起好好过。但他已经被狐狸精迷住了，谁都改变不了他。"

小芝找到了阿强，好言相劝："我们都回老家去吧，如果失去了这个家庭，我们赚再多的钱有什么意义呢？"小芝愿意原谅这个男人，是因为她想不管发生什么事情，自己都要照顾到家庭，照顾孩子。

然而，回到老家之后，阿强又故伎重演，他竟然直接离家出走了。直到现在，小芝也不知道他在哪里。这段婚姻已经让小芝疲惫不堪，无力承受。大儿子都十多岁了，因为小芝没有能力抚养两个孩子，小儿子只能跟着奶奶，一个好端端的家就这样分崩离析了。

在这段婚姻的最后几年中，丈夫在情感路上不断犯错，又不断地承认错误；小芝一次次给他机会，希望他改邪归正，但事实让她一次次失望，直到她不得不放弃这个苦心经营的家庭。到最后，小芝只能把现在生活的痛苦局面归罪于自己当初的选择：一切都是因为嫁错了人。

1.不要被假象迷惑而忽视了男人的品性

有的男人"老婆"、"宝贝"地叫着，天天嘴里说着"我爱你"，你生气了就哄哄你，哄完了他该干什么还是干什么。这样的男人是抓住了女人的软肋，有一天他不想哄你了，你就觉得自己嫁错人了。女人在热恋时一定要保持清醒的头脑，不要被他的外表所蒙骗，需要考察男人的品性：是否自私，是否有责任感，是否能给自己带来幸福。

2.生活信念和追求的一致性

许多人结婚后才发现跟另一半和自己不协调：一个很闷，一个好玩；一个好强，一个懒散；一个好奇新事物，一个古板，两个人始终不能达成一致，原因就是你们生活的信念和追求存在着很大的差异。当你选择一个男人的时候，你必须确保你们的生活目标和对生活的理解是一样的，这样的婚姻才不会让你感到后悔和痛苦。

3.原则性的缺点绝不姑息

对于男人身上一些臭名昭著的缺点，是绝对不能姑息的，比如赌博、打架、小偷小摸的习惯，等等。不要轻易地相信他会改，如果真的能改，为什么到现在还是这样子呢？

青春短暂，选择爱人要趁早

张爱玲说："出名要趁早。"其实，对于女人而言，在选择男人这件事情上，何尝不是呢？如果你没早点选对好男人，那只会耽误你更多宝贵的时间。青春是稍纵即逝的，在女人最美好的年纪，你需要选对一个男人，然后谈一次恋爱，结婚生子，这样的人生才是完美的。如果在你人生最美好的年纪，耽误了大好时光，结果你被"剩"了下来，那么越到后面，你的选择范围就越狭窄。所以，女人要善于为自己的人生幸福做打算，在青春这个最美好的年纪，早点选对一个男人。

在生活中，男男女女经常陷入一种纠结的感情，明知道彼此走不到最后，但就是不放手，天真地想着以后就好了。但是，两个人既然觉得彼此都不合适，为什么不挥剑斩情丝呢？如果总是纠缠不清，对他对她都是一种耽误，美好的年纪并不是用来浪费的，更何况还是浪费在一个没有未来的人身上。在这样的情况下，女人需要表现得果断一些，转身离开，抓住青春的尾巴，趁早选一个好男人，厮守一生。

小梅是家里的独生女，父母对她寄予了很大的期望，希望她能顺利毕业，顺利找到稳定的工作，顺利找到一个如意郎君，前两者她都做到了，唯有在这个婚姻大事上，小梅就好像中了邪一般，总是不由自主地走错路。

大学毕业后的小梅依然沉浸在自己的童话世界里，希望在某一天的街角处碰到一个心仪男人，然后跟着这个男人过一辈子的幸福生活。小梅确实遇到了，那是一个刚刚打架之后受伤的男人，一副无所谓的表情，但在小梅看来却是帅呆了。就这样，小梅瞒着家里人跟那个男人恋爱了，她不愿意去追究男人多么不堪的过去，她只是沉浸在童话般的爱情里

渐渐地，父母知晓了实情，还知道那个男人不务正业，整天只是混日子。

于是，父母找到小梅，声泪俱下地劝说："你为什么要找一个这样的男人？他不工作，没有责任感，他没有办法给你幸福。"但小梅只是说："可他爱我，我再也找不到这样一个爱我的男人了，我愿意跟他在一起。"听了这样的话，父母只能拂袖而去。

激情之后回归平淡，小梅跟那个男人在一起已经快两年了，看着自己的存款一天天减少，而男人还是没找到合适的工作，小梅有点担心：难道一辈子的生活都要这样过吗？她试探性地建议男人去找份工作，但男人一副毫不在乎的表情，说道："你不是有存款吗？等咱们把钱花完了再说。"如果说两年前小梅因为男人的这个表情爱上了他，但现在却因为同样的表情被刺伤了，小梅第一次开始为自己的选择而后悔。不过，一旦男人开始哄自己，小梅又开始坚信不疑自己的爱情了。

就这样，两人拉锯战式地坚持了五年，到最后小梅心凉了，不得不放手这段感情。然而，这时小梅才发现自己已经28岁了，跟自己同龄的女人，大多都找了一个好男人结婚生子了。回想过去的那段感情，小梅觉得是错误的感情耽误了自己。

在人生的道路上，你可能们会遇到各种各样的男人；在他们之中，有太多只是匆匆的过客，有一个则是我们一生的伴侣。在爱情的旅途中，女人要善于选择好男人，而且要趁早，若是遇到不合适的男人，觉得他不能带给自己幸福，就要趁早放手离开，只有这样，你才有机会找到更好的。时间不等人，如果你紧紧抓住错误的感情，那只会耽误自己一生。

1.年龄对于女人而言是相当宝贵的

对于同一个年龄阶段的男女，这是不能比较的。俗话说："男人三十而立。"即便男人到了三十岁结婚，那也不嫌晚，他依然可以找一个二十岁左右的女孩子。但女人就不一样了，二十六是女人的黄金年龄，一旦超过了这个年龄还没有找到对的男人，那后面的选择就越来越难了，甚至有可能成为一辈子的单身女人。

2.趁早选择一个对的男人

早点选择一个对的男人，那意味着你将与那些错误的男人、错误的感情隔离开。当你觉得这段感情不能继续的时候，就要果断地放手离开，给自己一个重新选择的机会。越是趁早放手，越是能早点遇到一个好男人。

婚姻幸福，能让女人容光焕发

生活本来就是一本无字的书，其中的滋味需要自己用心品尝，或甜美，或清淡，或隽永，或深邃。都说幸福的女人是最美丽的，因此，女人最想得到的一句赞美词就是：你看上去就是一个幸福的女人。一个女人幸福与否，不在旁人的嘴里，而是自己心灵的体会。有人说："生活是可以雕塑一个人的相貌的。"女人的脸，男人的爱，有时候，生命是朵花，爱是花的蜜。生活中，那些拥有幸福生活的女人用爱将生活酿造得比蜜还甜，从而让自己也不知不觉间散发出美丽的光辉。其实，女人的美丽和幸福的婚姻生活是不可分割的。婚姻专家表示，美丽和幸福是一体的，女人只有幸福才会美丽。换而言之，女人的美丽与男人的爱有关系，遇到了对的男人，女人就会更美丽；若是遇到了错误的感情，那容颜憔悴是在所难免的。在婚姻生活中，好男人就好像一方沃土，能滋养出最娇媚的花朵。

俗话说："恋爱中的女人最美丽。"这话一点不假，那些受到爱情滋润的女人是最光鲜亮丽的，她根本不需要任何化妆品，也会变得很美丽。女人的一生中注定会遇到一个人，然后结成连理，她会被他深深地爱着、疼惜着，当爱在女人的心灵深处扎根的时候，这个女人就会变得特别美丽。女人的美丽，是一种感觉，女人不一定要漂亮，但却可以因爱而变得美丽。

周末聚会，刘女士说到了"幸福与美丽"的话题，很有兴致地讲了一些身边的事例：几年以前，一位现在在外地工作的中学同学携丈夫旅游到我现在居住的城市。但让我很意外的是，这位当年发愁嫁不出去的丑小鸭竟然出

落成一位魅力出众的少妇。我好奇地问她是如何让自己变得美丽的,她竟然很直截了当地说:“多亏了我老公的精心调养和爱心护理。”

我还有一个气质清秀的女性朋友,多年不见,再相见时,吓了我一跳。一时间竟然不知道该怎么说,我那个朋友倒是很平静地说:“我变老了,是吧?”我吞吞吐吐地回答:“我也老了,咱们都老了,岁月不饶人嘛!”朋友苦笑了一下,说:“我不仅是变老了,更重要的是变丑了,对吧?”朋友都这样说了,我也不好再加掩饰,只好说:“好像也不是丑,只是你和原来不一样了,好像换了一个人似的,整个面目都不同了。”她叹了一口气,回答说:“你还不知道我的婚姻很不幸吗? 一个不幸福的女人是挂相的。”

在生活中,我们常常说“某某女人一脸苦相”,实际上,如果你观察那些十七八岁的女孩子,你会发现在她们身上根本看不到这样的相貌,她们大多是年轻的、天真烂漫的。但如果你观察那些中年妇女,就能看出谁生活得幸福,谁过得不好,因为那些婚姻幸福的女人往往是美丽的,而反之则是一副苦相。

1.男人的爱是永远的化妆品

女人的幸福其实很简单,她们渴望在平凡的生活中被呵护着,被宠爱着。好男人是处事比较宽容的人,他们往往懂得欣赏女人的美,甚至会包容女人的缺点,对于女人那些小脾气、小性子,常常会以温柔的目光与充满爱意的举止,化解女人的阴霾情绪。在好男人的细心呵护下,女人难道还会不美丽吗?

2.做个好妻子

对女人而言,一段幸福的婚姻,找个好男人是基础,做个好妻子是条件。即使你找到了一个好男人,但若是不学会做一个好妻子,你的婚姻生活一样不会幸福。或许,男人可以暂时宽容你的小毛病,但长此以往,他的耐心也是有限的,你若不履行做妻子的义务,那男人对你是有怨言的,最后自然也会以离婚收场,在这样状态下生活的女人自然也不会美丽。

第2章

看清世俗本质，聪明女孩别再为爱“犯傻”

童话很美好，因为里面只住着公主和王子，但现实却不一样，还有很多世俗的羁绊。作为女人，需要看清楚世俗的本质，千万不要做一个为爱疯狂的女孩，只为爱而生，最终在爱情疯狂的冲动中泯灭。

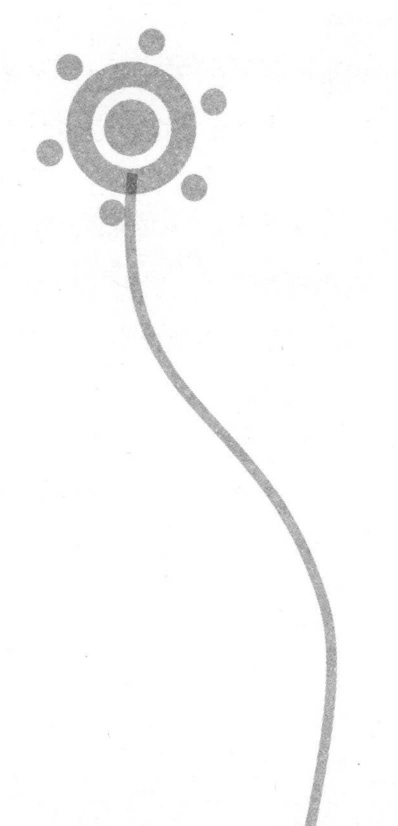

认清世俗能让你少走很多追寻幸福的弯路

女人天生喜欢幻想，她们总是幻想着童话般的爱情，然而，再美好的爱情还是会在世俗的眼光中低下头来。对于女人而言，你需要早一点认清世俗，这样才会早一点接近良缘。当你明白了社会的世俗之后，你便会明白应该以一种什么样的方式生活才能拥有幸福。既然幸福是每一个女人追求的目标，那就要朝着自己的目标有计划地前进，而不是一厢情愿地活在自己的世界里。初入社会的女孩子很单纯，她们并没有意识到社会的世俗，而是茫然地勾画着自己理想的未来，她们认为爱情就是“白雪公主最终与王子生活在一起”，相信“有情饮水饱”，随时为自己不着边际的爱情理想牺牲一切。然而，经历了现实的一波三折后，才发现原来生活是这样一回事，它并不如童话里写的那般美好，但这时往往已经为时过晚。

小云到了适婚的年龄，父母已经为她的婚事操碎了心，不知道这个丫头到底要倔强到什么时候。原来，小云一直在跟一个父母反对的男人交往，先是偷偷交往，后来在父母的逼迫下，小云索性大着胆子跟那个男人在外面同居，气得父亲胃病都犯了。

毕业后没多久，刚出校门的小云遇到了现在的男朋友。当时，小云在一个汽车公司实习，这个公司里大多数是男性司机。原本，单纯的小云只是以为这不过是普通的同事关系，但其中一位男性司机却对她展开了大胆的追求。女大学生和司机？小云心想：这或许才是最值得玩味的爱情。而且，她从小到大，所接触的都是一些循规蹈矩的好孩子，从来没有接触过这种生活方式、行为方式全然不同的人。带着一点好奇，带着一点对爱情的憧憬，她跟那位男人交往了起来。

当然，两个完全不同世界的人交往是带着冲撞的痛苦的，小云的世界是简单而美好的，男人的世界却是复杂而世俗的。虽然，小云愿意把男朋友介绍给自己的朋友，但朋友都觉得这个男人并不适合小云，小云跟他在一起只会受伤。朋友都劝小云："你完全可以找到更好的，你随便挑个男人都比他强。"但小云总是微笑着说："他对我还是挺好的。"

其实，他们过得并不好，总是为这样或那样的琐事吵架，因为那个男人太随意，他的生活太随便，价值观太社会化，而小云自己则是单纯的、执着的。就这样，两天一小吵，三天一大吵，到后来，男人还会动手打小云。经过了这些痛苦，小云才意识到这段感情的错误，但每每她想回头的时候，却又总是心软地跟他继续纠缠在一起。即便在父亲的呵斥下，小云也咬牙坚持。不过，这段感情最终还是结束了，而这时小云已经 27 岁了，她早已经错过了许多优秀的男人。最后，她才明白，自己不够世俗，才遭遇了孽缘，错过了良缘。

有这样一句话："哪个女人在年轻时没有爱过一个混蛋呢?"女人在年轻的时候，往往是毫无计划地生活着，虽然生活在世俗的世界里，活在现实中，却把世俗的意识抛到了九霄云外，总是怀抱着理想过日子。她们对一些有价值的东西视而不见，比如有钱有能力的男人、安定的生活等等，甚至还会鄙视有这样追求的女人，她们只相信爱情。或许是因为看过太多的偶像剧，她们依然相信爱情是不带任何杂质和物质的，仅仅是爱，因此她们往往为爱情奋不顾身，将亲戚朋友的叮嘱抛在脑后，以飞蛾扑火的姿态去完成所有对爱情的诠释。然而，经历过爱情的疯狂之后，最终还是要回归到平静之中，这时再看看自己的生活，是否觉得自己选对了人呢？人们常说，似乎只有经历之后才能明白其中的诀窍，然而已经为时晚矣。

1.仅仅有爱是不够的

爱也是一种感情之一，即便是两个没有爱情的人在一起，也会因为相处而产生感情。说得俗气一点，就算是你养了一只狗或一只猫，时间长了也会产生感情。但对爱情而言，仅仅有爱是不够的，这样的爱情不够理智，如果两人性格不合拍，对方不负责任，那这样的爱情简直就是悲剧。因此，女人

需要明白这一点,不要成为扑火的飞蛾。

2.遇到好的爱情

有人说:“好的爱情,会让你看到整个世界的美好;而坏的爱情,则只会让你看清楚一个人。”这段感情是好是坏,旁人说得再多也是惘然,关键还在于自己去分辨。作为女人,你需要抓住好的爱情,而不是深陷在坏透了的爱情里,这样的爱情是危险的。

别忽视男人良好的家境在婚姻关系中的作用

女人,要想拥有较为平衡的婚姻关系,还需要男人拥有良好的家境。在这里,良好的家境并非指的是有钱有势,而是家庭还算殷实,且男人受过较好的教育。在古代,说到嫁人,就自然会想到“门当户对”。门当和户对最初是指古代大门建筑中的两个重要组成部分。“门当”原本是大门前左右的石墩或石鼓,“户对”则是指门楣上方或门楣两侧的木雕或砖雕,都是为双数,两对四个,称为户对。由于“门当”和“户对”上往往雕刻了适合主人身份的图案,而且,其门当的大小、户对的多少还标志着宅第主人财势的大小,因此,门当户对除了有镇宅装饰的作用,还彰显着主人的身份、地位、家境。以至于后来,随着社会的流传,门当户对竟成为社会观念中衡量男婚女嫁条件的一个标准。现代社会,虽然崇尚婚姻自由,但婚姻的主旋律依然是“门当户对”,毕竟,平衡的婚姻关系需要男人良好的家境。

在过去,婚姻很简单,大多都是父母之命、媒妁之言,婚姻大事全由父母包办,而门当户对是婚姻的先决条件。当然,那些冲破世俗的婚姻还是有的,比如梁山伯与祝英台、张生与崔莺莺,门当户对的观念总是以棒打鸳鸯的方式出现,结果被那些追求婚姻自由的人口诛笔伐。如果说过去的“门当户对”是旧社会按政治等级和经济贫富而划分的“门户”,那在这个爱情婚姻自由的年代，我们该如何选择对方的家境呢？有的女人一听说男方家境比较好，就不屑地说："我是嫁给这个男人，并不是嫁给这个家庭。"但她们往往忽视了，婚姻并不是两个人的事情，而是两个家庭的事情。在对方家境良好的情况下，婚姻关系才会更牢靠、更持久。

阿梅和老公张兵恋爱了四年，阿梅家里有钱有势，但张兵的家里只能用穷困潦倒来形容。大学毕业后，阿梅的家人给张兵安排了大学老师的工作。结婚后，阿梅觉得老公应该对她的父母和自己更好，但事实上，她感觉不到那份家庭的温馨，她觉得自己似乎不了解张兵。

阿梅生活在优越的环境里，性格活泼开朗，张兵和他的父母却相当敏感，而且张兵的父母经常在他穿着阿梅父母给他买的衣服时冷嘲热讽，说："你真是看不起自己的家，贪图富贵。"这样的话，把张兵损得无地自容。

父母这样的话听多了，张兵就感觉身上背负了很大的压力，总是感觉很自卑，在阿梅的家人面前更觉得矮了三分，最后连自己的家也不想回去了，因为那房子是阿梅的父母给他们买的。阿梅觉得很不能理解，张兵为什么让她觉得如此陌生。

其实，在结婚之前，阿梅的妈妈就曾经告诫过她："门不当户不对的婚姻以后会有很大的麻烦。"阿梅一点儿也想不通，自己拥有这样好的条件，又有好的家境，而且跟张兵是有感情基础的，到最后为什么却不能幸福呢？

阿梅确实条件优厚，或许她只是适合跟张兵谈恋爱，却不一定适合结婚。如果当初阿梅听父母的找个门当户对、家境殷实的男人结婚，也许结果会很不一样。当然，我们并不是说门不当户不对就不一定不幸福，幸福如饮水，冷暖自知。但是，婚姻并非两个人的事情，而是两个家庭的事情，如果仅仅为了爱情，你就需要去接受与自己生活环境、生活习惯完全不同的一家人，你能坚持多久呢？

1.良好的家境会让婚姻更稳定

从概率上说，那些选择家境良好的男人结婚的女人会更幸福。虽然两个人贫富差距很大、属于不同世界的人不是不能生活在一起，但是这样的生

活必定是困难重重。如果双方都比较贫穷，那日子更加难过，有爱情没面包，这样的爱情坚持不了多久。

2.良好的家境包括男人所受的教育

古人说："三岁看大，七岁看老。"一个家境良好的家庭对男人的影响是难以估量的，父母的言传身教是孩子最好的榜样，对孩子有着潜移默化的影响。父母在任何方面的行为、言语、观点在孩子面前都是参照物。一个男人成年之后所表现出来的性格、观念、人品、素质，都与他的家庭是类似的。一个家境还不错的家庭，有能力供孩子读书，可以让他受到更好的教育。自然，这对于稳定的婚姻也是很有帮助的，因为大多数受过教育的男人会更明白事理，更有责任心。

要想婚姻长久，就要建立扎实的经济基础

爱情与面包，谁才是婚姻长久的基石呢？天真烂漫的女孩子会说："爱情。"因为她们坚信，有了爱就可以战胜这世间所有的困难，最后两人一定会幸福地生活在一起。但是，这是实实在在的生活，并不是拍偶像剧，更不是童话。对于婚姻而言，经济基础才是让婚姻长久的基石，也许，有人对这样的观点感到不屑，但如果你经历过，就会明白生活确实是这样的。经济是爱情的基础，如果两个人连经济基础都没有，两个人是可以在一起，但会走得很辛苦，而且在一起之后会因为生活的艰辛而使感情变得越来越差。当然，如果你的眼光够长远，觉得他是一只潜力股，相信他能闯出自己的一番天地，那还是可以选择爱情的。但是，如果你觉得他一辈子不会有能力给你充足的物质生活，那为了彼此的幸福，还是要学会放弃。女人，不要傻傻地相信没有经济基础的婚姻是幸福的，婚姻是一辈子的大事，凡事须慎重，不要太过于感性。

其实，爱情和面包都是婚姻幸福的源泉，如果你所爱的男人有能力给你幸福，你可以选择共同奋斗；但你若是觉得他没有上进心，那最好学会放弃。用句很现实的话，爱情就好像是奢侈品，当一个人的温饱都不能解决的时候，凭什么拥有爱情呢？没有经济基础，就不会有上层建筑，在没有经济基础的婚姻里，你只会被生活中的各种事情牵绊，爱情也会没有了。有经济学家曾说过："经济决定了一切。"也许在婚姻里这样说有些太绝对化，但并不是完全没有道理的，因为物质决定意识。试想一下，在有面包的前提下，再说爱情，会不会减少许多麻烦呢？而若是在没有面包的情况下说爱情，他们除了每天为面包发愁，已经不知道该想什么了，他们早忘记了爱情是什么样子。

十年以前，阿丽与男友相爱，尽管男朋友家徒四壁，尽管父母以及家人强烈反对，尽管闺蜜告诉她没有面包的爱情无法长久，但她还是义无反顾地选择了他，她说："只要有爱情，就可以克服一切困难。"

阿丽觉得只要通过自己的努力，现实生活是很容易改变的。她也确实在不断地努力着，想要证明给周围的人看。但转眼十年过去了，她的生活还是没有多大的改观，也许是她的努力还不够，但相当一部分原因还是因为经济基础太薄弱了。有些风雨，对于别人而言只是生活中小小的不幸，但落在底子薄弱的他们身上，往往就将他们辛辛苦苦的努力全部化为泡影了。

在这十年的时间里，她比起同龄的那些选择了所谓多金男人的女孩所付出的艰辛是多出几倍的。今年阿丽 30 岁了，当昔日的朋友都住在宽敞的房子里，与家人过着优裕的生活时，她还在努力地为自己的房子而奋斗，为生活不停地奔波忙碌。

有时候，她也在为不能让年迈的父母安享晚年而不安，也会为不能让自己的孩子过上与别人的孩子一样优越的生活失落。不过，值得欣慰的一点是她所选择的爱情没有变质。

我们并不主张抛弃感情，去选择金钱和物质，但人性本来就是世俗的；只是很多女人直到多年以后才后悔自己当年的决定，这时已经晚了。其实，

人和人的区别并不大,大多都是普通人,并不是含着金钥匙出生的贵族。但如果生活都是与物质不可分割的,为什么不早一点为自己的物质生活做打算呢?

1.有了面包才能谈爱情

对于一个女人而言,最终还是无法逃离沦为一个凡夫俗子的命运。与其到了四五十岁还在为生活奔波忙碌着,不如早一点抛弃对现实和金钱的成见,适应现实环境,主宰自己的人生。

2.没有面包的爱情是不能长久的

爱情是以面包为基础的,没有面包的爱情是不能长久的。即便你们可以暂时在一起,为未来努力奋斗,但如果男人缺乏能力,并非是一只潜力股,那最后这段感情只会成为一个悲剧。

美丽一生,邋遢女人没人爱

小时候,妈妈们会教育女孩子要做一个内在美的人,以貌取人是不齿的行为。但在生活中,我们不能不承认,女孩子给人的第一印象都是与外貌有关的,因此,女人要学会呵护自己的美丽,没有男人会爱一个邋遢的女人。英国女王曾在给威尔士王子的信中这样写道:“穿着显示人的外表,人们在判定人的心态,以及形成对这个人的观感时,通常都是凭他的外表,而且常常这样判定。因为外表是看得见的,而其他则看不见,基于这一点,穿着特别重要。”确实是这样,无论我们用理性的观点来观察一个人,还是用感性的观点来评价一个人,我们对人的印象都是以其外在形象作为评价标准的。对于女人而言,衣着整洁、得体,具有良好的个人形象,会为自己赢得更多的好感和机遇,尤其是会有更多机会遇到好男人。

女人的美丽是需要呵护的,尤其是自己的外在形象。毫不夸张地说,女人的个人形象是钻石，是有价的。它可以关系到爱情婚姻、事业发展等方方面面。在男女交往的初期，对方给你的评价主要取决于关键的几分钟，甚至是前30秒。如果一个女人蓬头垢面、衣着随便，那她给男人的印象是糟糕的。即便是一个原本长相还算漂亮的女人，若是不懂得呵护自己的美丽，那只会让男人见了皱眉；反之，如果是一个长相普普通通的女人，但她衣着得体，看起来也会有一种很舒服的感觉，以至于让男人见了会心生怜爱。女人本身就是美丽的，你所需要做的就是花时间去呵护自己，打扮自己。

阿芳是一个漂亮女人，但给人的感觉却总是很随便，甚至很邋遢。她有时会穿着两只颜色深浅不一的袜子就出门了，更别说注意形象了。她总是随手乱扔东西，家里永远像要搬家似的，而她永远在寻找东西。尽管她身边的人常常提醒她，但下次她依然在出门之前像着了火般地大叫："我的钥匙呢，看见没有？快！帮我找找！"妈妈看着她这样子，只叹气："像你这样，将来嫁人了怎么办？"她是一个处处不注意小节、没有良好生活习惯的女人。

阿芳其实是经济学硕士，她最擅长的就是分析股票，但她的潦草形象却总让人失去与她继续谈下去的兴趣。所以，今年已经27岁的她不仅升职无望，而且单身一人，几乎所有的男人在见到她的第一眼时就没有再与她见面的欲望了。有一个曾经与阿芳相过亲的男人说："绝不能娶阿芳做老婆，否则男人的生活就暗无天日了。"

阿芳根本不知道，自己的形象就是递给别人的第一张名片，然而，她这张递出去的名片却总是让人提不起兴趣，别人自然对她不会有好印象，更别谈成功地将自己推销出去了。在过去，人们穿衣服只是为了遮羞；但今天，衣服除了这一项基本功能之外，最重要的功能还在于修饰外貌、展现美感，服装已经与女人的形象气质联系在一起了。

1.可以不漂亮，但一定要得体

有的女孩子有着男孩子的性格，因此她们对自己的外在美丽并不在意，总是穿着很随便，而且不修边幅，看上去就像是一个邋遢的大婶。或许，男人很欣赏这样女孩子的性格，但对她们的外在形象却是一点也不敢恭维。

女孩子大可以不漂亮，但一定要整洁，让看上去有一种很清爽的感觉，这才是男人所中意的。

2.有意识地塑造自己的外在形象美

一位法国美容专家这样说过："不要小看一个能够长久保持优美身材的女人，这通常是一个顽强且很有自制力的女人。"换而言之，女人美丽的身影不仅仅是美丽的问题，其中还折射出诸多的女性的内涵与素养。女人要注重自己的体态、发肤、仪表，可以参加舞蹈、音乐、表演等艺术方面的学习，女人要明白，对于美好形象的追求是一件更重要的事情。

女人要爱自己，才有男人爱

很久以前，上帝创造了亚当，后来怕亚当孤独，又从亚当身上抽下了一根肋骨变成女人夏娃，来陪伴亚当。这样看来，因为女人是由男人的肋骨蜕变而成的，所以，在很多时候，女人经常会不由自主地把自己当成了男人的附属品。有的女人甚至觉得自己离开男人之后没有了价值，只有在男人身上才有了自己的位置。特别是一些婚后的女人，总想着自己与男人成为了一体，君笑亦笑，君哭亦哭，完全失去了自我。殊不知，因为这样过度的爱反而使自己失去了男人的爱，女人对此感到不解，难道爱一个人也有错吗？其实，道理很简单，女人连自己都不爱了，怎么能获得男人的尊重与爱呢？所以，这样不爱自己的女人最后不仅仅是失去了男人的爱，而且连同自己也一起失去了，这不得不说是一种悲哀。女人需要多爱自己一点，这样男人才会重视你。

王尔德说过："爱自己是一场终身恋爱的开始。"作为一个女人，你只有好好地爱自己，才能更好地去爱别人，才能更好地获得别人的爱。懂得自爱的女人，你的人生风景才会丰富，才会温暖，才有春华秋实，才有感动，才会拥有爱与被爱。一个不爱自己的女人，生活回馈给她的，将会是一个冰冷的孤岛，围困着一无所有的自己。一个连自己都不懂得爱的人，凭什么去指望别人的爱惜呢？一个懂得爱的女人，即使面对伤害，也能为自己点燃明亮的火柴；即使跌倒了，也会重新鼓起勇气，勇敢地站起来。

李亦非曾经说："我的美丽就是缘于自爱。"这个标榜着自爱的女人，无论内外看她都觉得有种别致的美丽。有人问她："你美丽的心得是什么？"她骄傲地将美丽的心得公布开来："再忙再累也不要忘记关爱自己，女人懂得自爱很重要，就和你全身的皮肤和脸蛋一样重要。"

现在，李亦非每天都会做全身保养，这样会让皮肤有足够的水分，保持清爽白净。另外，李亦非喜欢品牌，并且从一而终。她认为同一品牌的系列产品之间是互补的，一定可以为女人提供周到的呵护，她偏爱SK-Ⅱ护肤品、法国"天使"牌香水、"GUCCI"鞋子，她觉得女人在内外统一的时候是非常美丽的。她一直是这样，坚持自爱，热衷于追求时尚，喜欢做精致的指甲和漂亮发型。虽然嫁了一个很能干的老公，但她并不安于在家做全职太太，而是驰骋于职场，做一名出色的职业女性。她也会感到累，和大多数女人一样，她也钟情做美容、逛街，这样可以减轻工作上带来的压力。在她看来，女人需要多爱自己一点，这样男人才会重视自己。

如果你与李亦非聊天，不仅会从她那里得到快乐的传递，还有智慧的交锋。她坦然"我没有寂寞的夜晚"，这句话令很多人感动得不得了，因为没有人能从未感到过寂寞，但她却可以独自一个人品尝着生活的快乐。因为爱自己，她是健康美丽的，不仅仅是外表，还拥有健康美丽的心态。她是一个爽爽朗朗将智慧倾囊捧出的女人，无论她说了什么，你都能感受得到她语言背后智慧的心思。

李亦非的美丽是一种别致的美丽，因为懂得爱自己所以美得别致。有的女人不懂得爱自己，自己省吃俭用，只是为了心仪的异性。殊不知，这样的牺牲根本就是无谓的，当你容颜老去，而他还是那么出色，你会感叹时间的不公正。实际上，并不是时间没有公平地对待你们，而是在最开始，你就

先放弃了自我，输就输在你不懂得自爱。做一个爱自己的女人，那样无论你在哪里，都会是一道亮丽的风景线。

1.女人爱自己才会美丽

女人到了一定的年龄，容颜就会老去，但懂得爱自己的女人却拥有持久的美丽，那就是来自内心的那份从容、自信，由内而外自然地散发出来，这样的美丽是岁月无法带走的。爱自己的女人是美丽的，她们懂得如何打扮自己，这样的打扮并不仅仅是外表，而是由外表到内心，进退自如，举手投足之间，都洋溢着优雅、热情与智慧。

2.女人爱自己才会更独立

爱自己的女人是独立的，无论是经济还是心理，她都是独自担当着。只有独立的女人才会不断进取、不甘沉寂；只有独立的女人才会把智慧当资本，而不会依靠自己的容貌与青春去保值。

自爱是女人最高贵的资本，懂得爱自己的女人让人如沐春风，懂得爱自己的女人拥有洒脱的人生，懂得爱自己的女人懂得品尝生活的酸甜苦辣。但是，她永远不会变老，因为拥有那份健康美丽的心态。

别用十分来爱男人，爱情也要有尺度

蔡健雅有一首歌叫《呼吸》，那是一种对爱情的呼唤，失去了爱人后，那种冰冷难耐的空气直接侵入，让人无法呼吸。可是，当我们的爱占据了男人的整个世界，这会让对方感受到无限的压力，自由空间受到限制，甚至无法呼吸。有人说："爱一个人不要太满，不要十分爱，只需要八九分就可以了。"就好像煎牛排一样，煎得太熟，会破坏牛肉本身的质量，还会影响牛肉的美味。其实，爱情也是一样的道理，女人要善于把控爱的尺度，不要让他有窒息的感觉。有时候，我们都会认为一声关怀就是爱意，以为经常送上问候，

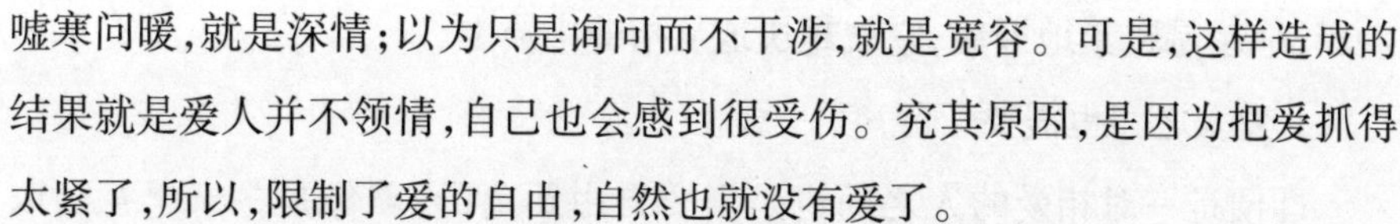

嘘寒问暖，就是深情；以为只是询问而不干涉，就是宽容。可是，这样造成的结果就是爱人并不领情，自己也会感到很受伤。究其原因，是因为把爱抓得太紧了，所以，限制了爱的自由，自然也就没有爱了。

他和她认识在浪漫的大学时代，然后在一大帮朋友的撮合下陷入了热恋。他很爱她，这是众人皆知的秘密；她也很爱他，这一点，同样没有人怀疑。朋友都说她就像是他的影子，总是跟在他身边，形影不离。有人说，距离产生美。但他们俩却异口同声地反驳：有了距离，美也就没有了。

她不喜欢他抽烟，特别是在公共场合，那他就不抽，只要她高兴；她还不喜欢他上网打游戏，说那样会玩物丧志，他也可以不打，因为他认为她说得很对。她不让他做的事情，他从来不坚持，因为他觉得她也是为了自己好，他应该尊重她。渐渐地，他已经习惯了她这样左右自己的生活，而她觉得只有这样，才能充分说明自己在他心目中的位置。

大学毕业后，他们开始工作了，他的工作时间并不固定，而且经常加班。刚开始，她只是埋怨他没有时间陪她，但是后来，这种埋怨逐渐升级为猜疑。有一次，他加班回家已经深夜一点了，他一进门就看到她坐在床上，他问她为什么还没有睡，她阴阳怪气地说想等他回家闻闻身上有没有香水味，他只当她开玩笑，脱衣服去洗澡，可洗完之后却发现她正在床上翻自己的口袋。那天晚上，两个人都无法入睡。

后来，她每天都会打数十个电话查岗，他终于在有一天忍无可忍，生气了喊道："我在单位，你可以放心了吧？"这样的行为愈演愈烈，每天都会有歇斯底里的争吵，纯真的感情一点点地被扼杀了。

劳伦斯曾经在《儿子与情人》中说："爱情应该给人一种自由感，而不是囚禁感。"真正的爱情应该是彼此有着自由呼吸的空间，也有人说，最美丽的爱情就是两个人既是共同体，却又是相互独立的个体。固然，爱情需要火花的碰撞，也需要激情的燃烧，但是，如果你将爱的琴弦绷得太紧，那爱势必会在浪漫释放之后走向决裂的坟墓。正如那句名言所说："最快失去爱的方式是将爱抓得太紧，而最快获得爱的方式是给予爱。"爱情就像是握在手里的

沙子，你越是紧紧地握着，它就越快地从指缝中流走。

1.爱人之间也需要留距离

即便是一对相爱的人之间也是需要自由距离的，就像是冬天里互相取暖的两只刺猬，进行多次尝试之后才找到一个合适的距离：既能获得温暖而又不至于互相伤害。也许，我们在面对陌生人时，早已经习惯了保持适当的距离；但在面对爱人的时候，便觉得应该取消这种距离，应该彼此靠近，彼此之间根本不需要距离。可是，靠得太近了，容易迷失了自己。

2.束缚的爱伤了自己，同时也伤了别人

席慕蓉曾这样说过："忧伤的来源其实是丰盈之后的那种空芜。对生命，对内里的激情，我们从来没有人能够真正知足。"正是出于对激情的无止境的追求，才让许多人陷入了爱的误区，他们害怕那眼前的爱只是一种昙花一现的美，对爱情的渴望，使自己变得越来越自私，爱情被束缚了，对方也在反抗了。"十分"的爱情，被束缚的不仅仅是爱情本身，还有爱情中的两个人，你丧失了爱自己的力气，也让爱人失去了自由的权利。

爱要轻松自如，别委曲求全

有人说："喜欢一个人就像是吃一块糕点，精致，香甜，而又不腻人，从舌尖的丝滑到心头的甜蜜，不可取代，也从不曾遗忘。"爱情是美好的，无论是爱别人还是被爱都是幸福的，那眼神中不一样的风采，那脸上如花般灿烂的笑容，都让我们感受到爱情的甜蜜。张爱玲曾写过这样一句话："遇到他，她变得很低很低，低到尘埃里，但她心里还是喜欢的，从尘埃里开出花来。"张爱玲，这个从小内心受到创伤的女孩子，性格细腻又敏感，但遇到了颇具才华的胡兰成，她的姿态一下子变低了，即便她曾经是女神一般的高傲，但爱上一个人，内心就变得很低很低，这是张爱玲的爱情观。但后来胡兰成背叛

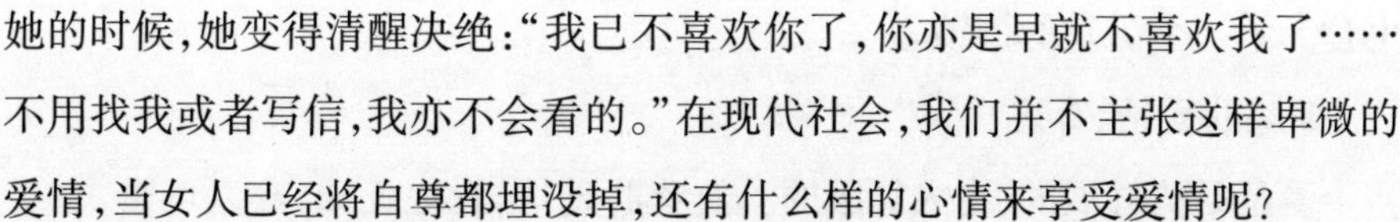

她的时候，她变得清醒决绝：“我已不喜欢你了，你亦是早就不喜欢我了……不用找我或者写信，我亦不会看的。”在现代社会，我们并不主张这样卑微的爱情，当女人已经将自尊都埋没掉，还有什么样的心情来享受爱情呢？

有的男人确实会让你第一眼就觉得他是真命天子，仿佛你等了那么多年，其实就只是为了那一瞬间的命中注定。但真正地接触起来，才发现他有许多不可逆转的人性弱点，会让爱情死于非命。

她说：“这些年，我一直在想，如果当初委曲求全地爱下去，最终是会有好的结果，还是过着更惨淡的婚姻生活，可惜生活里没有如果。”

在别人眼中，她是一个高傲的女孩子，但在遇到他面前，她是完全放下身段的。两人的相识就好像是童话故事中的情节一般，等到他提出约会邀请的时候，她简直是期待多时，迫不及待地前往。第一次约会地点是在西餐厅，原来，他有着殷实的家境，父亲是机关里的小领导，母亲经商，而她成长于单亲家庭，靠着母亲微薄的工资度日，这样的对比使得她有些自卑。

在接触的过程中，除了感受到恋爱的美好，还发现了他的一些缺点。他有点大男子主义，如果他认为对的事情，就算是错了，也不会认错。争吵过后，总是需要她先低头，否则他可以一连几天都不理她。为了爱情，她容忍了这点不完美，把自己的高傲和骨气丢开，学会做一个乖巧的女朋友。

不过，见到他的家人，她才算真正踏上“委屈”的旅程。有一次与他的母亲聊天，他母亲直言不讳地说：“你是单亲家庭？童年有阴影的孩子，长大后心理多少会有些不健康。”她笑着说：“我童年没有阴影，父母是我上高中后才离婚的。”他母亲不客气地说：“看你这样跟长辈说话，就知道，唉，单亲家庭的孩子家教就是不好。”她在他们家只住了几天，感觉特别压抑，做任何事情都需要小心翼翼，否则便会被耻笑，而这时他也在母亲面前变了一个人，唯命是从，说一不二。

后来，他们为这些事情大吵一架，她也生气了，简直无法忍受他以及他母亲的成见，这样委曲求全的爱情，还值得继续吗？

人生只有一次，和一个并不爱自己的男人过一辈子，无疑是给自己的人

生套上了一个沉重的枷锁。

1.鸡肋爱情,弃之

爱是尽情舒展的,令人舒服的。而鸡肋爱情,食之无味,弃之可惜,在生活中,许多女人的爱情就成为了鸡肋的一种,这时是果断地放下,还是将就地继续呢?在爱情中,如果觉得自己受了委屈,那就不要勉强,人生不能无奈将就,爱情也不能委曲求全。

2.委曲求全的爱情只会让女人更受伤

因为他不够爱你,但你太爱他,在他面前,你必定需要委曲求全,处处讨好他,凡事让着他,最后连自己的自尊都可以不要了。这样委曲求全的爱情是无法幸福的,只会让女人更受伤,当你在不断付出的时候,他不仅只会伸手索取,还会做一些伤害你的事情。所以,女人,请选择可以尽情舒展的爱,而不是委曲求全的爱。

第3章

好男人就在那里，智慧女人如何找到自己的“菜”

好男人到底在哪里呢？女人们总是在问这个问题，好像身边的男人都无法入自己的法眼。其实，好男人就在那里，作为女人，你需要学会挑选好男人。“挑”男人就好像挑选自己中意的菜肴一样，当你指着桌子上的那盘菜，却有人告诉你，已经有主人了，这时你就应该擦亮双眼，挑选出属于自己的佳肴。

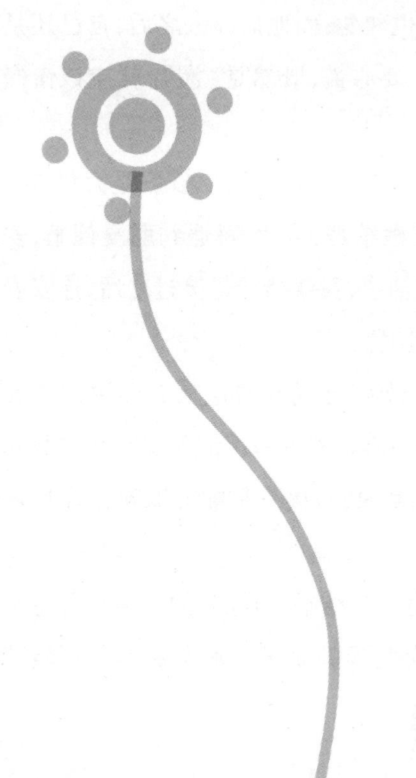

好男人不会自动上门，女人要学会自己“淘”

好男人是怎么找到的？当然是靠女人自己“淘出来”的，就好像置身于跳蚤市场一样，面对一个个男人，精心挑选，尽量选出一个“物美价廉”的好男人。在生活中，女人总是抱怨：“好男人太少了。”殊不知，很多时候，并不是身边缺少好男人，而是你缺少发现“好男人”的眼睛。所谓的好男人，那必定是经过一番观察才得出的定论，因为他们脸上不可能刻着“好男人”这样的字眼，倒是有不少比较自恋的男人张嘴就说：“我是一个好男人。”实际上，他到底是不是好男人，这个问题还有待调查。对于女人而言，找到一个好男人是自己的一辈子的幸运；但偌大个世界，想找到他就如同大海捞针一样困难，寻寻觅觅，结果可能还是一无所获。在自己身边那些来来去去的男人，就像是生命里的过客一般，来也匆匆，去也匆匆；而他们离去之后，自己还是孤身一个人。对此，女人不要着急，也不要心慌，既然是“淘”，就应该慢慢找，最终会找到自己的如意郎君。

安安今年26岁了，在农村老家算是大龄剩女了。当然，安安是大学毕业生，虽说还不算太晚，但家人朋友都催着她结婚了。每每遇到朋友催婚，安安总是开玩笑说：“等你家孩子都会打酱油了，我就结婚。”笑过之后，连安安自己都迷茫，自己的真命天子到底在哪里呢？

最受不了的是来自于家里的压力，爸妈几乎每次打电话总会说：“你这样的年纪，该成个家了，不要总是让我们担心。”安安每次都支支吾吾：“我知道，我知道。”到后面，她都不愿意打电话回家，每次只是敷衍地问：“家里还好吗？”说完两三句，她就挂断了电话。

安安其实有自己的心思，虽然自己也着急结婚，但缘分的事情是着急不来的，一着急就容易选错人，这样往往会耽误一辈子。她需要不急不慢地

找，也就是“淘”一个好男人。

最近，有朋友介绍了几个不错的男士，安安都去见面了。初次见面，安安并没有什么坏印象，只觉得还可以接触试试，大家都是成年人，约定了只是先做普通朋友，了解之后再做打算。安安不疾不徐地发着信息，告诉闺中密友这个消息，朋友很紧张：“安安，那个事业成功的男人，可得抓住，现在这年头，男人太弱了可不行，对你好有什么用？又不能变出房子和车子来。”安安笑了，只是回了一句：“现在我们都只是朋友。”

在接触中，安安发现其中有两位男士可以直接淘汰了。有位男士很自私，每次出门都是安安买单，但他还以为是理所当然。而另外一个更无聊，每次见面都只玩他的苹果手机，典型的炫富型，安安很是鄙视。剩下的就是一位成功男士，一位银行员工，安安矛盾了，这该如何“淘”呢？自己现在的心境就好像同时看到了两件喜欢的衣服，难以抉择，同时买下来吗？可惜男人并不是衣服。

在一个下雨的夜晚，安安做出了最后的决定。那天眼看就快下班了，竟下起了大雨，安安心生一计，同时给这两个男士发了一条信息：“下雨了，没带伞，怎么办呢？”很快，成功男士回信息说：“打车回家吧。”而另一位男士半天没回信息，安安以为没戏了，但过了一个小时，站在店门口躲雨的安安竟然看到那个男人站在自己面前，手里还提着一把伞。安安笑了，好男人终于被自己淘到了。

“淘”出好男人，还需要女人有一份“淘”的心情。就好像逛跳蚤市场，我们东逛逛，西走走，其目的并不是一定要找到自己喜欢的东西。但我们可以慢慢接触，了解那些稀奇古怪的东西，然后再慢慢欣赏它的特性，从而决定是否要购买它。当然，在挑选货物的时候，千万不能着急，还需要有耐心与店家讨价还价，这样我们才可以以最实惠的价格买到最满意的东西，这就是“淘”的心得。

1.淘男人就好像淘东西一样

“淘”男人就好像淘东西一样，我们不能因到了合适的年龄，就急匆匆地

拉着一个男人去领结婚证，毕竟婚姻是一辈子的大事，急不来。若是因冲动而结婚，那带给自己的将会是一辈子的痛。“淘”男人所需要的是那份心情，不急不躁，不紧不慢，船到桥头自然直。

2.不到最后不做决定

就好像安安一样，如果没有出现那件事，估计她会选择那位成功男士。但就是因为那件偶然的事情，让安安明白了，爱与一个人成功与否无关，有的只是心中涌出的那份柔情与关怀。女人在“淘”男人的过程中，在没了解完全的情况下，不要冲动做决定，需要慢慢观察，到最后关头才定夺。

探察细节，看男人是否有涵养

好男人一定是有涵养的男人，无论是从生活还是工作的细节中，都可以窥其风采。当然，如何判断对方是一个有涵养的人，这还需要女人从细节进行考验。在生活中，我们经常见到这样的男人：大大咧咧，嘴里叼着烟，双手插在裤兜里，他已经没有多余的手来牵你的手，更不会记得在过马路时陪伴在车子经过的一侧；同一桌吃饭的时候，狼吞虎咽，不仅如此，只是顾自己吃，从来不伸手夹菜给女朋友。这样的男人有涵养吗？答案当然是否定的。有涵养的男人会注重生活的每个细节，他总是以自己无微不至的关怀来感动你，总是绅士般地站在你身后，即便被你无意伤害了，他也只是宽容地笑笑，并不会计较你的过错。而那些整天只是喜欢开玩笑的人，你指望他能有什么造诣呢？那些整日坐在电脑面前玩游戏的人，你指望他有什么成就吗？好男人的标志之一就是有涵养，女人要用自己的慧眼去辨别身边的男人，从细节方面去考验对方是否是一个有涵养的男人。

蓉蓉与王先生是通过相亲认识的，第一次见面，蓉蓉还是比较满意的。王先生早到了，蓉蓉来到餐厅的时候，远远地看着一位戴着金丝眼镜的男士在看报纸,快走进的时候,蓉蓉轻轻地咳嗽了一声。王先生抬起头,微笑着站起来,走到对面,为蓉蓉拉来了椅子,身子微微一欠,做了一个请的姿态。蓉蓉笑了,这样有礼貌的男人倒是不可多见。

落座之后,王先生自我介绍:“你好,我是王俊,很高兴认识你。”蓉蓉也做了简单的自我介绍,点菜的时候,王先生先是询问蓉蓉的意见,问其有哪些菜是不喜欢吃的,平时喜欢吃什么菜,然后主要是按着蓉蓉的口味点了几道菜。在这个过程中,蓉蓉感受到这个男人由内而外散发出来的涵养,这与自己之前过见过的那些男人差异太大了。蓉蓉还记得第一次相亲见过的那位男人,一到了餐厅,不等蓉蓉开口,就吆喝服务员点菜,而且只点了自己最喜欢的香辣虾。虽然蓉蓉不怎么排斥吃虾,但那一顿饭,她碰都没碰那道菜,心里所想的是早点将这顿饭结束。

所以第一次见面,蓉蓉还是比较满意的。接触了一个月,王先生邀请蓉蓉去家里吃饭,蓉蓉有点紧张,王先生笑了笑说:“只是到我家里去做一点我的拿手好菜,我父母没在那边,我很早就出来一个人住了。”哦,原来是这样,蓉蓉松了一口气,心想趁此机会可以好好观察这个男人了。

走进王先生的家里,蓉蓉无法相信这是一个单身男人的家,可以说,比自己的小窝还舒适,屋里很整洁,看得出来,他经常打扫。客厅与书房是一起的,因此,一进屋就可以看见一个大书柜。细心的蓉蓉发现,在书柜里不仅摆放着专业的书籍,还放着三毛、张爱玲之类的女作家的书。蓉蓉脱口而出:“你也喜欢三毛和张爱玲?”王先生点点头:“只要是有才的作家,我都喜欢,我喜欢了解他们各式各样的生活以及感情,这对于我工作之外是一种充实。”听其言辞,加上他细致入微的细节表现,蓉蓉觉得自己的如意郎君非王先生莫属了。

有涵养的男人自信而宽容,他就好像是一片大海,不拒点滴,又容纳江河。不争眼前,而是放眼于未来,所谓“宰相肚里能撑船”,一个心胸宽广的男人,更善于包容。涵养,是一种内在的东西,虽然看不见摸不着,却可以由内而外地自然流露,那些内在的东西彰显在外表,就体现在一些琐碎的细

节,有时候甚至是可以忽略掉的细节。但女人天性就是敏感的动物,如果对方是一个有内涵的男人,那她一定能从细节中体会出来。

1.是否懂得包容

真正有内涵的男人是可以包容身边的人和事的。也许,女人会说相处时间不长,怎么能看出他能包容自己呢?在某一次约会的时候,你故意迟到半个小时,看他怎么表现?如果他开口就不耐烦地问:“你怎么才来,干什么去了?”那这样的男人是不够包容的。反之,如果他很着急地问:“出了什么事情吗?”那表示他不仅可以包容你的迟到,还懂得关心你的安全。

2.是否有读书的习惯

许多所谓的内涵男人家里都会摆放着一个书柜,其区别在于,有的男人会认真地细读每一本书,而有的男人则只会将书当摆设。男人的谈吐和涵养跟学识是有关联的,所以,你在观察一个男人是否有内涵时,需要注意他是否有读书和写作的习惯,这是一个很有必要关注的细节。

了解男人的品行,从其身边的人打听

女人常常容易忽略常识,究其原因,只是因为常识都是一些无趣、简单、陈旧的东西,而女人是一种“好了伤疤忘了痛”的动物,比如最简单的一条感情常识——看人要注重其品行。女人的智慧在于,当她在选择一个男人的时候,必须了解其品行。如果你觉得在短时间里无法了解到他的品行,那不妨从其周围的人身边去了解他。观察一个人值不值得信赖,值不值得托付,是看他的行动,而不是听他说了什么,听了男人的几句甜言蜜语就心软了。一个在品行上有问题的男人,绝对不会是一个值得托付终身的好伴侣。品行,是一个人最基本的做人做事问题,这跟其他的缺点是不一样的,跟其他的缺点相比,品行问题就是原则性的错误,这是不可能容忍的。对此,女人在出嫁之前，一定要有技巧性地通过其身边的人了解其品行，这样才可以将自己的幸福放心地交给他。

刘芳认识阿伟不到一个月，两人虽然没有正式确认过关系，但相互走得很亲近，在外人看来，也算是男女朋友了。在这个远离家乡的陌生城市，刘芳觉得能遇到一个老乡很不容易，且不管自己与阿伟能不能走到一起，单单就是老乡那份亲切，她就觉得满足了。

一个月之后，阿伟手捧一束玫瑰花，站在刘芳的公司门口，向她表白，当着全公司同事的面，刘芳答应了。她搂着阿伟的脖子，狠狠地亲了一口，大家都鼓起掌来。之后，两人沉浸在爱情的甜蜜中，他们商量着一起租房子，既是感情的需要，也是为了节约房租。在正式确认关系之后的几天，阿伟每天都会叫上三五个朋友聚会，主要就是将刘芳介绍给朋友。刘芳突然发现，阿伟好像变得有些陌生了他的朋友很多，遍布三教九流，但若是仔细观察那些朋友，大多言行都是流里流气的，让刘芳看了觉得好像是社会上的混混。

在无意之中，刘芳说到了自己的感受，阿伟觉得有点生气："大家兄弟都是在外面混口饭吃，有缘聚到了一起，有这样的朋友是我的自豪，他们大多都是在社会上打拼的人，肯定社会气息比较重，你就别瞎猜了。"真的是这样吗？刘芳心里有一个大问号。

渐渐地，跟阿伟那些朋友接触多了，刘芳觉得事实完全不像阿伟所说的那样。那些朋友不仅说话流里流气，而且在阿伟不在场的时候，还会对刘芳动手动脚。虽然他们脸上像是在开玩笑，但刘芳一眼就发现他们眼中的邪恶。这算什么朋友呢？阿伟天天跟这样的朋友腻在一块，不学坏才怪呢！

果然，没过多久，刘芳就隐约听到阿伟在外面有女人。刘芳马上停下手中的工作，打车去了酒吧，在灯光昏暗的屋子里，刘芳发现阿伟正抱着一个女人在跳舞。刘芳没说话，只是转身就走了。刘芳觉得已经自己没有任何留恋的余地了，原来，之前刘芳就对阿伟的品行有所怀疑，她只是默不作声。再暗中观察其朋友的那些不齿的言行，刘芳觉得阿伟本身就是这样一个人，

他只是在自己面前隐藏而已。

为什么会说了解一个男人的品行，可以通过其身边的人了解呢？那是因为“物以类聚，人以群分”，能走到一起做朋友的人，必定是品行差不多的人，即便是他们之间有所区别，但彼此比较亲近，言行都是互相影响的。即便这个男人以前品行还不错，但如果他身边尽是一些不入流的朋友，那他迟早也会被影响，最终成为像他朋友那样的人。因此，通过身边的人了解一个男人的品行，那是最合适不过的途径。如果你发现他身边的朋友品行上有问题，若是直接说出来，男人肯定会辩解：“他是他，我是我，我们是不一样的。”这样的话，千万不要相信，或许现在他不是这样子，但如果他长期跟这样的朋友混下去，他迟早也会是这样子。

1.通过其朋友了解男人的品行

朋友就好比男人的一面镜子，通过那些朋友，可以看到男人身上的一些东西，比如品行。一个品行不错的男人，在他身边的朋友肯定也是各方面条件不错的男士；反之，一个品行很差的男人，他身边的朋友肯定好不到哪儿去。

2.通过其家人了解其品行

男人从小生活的环境，是一个对其成长很重要的地方，自然，他的品行大多也是从小耳熏目染的。对此，女人也可以通过其家人了解这个男人的品行，观察其父母品行好坏，判断这个男人的品行，这是了解男人的重要途径之一。

慧眼识“男人”，发现身边的“潜力股”

培养一个成功男人还是坐享其成？对于聪明女人而言，当然是前者，看看身边那些功成名就的男人，哪一个没有家室？剩下的一些钻石王老五，不

是长相丑陋，就是有怪癖，他们有钱有名，不愁没有女人送上门。如果你真的想坐享其成，那你必须够漂亮、够年轻，仅有这两条还不够，还必须够聪明。而且，容颜和年龄都是很容易因时间的流逝而贬值的，聪明的女人，就需要趁着贬值之前找个合适的归宿。这就好像是炒股时见机抛出，不要太贪心，以为下一次一定能赚到，否则，你只会被套牢。实际上，婚姻的风险就好比股市的风险，每个人都知道不是赔就是赚，但多少男男女女还是愿意冒着50%失败的几率勇往直前。因此，对于女人而言，要想降低投资风险，就需要有投资眼光，能够找到前途光明的潜力股，亲手“培养”一个好男人。

当“梁洛施成功嫁入豪门”的娱乐新闻出来以后，不知道有多少女孩子眼红，但眼红羡慕嫉妒懊悔之后，女人们还是回到了现实，钻石男终究太少。虽然嫁个“钻石男”是多少女人的终极梦想，但这事情可不那么容易。钻石男的生活圈子是普通女人难以接近的；其次，在钻石男的眼里，看多了美女与心机，你需要怎么样的美貌与智慧才能获得他的青睐呢？即便你真的得手了，钻石男也定然树大招风，不知道多少女人盯着你的位置，想办法取代你的地位。于是，经济适用男出现了。不过，这样的男人总是让女人心不甘情不愿。最后，想来想去，还是觉得潜力股的男人最好，买入时不用太大的投资，不需要自己有美丽的容颜，不需要自己有显赫的家世，也不需要有高等学历，按投入产出的比率来计算，这样的婚姻是最划算的。

《疯狂的石头》上映之后，草根一族的黄渤一飞冲天，在短短两年时间里晋升为了新生代“喜剧天王”；之后，他更是凭借一部《斗牛》拿下了第46届“金马奖”影帝。

这个长相很一般，说话也经常不靠谱的男人，就这样成为了白马，不过，他在十三年前就已经被人“认养”了。十三年之前，黄渤只是在夜场里唱歌，在大篷车里演出，有一次演出结束之后，他浑身上下只剩下十元钱，结果就买了一堆油饼，却还是硬撑着说自己不饿，让别人先吃。但就在这样落魄的时候，黄渤身边始终有一个女孩子不离不弃，他们上高中就认识了，女孩子上了大学，黄渤就跟人组织乐队。但不到半年，合作的人走了，黄渤很迷茫，

打电话给那个女孩子:“怎么办呢?”女孩子出了主意:“再找人加入,重新包装,实在差人,我上!”果然,到了寒暑假,女孩子真的来了,两人一起喝粥,一起吃饭。

在后面的时间里,黄渤南下广州、北漂京城,为了赚钱,开过工厂,做过生意,当过老板。这些经历在亲戚朋友中都是一些不靠谱的事情,但在那位女孩子的眼里却很正常,她对黄渤说:“支配自己的理想、时间、收入,怎么不靠谱了?我看没人比你过得得瑟!”后来,有人推荐黄渤去演一个农民,这时轮到黄渤自己蒙了,但女孩子说:“找你太对了!你有没有当明星的气质我不敢说,但绝对有当民工的潜质!”在女朋友的鼓励下,黄渤考入了北影,开始接电影。直到《疯狂的石头》的出现,他真的疯了,随着疯的还有他的片酬。到现在,我们发现黄渤真的是一只“潜力股”,因为有了那位女孩子的推动,他成功了。

女孩子的这只“潜力股”可真找对了,现在的黄渤可以说是红得发紫,凭他的身价,女孩子可以过着公主一般的生活。可见,投资一支“潜力股”真的可以算是一本万利。

那么,什么样的男人才算是“潜力股”呢?

1.给人安全感的男人

并不是所有的男人都可以成为“潜力股”,要想成为“潜力股”的男人本身是需要有潜质的。他们都不是浮夸的男人,他们懂得脚踏实地,给人一种实实在在的安定感,让人潜意识里觉得可以托付终身。

2.有责任心的男人

“潜力股”的男人天生就有一股为了让生命中的人活得更好而努力的责任感,为家人的幸福而奋斗的男人,想不成功都难。无论是风平浪静,还是风雨交加,“潜力股”男人都是一个好舵手,总能把握好前进的方向。无论在事业上成功与否,在家里他们都是顶梁柱。

好男人一定要有进取心，但不可急功近利

大多数女人是物质的，她们希望身边的男人是有上进心的，至少懂得为未来的生活而拼搏努力。有女人曾这样说："在男人一无所有的情况下，我跟在他在一起，但这样的爱是需要努力的；如果一年两年还是一无所有，对不起，我的爱也就结束了，因为我没办法跟一个毫不上进的男人生活一辈子。"上进心是什么？上进心就是男人对未来生活的规划，一种积极向上的生活态度。那些缺乏上进心的男人，他们只是安于一份稳定轻松的工作，每个月领固定工资；在工作中，不想付出太多，只是尽自己职责内的工作，其余的事情他可以一概不管。当然，这样的男人生活是比较轻松的，毫无压力，但长久下去，难道一辈子就这样过吗？且不论是否可以养活妻儿，更重要的是能否体现自己的价值，男人的价值在于社会，而不在于家庭。因此，女人应当要求男人有上进心，这是必需的；当然，这也并不意味着男人可以急功近利。

说到自己的老公，小美很无奈地表示："他没什么野心，没什么魄力，很安于现状。其实他的收入并不算多，只是勉强可以维持家用。靠他一个人养活这个家还比较困难，我们的孩子还没有出生，将来如果孩子出世了，该怎么办呢？我现在怀孕了，只好在家里安胎，我们每个月的生活费都需要公婆贴补才够用，即便是这样，他还是表现得满不在乎。"

顿了一下，小美继续说："他平时很清高，每天只是朝九晚五地上班下班，就跟完成任务一样。我觉得这个年龄的男人，怎么能这样不懂得上进呢？那天同学聚会回来了，我聊到了闺蜜老公的事情，我说人家老公当年是靠送报纸起家的，你看看现在都成功了。结果我老公说了一句：你的意思，也让我去送报纸？我当时很生气，但忍住了，我不喜欢为了这些事情吵架，但他总是这样，将来生活怎么办？"

小美的老公是典型的安于现状，他只是过着循规蹈矩的生活，害怕去尝试，害怕去上进，哪怕生活捉襟见肘，他也连一点上进的心思都没有，他只懂得享受生活，这样的男人是无法给予女人安全感的。

当然，男人有上进心是好事，但如果太过于急功近利，只是着眼于赚钱的事情，将家庭抛到脑后，这也是不恰当的。此外，太过于急功近利，只梦想着成功，那只会失败得更快。在这个过程中，女人需要给予男人一定的劝解：罗马城也不是一天就建成的。在成功的路上，需要扎稳脚步，才能走好成功的每一步。

小梅的老公是一名工作勤奋的广告设计员，他把绝大部分的时间都花在了工作上，去年以来逐渐接手的一些大型设计仍然让他郁郁不得志。他经常在小梅面前抱怨说："我在公司已经待了两年的时间，很多跟我一起进公司的人都得到了升迁的机会。我做得并不比他们差呀。"阿梅知道，老公作为毕业于北京某高校设计专业的高材生，到目前为止已经走过了三家公司，最终都因为苦于无法充分施展自己的才华而选择离开。

直到现在，老公依然面对这样的困境，他觉得公司的上层似乎对自己的工作成绩视而不见。

小梅的老公就是典型的急功近利，总是感觉到自己的才华不受重视，抱负无法施展，奋斗成果被一再忽略。就这样，一个男人的才气、激情和斗志被这样一些急功近利的思想一点点耗光。男人如果在40岁之前还保持着这样的思想，那就意味着彻底的失败。有上进心的男人是值得信任的，但若是太过于急功近利，那则是不稳妥的选择。

1.有上进心的男人是一只"潜力股"

男人比女人更具社会性，那意味着男人的价值体现在社会中。如果一个男人只是安享于现阶段的生活，一点也不向前看，这是相当危险的。有上进心的男人就是一支"潜力股"，他可以一点点拼搏，直至最后的成功。

2.成功是一点点累积的，而不能急功近利

生活中，急功近利的男人是浮躁的，他们总是渴望成功，渴望天上掉馅饼,但他们所幻想的事情都是不会出现的。结果,他们就好像四处打游击一样,东走走,西逛逛,最终还是一无所获。因此,女人在选择男人时,要学会选择有上进心但不急功近利的男人。

挑选男人,别忽视了父母的宝贵建议

女儿谈恋爱了,父母担心了:找了什么样的男人?靠得住吗?女儿带着男朋友回家了,见了若是满意了,没有话说,直接可以结婚了。但大部分父母对于女儿领回家的男朋友通常是颇有微词的,他们总会以自己的眼光来审视这位女儿眼中的“好男人”。父母单就择偶的话题,会对女儿提出一些建议,在这时,女儿的反应往往是强烈的,就好像自己玩耍的玩具被人抢走一样。虽然,女儿希望父母能尊重自己的决定,与此同时,作为女儿你也需要听从父母的建议。现代社会,婚姻已经完全自由,父母包办的婚姻早已经不存在了。如果父母对你所挑选的男人有所挑剔,请注意,他们并不是破坏你的幸福,而是想让你过得更幸福。父母毕竟是父母,他们走过的桥比我们走过的路还多,在他们长达几十年的人生中,什么样的人都见过,他们看人是相当准的。所以,在挑选男人的事情上,父母的建议往往是最为宝贵的,因为父母的爱是最无私的,他们建议的出发点完全是因为爱你。

这是一位父亲给女儿择偶的建议:

作为父母,不同的阶段,有着不同的主题,儿女择偶是中年人的又一个新话题,不论我们是否做好准备,都要面临接受一个新成员进入我们的三口之家。

我一直认为,女儿选择什么样的配偶,其实就是未来选择一种什么样的生活方式。每当想到这些,有时兴奋,有时期盼,有时失落,有时忐忑……总之心里说不出的滋味。而且,我觉得身为女孩的父母责任重大,因为,从某

种意义上说,女孩子能给另一个家庭带来福气或灾难。我在努力教育好女儿的同时,又真心希望女儿能得到她应有的幸福!

家训一:家庭不睦者不嫁

和睦的家庭都是相似的,而一个悲剧式的家庭走出来的男孩子不管他多么出色,他对自己的痛苦的描述有多么打动你,你都只能把他当成一般的朋友而不是丈夫。一个好丈夫的种种品性只会来自遗传和上一代的身教,书上是学不到的。

家训二:不懂交友之道的不嫁

如今在世界上行走做事,无非交友二字,朋友是男人最好的广告牌。几乎没有朋友,找个伴郎都觉着累的,你可以直接说再见。还有一种男人交友遍天下,这类家伙多半受欢迎,但结了婚常常念叨“妻子如衣裳”一类的古训。你真正要关注的是那种干事时有朋友,想玩时有朋友,死党三五、好友一群的男人,他们懂得交友之道,因而更容易成功。

家训三:初恋的不要,再婚的不嫁

初恋?谁看到一棵树最早长出来的是好果子?再婚?风险实在太大,你会发觉自己在很辛苦地战斗,却不知道敌人是谁。

家训四:鱼和熊掌不可兼得

一般而言,男人的身高和智商成反比、男人的外貌和才气成反比、男人的热情和贫富成反比。男人就是这样一种矛盾的结合体,你可以自己决定更看重哪一点,但不可贪心,你不可能把这些都占全了,必须有取舍。

家训五:听妈妈的话

婚姻之道本属模糊逻辑之类,感性得很,这恰恰是做妈妈的长处。把详情和你的感受告诉她,你会得到很好的帮助,父母喜欢的你可以不接受,但父母反对的,一般不会好到哪里去。妈妈和爸爸一样爱着你。

尚未进入婚姻殿堂的女人往往是单纯的,在爱情盲目的引导下,她很容易选错人,嫁错郎,父母作为女儿的引路者,有责任为女儿把关,有责任为女儿的幸福操心。所以,请理解父母的一片苦心,将他们宝贵的建议细细听

来，再决定自己的选择。

1.当局者迷，旁观者清

女儿挑选男人，为什么说父母的建议是最宝贵的呢？因为当一个女人陷入热恋之中时，通常她眼里所能见到的就只是那个男人，她再也看不到别的人，再也听不到父母的劝说。不管父母怎么劝说，她只是相信自己的眼光，相信自己会幸福的。

所谓“当局者迷，旁观者清”，其实，在这个世界上，没有任何一件事情是可以被保证的，父母不能，你自己也不能，父母所给予的建议是他们以过来人的身份提出的意见，他们的本意是希望你能幸福，并不会成为你幸福婚姻的绊脚石。

2.父母的话只是建议

当然，父母的话只是建议，并不是圣旨，你不需要一一遵守，但起码需要好好地理解之后再做出自己的决定。你可以反驳父母的话，但那些确实是他们走过这么多年总结下来的，自然有其高明之处。如果你总是违逆父母的话，偏偏跟父母对着干，那到最后吃亏的是你自己，你不仅输掉了幸福，同时也伤害了亲人。所以，仔细思量父母给出的宝贵意见，这对于你的爱情婚姻是很有帮助的。

第4章

提升气质与修养，魅力女人让好男人主动向你靠拢

女人本身是拥有嫁人的资本的。聪明的女人明白，要获得幸福更多的是靠后天培养出来的资本，比如形象资本、性格资本、品味资本、学识资本、智慧资本，等等。作为女人，你需要聚集各种资本，施展自己的魅力，如此才能嫁得好。

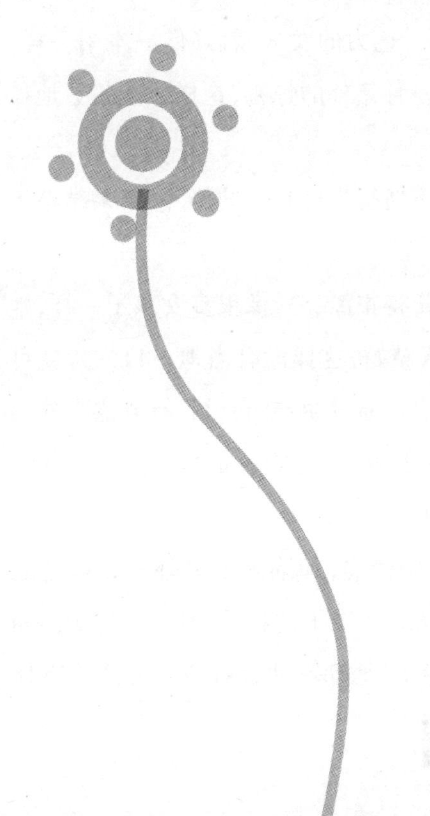

充实内在，智慧女人永远是男人读不腻的书

一个女人如果想长久地保持自己的美丽，那必须想办法提升自己的修养，让男人读不腻自己这本书。在生活中，许多女人只是关注到自己的外在容颜，却忽视了心灵的提升，当她们将自己的外表装点得十分精致的时候，内心却是空空如也。这样的女人，只能被男人称之为花瓶。而且，容颜是会随着时间的流逝而贬值的，当青春不再之后，原本的花瓶自然会被男人嫌弃。因此，女人应该更注重内涵，提升内在涵养，充实自己的心灵，不再让自己只是成为装饰，而是成为男人身边的心灵伴侣。塞缪尔·斯迈尔斯在《自助》中说："Man is what he read。"意思就是"人如其所读"。很多时候，一个女人所表现出来的言行举止，其实正在被他人所"读"，你的修养、气质、智慧正从你的一言一行、一举一动中流露出来。魅力的女人，就好像一本书一样，会让男人百读不厌，翻开每一篇都会有一种意外的惊喜，这样才能紧紧地抓住男人的心。

美惠是一个漂亮的女孩，由于婚前不懂得提升自己的修养，结果结婚才半年就遭遇了不幸。

美惠的学历和工作都很一般，但人长得很漂亮。像很多女孩子一样，她一直很想找一个有钱、有房、有车的男人结婚，这样没有当地户口的她就可以在这个城市扎根，生活也会变得很稳定。通过朋友的介绍，有着漂亮外表的她很快就如愿以偿地找到了有钱的男朋友，并怀着对婚姻的无限向往结了婚。然而，美惠在结婚半年后就离了婚。

原来，美惠婚后虽然有了稳定的经济依靠，却陷入了另外一种痛苦之中。丈夫一直高高在上地俯视她，因为丈夫认准了她就是为户口、房子而和他结婚的。看着美惠时常表现出来的庸俗，他动不动就对美惠说："你有什么本事？不就是有一张漂亮的脸蛋吗？要不是我，你在这个城市只会居无定所！”虽然，美惠承认自己没有什么长处，但还是忍受不了这样的奚落，最后只有离婚。

美惠拥有漂亮的姿色，但如果她能认识到漂亮并不是幸福的唯一通行证，就不会把自己的幸福仅仅建立在漂亮的外表上。她应该明白天生的漂亮与幸福是不能成正比的，要想获得幸福还需要依靠别的资本，比如内在的修养。漂亮虽然也是一种资本，但这是一种非常容易贬值的资本，你不能保证自己每年都是18岁，也不能保证青春永驻，总有一天容颜会随着时间而衰老，这时候你的资本就没有了；但修养是不一样的，活到老，学到老，越是时间久，你的魅力越是吸引人。

20年前，杨澜凭借着《正大综艺》在国内家喻户晓，好不容易在央视站稳了脚跟，她却突然宣布退出《正大综艺》，前赴美国私立纽约大学电影电视系攻读硕士学位。当时，很多观众感到不解：杨澜在《正大综艺》主持得好端端的，为什么又要留洋呢？面对众人的不解，杨澜真诚地向观众说出了自己的心里话：自己学生时代的贮藏基本耗尽，深感“电力”不足，急需“充电”。原来，杨澜出国留学不是为别的，而是为了进一步把节目主持好，追求更高层次的艺术品位。

杨澜在美国留学期间，也曾被问“在国内发展那么好，为什么还选择读书”，杨澜坦然表示：“年轻时最重要的资本不是青春、美貌和充沛的精力，而是你拥有犯错的机会，不要为青春留白。如果年轻时不能追随梦想，去为自己认为值得做的一件事冒一次险，哪怕犯一次错，那青春将是多么苍白啊！”从美国回来多年了，杨澜迈向了事业一个又一个的高峰，恰是那次“青春的犯错”才为她积蓄了一生最珍贵的财富。不仅如此，在美国她还邂逅了现在的老公——吴征，成全了一段美满的姻缘。当然，能俘获这位成功男人的心，还在于杨澜懂得不断地充实自己，提升自己的内在修养。

获得了如此大的成就，杨澜却急流勇退，远赴美国“充电”，不断地拓展自己的视野，丰富自己的心灵世界。事实证明，她当初的选择是正确的，正

是那个果断的决定，为她积蓄了一生的财富，让她事业、爱情双丰收。

1.不断提升自己修养的女人才是最有魅力的

女人应该是一本书，从开始的一页页白纸，到最后满载丰富，让人常读不厌；女人应是一坛陈年佳酿，一点点沉淀，流淌出幽远醇香，让人愈饮愈上瘾；女人应是一段动人的旋律，一个个音符，弹奏出优美的音乐，让人陶醉其中。

真正有魅力的女人，懂得不断地充实自己，不断提升自己内在的修养，使自己的魅力如山间涓涓细流，不停地流淌着。

2.内在修养的资本是永久的

女人的天生丽质当然能够倾倒众生，却无法拥有恒久的吸引力。一个女人不仅要有女性特有的魅力，更要注重自己内在的修养，这样即使青春远去，仍然能够保持永久的魅力。也许，气质修养远不如娇艳的容颜那么令人心醉，那么充满诱惑，但它却更深沉，更动人，更长久。

你可以更美，没有丑女人只有懒女人

在生活中，我们经常看到许多女人不修边幅，甚至在重要场合，也不修饰容貌。这样的女人对容貌的重要性缺乏认识，当然，归根结底还在于她们比较懒散。否则，出现在公众场合，最低限度也应该做点什么，比如抹一点口红、修一修眉毛，等等。技术方面欠缺火候不要紧，至少表明你知道这是重要的。大多数女人忽视了一点：化妆是一种对别人的尊重，如果你将自己皮肤的瑕疵展现在别人面前，这对别人是不够尊重的。在这个世界上，绝没有丑女人，只有懒女人。所以，在生活中，女人应该力求让自己的容貌给人的感觉好一点，也就是美一点。

女人的容貌在 30 岁之前是靠父母，30 岁之后就要靠自己。在 30 岁之前，容貌大多是由于遗传因素和客观环境所决定的；但 30 岁以后，女人的容貌就是教养、个性、阅历、人生观等各方面的复合体。我们可以说，女人的容貌是“养”出来的，即营养、调养、修养三个层次的内容。当然，这并不是一天两天就能养出来的，而是一个长久的渐变的过程。在这个过程中，女人不应该懒，而应勤于打理自己，不管是内在还是外在。女人的“养”分为内养和外养：内养，就是学识、阅历、见识、品行、世界观等等，这些养分是源泉，然后透过一根根血脉、一条条经络沁润你的容貌；外养，即美容、护肤、饮食、养生、化妆等方式。内外皆养才能保持女人姣好的容貌，只靠内养的女人生硬、呆板；仅有外养的女人浅薄、缺少韵味，只有内养外养结合的女人才会散发出长久的魅力。

在韩国，流行这样一句话：“没有丑女人，只有懒女人。”韩国女人的皮肤都很好，除了精致的妆容外，所依靠的是平时的保养。宋小姐就是一位美女，皮肤像婴儿的皮肤一样细腻，没有一点细纹、瑕疵，但她跟大家说自己已经过了 30 岁了。

有人跟她请教一些皮肤保养的秘诀，她说：“我每天都要喝西红柿汁、柠檬水。”原来，韩国人是很注重饮食的健康调理的。一些婚后在家里做全职太太的女人每天都会去做美甲、桑拿、美容，或是在家里炖参鸡汤。韩国女人通常都会穿着得体，她们很注重衣服的整洁度和协调性。几乎每个韩国女人都有使用化妆品的习惯，这样不仅可以彰显自己的美丽，同时也是一种尊重别人的方式。

宋小姐说：“在韩国，每个女人都希望自己能变得漂亮，因此她们根本没有太多的时间去想别的，总是勤于打理自己。在韩国，不管是男士还是女士，上班时每天都换一身衣服，如果有谁上班时依然穿着昨天的衣服，除非他是在外面过夜并没有回家，基本上，人们是不允许这样的情况发生在自己身上的。许多人认为韩国女人是靠整容变得漂亮的，其实并不完全是这样，至少韩国女人懂得花时间来保养，比如外在的妆容、穿衣打扮、饮食调养，内在的充实自己，多读书之类的。”

有些女人对自己总是不满意，但看着别的女人为什么总是那样漂亮呢？其实，你也是可以的，但前提条件之一就是不要那么懒惰。将自己平时睡懒觉的时间花上一小半用在调养自己的容貌上，那你就会变得很漂亮了，哪怕再忙也别忘了收拾自己。

1.增强容貌的美感

通常情况下，增强容颜的美感在于两个方面：一方面是长时间地养护肌肤，让自己的容颜达到最好的生理状态；另一方面也就是即时的，即利用化妆修饰等方法，让容貌得以最佳表现。换句话说，也就是女人需要改掉懒惰的毛病，需要长时间坚持养护肌肤的习惯，诸如防晒、运动、保养、营养、肌肤护养等。这样会让肌肤少一点皱纹、斑点，多一些弹性和光泽。

2.保持阅读的习惯

就好像每天化妆一样，女人应该保持阅读的习惯，这样才能不断地充实自己的内心。许多女人出了学校以后，便完全不读书，这样时间长了，内在的学识、文化气息会越来越淡。因此，女人不要懒惰，即便离开学校之后，也应该保持阅读的习惯。

名牌堆砌不出女人的品位

有人说："有品位的女人是一本哲学读物。"女人的品位是由内而外散发出来的，不单单是名牌就能装饰出来的。在生活中，我们经常看到这样一一些类似于暴发户的女人，她们浑身上下都是名牌，远远看去，还蛮有派头，但如果你走近之后，会发现她们嘴里说着脏话，而且所说之事不过是张家长李家短。不仅如此她们即便浑身名牌也是毫无特色，就好像是把所有最贵的物品堆放在自己身上，这样的所谓"品味"简直是雷倒众人。女人要明白，品位不是用名牌装饰出来的。女人的品位更多来自于内在，是从内向外散发

出来的。

王太太是总经理夫人，按理说，冠上如此的头衔，她应该是一个气势凌人、浑身挂满珠宝的女人。但熟悉她的人都夸奖她："一个很有品位的女人。"仔细打量她的派头，发现她只是穿着简单的休闲白衬衫和牛仔裤，显得相当清爽。

如何做一个有品位的女人呢？王太太细心解释："品位就是一个人要有宽阔的胸怀，懂道理明事理，知进退。"在王太太家里的客厅、书房，摆满了许多她与先生的合影，王太太是一位很漂亮并有气质的女人，虽然已经快五十岁了，但看起来还是那么年轻，有女人味。连一向不擅长说好话的王先生，他每每谈及自己太太的时候，总是一大堆赞美的话语，看得出他们很恩爱。

说到王先生，王太太一脸幸福，她说："他常对人说，我们之所以会如此恩爱，功劳应全归于我。"说完，还挺不好意思地笑了。有人好奇地问道："像你先生有那么多的异性朋友，难道你就不会生气吗?"王太太回答说："我当然会生气，但我更会做人，我很会体贴人，我从来不会为这些事情而大吵大闹，更不会对他有任何怀疑。我对他说，只要他对我尊重，不要做得太过分就行。因此，他外出游玩的时候，都会带上我，从不带其他的女人。"顿了顿，她继续说："假如我经常对先生持怀疑的态度，不但自己会过得很辛苦，老得也很快，这样，他会更加不顾及我的感受。"

再仔细打量王太太的家里，发现她不仅仅是一个有内在的女人，还是一个有品位的女人。在客厅里，悬挂了几幅知名作家的山水画，家里到处都是修剪得很漂亮的盆栽以及插花，王太太解释说："这都是先生在工作的时候，我去看画展买下来的画，而且，还与几位画家成为了好朋友。这些盆栽和插花都是我修剪的，平时在家没什么可做的，就去学习了一些看似无用却能够充实生活的东西。"

王太太能够保养得如此年轻，而其生活也过得十分有品位，这都跟一个女人的内在有关系。一个女人的内在真的很重要，它可以体现出一个女人的品位与美丽。试想，如果一个女人心胸狭窄、刁蛮任性、固执，时常无端地

猜疑自己的另一半，这样的女人只会把大把的时间用来猜疑、嫉妒，而不会闲情逸致地学习插花和茶道了。当然，她也就不会成为一个有品位的女人了。

1.品位来自于内涵

女人的品位来源于内在的涵养，一个有涵养的女人，她在任何时候都忠实于自己的内心，按照自己内心最真实的想法去说话做事，不需要太多的掩饰，不需要轻易地改变，如此，坚定不移地走下去，最终会成为一个有品位的女人。

2.品位来源于内在的艺术气息

女人的品位是画，女人的品位是诗，女人的品位是乐曲。一个女人有了良好的艺术情趣，她的品位必然高雅清新，焕发青春活力，生活必定多姿多彩，充满阳光。

3.品位是一种情调

有品位的女人一定是有情调的女人。情调就是女人与生俱来的情致，是女人骨子里最温柔的情结，是她们通过自己的感官享受和体验生活的一种方式。当然，它并不是什么昂贵的奢侈品，它就如同蒙蒙细雨，滋养着忙坏了的女人，使她们每一个日子都是那么丰盈而充满意蕴。

没有男人喜欢拜金的女人

男人看多了美女与心机，最厌恶的就是拜金女郎。何为拜金女郎？也就是那些以追求物质享受为目的，不择手段的女孩。她们所梦想的生活就是穿梭于各种晚会，身边有多金的男伴，穿着让所有人赞叹的名牌，唯一关心的是自己的鞋子是否能赶上潮流，或去哪个俱乐部才是身份的象征。女人通常都是乐于享受的，因为她们喜欢的漂亮衣服、包包、鞋子，等等，那些

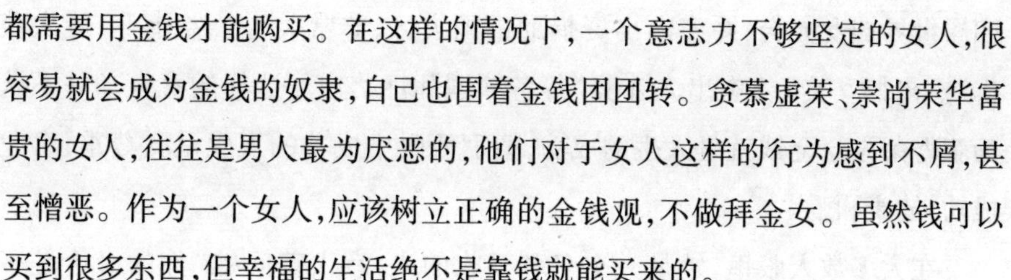

都需要用金钱才能购买。在这样的情况下，一个意志力不够坚定的女人，很容易就会成为金钱的奴隶，自己也围着金钱团团转。贪慕虚荣、崇尚荣华富贵的女人，往往是男人最为厌恶的，他们对于女人这样的行为感到不屑，甚至憎恶。作为一个女人，应该树立正确的金钱观，不做拜金女。虽然钱可以买到很多东西，但幸福的生活绝不是靠钱就能买来的。

她和男友大学谈了四年的恋爱，却在临近毕业之际分手了。她提出分手，理由就是“我不想和你回到那个小镇上去，我喜欢都市的繁荣”，男友在心痛之余还是尊重了她的决定。

大学毕业后，她与一位中年商人认识了，并很快结婚了。商人已经年近40了，离过两次婚，他贪图她的青春与美丽，而她只想过奢华的生活，她觉得这样的交易很公平。她终于过上了她想要的生活，从衣服到化妆品，她用的没有一样不是名牌，一双鞋、一件衣服常常成千上万元，挥霍金钱成了她的快乐。她的丈夫常常早出晚归，有时甚至彻夜不回，他的解释永远都是忙。有一天，她在商场看见丈夫与一位年轻女子相当亲热，她很生气，晚上回到家，她质问丈夫却被一把推开并恹恹地说：“你安心做你的太太就行了，别的事最好少管。你当初同我结婚还不是看上我的钱。”说完他摔门而去，许多天都没有回来。

原来，她在丈夫眼里不过是个寄生虫而已，回忆起过往种种，只有苦笑。

在男人看来，那些拜金女就好像寄生虫一般，总是为物质而疯狂。在现代社会，“拜金女”成为大家聚焦的热点话题之一，她们是一群盲目崇拜金钱，把金钱价值看作最高价值，一切价值都要服从于金钱价值的思想观念和行为的女人。她们通常持有金钱至上的观念，认为金钱是衡量一切行为的标准。无论做事还是待人，她们全部都是以金钱为目标的。这样的女人只会沦落为金钱的奴隶，被男人厌恶，最终不会获得真正的幸福。

靳羽西，学者、记者、电视主持人、人道主义者、企业家和社会活动家。美国《福布斯》杂志对靳羽西的评价是：“她用一支又一支的口红改变了中国人的形象。”她在1999年4月荣获“世界杰出女企业家”称号，曾出资赞助第

四届世界妇女大会，并多次出资捐助中国灾区，非常关心公益事业，屡次获得“杰出妇女奖”、“杰出人才奖”等各项国际性奖项。这样的女人却并不认为获得荣誉与金钱就是人生的成功，靳羽西眼中成功的人生是受尊重，事业成功，健康和爱。

在大多数人眼里，她是一个名利双收的人，有人曾问她“你的身价是多少”，她却坦言：“身价无价，这不能用金钱来衡量，我并不看重财富，财富不能代表你就是一个高尚的人、有品位的人。我做事情首先看它有没有意义。我原先做的很多电视节目都是中国政府邀请我做的，不赚钱，甚至亏本，但我喜欢做，值得做。我现在开发的‘羽西娃娃’卖得很好，但我坚持把销售收入的15%捐献给联合国儿童基金组织。”

有着正确金钱观的女人，比较淡漠金钱，在她的思想里有着比金钱更为重要、宝贵的东西，正如靳羽西所认为的那样：“成功的人生是受尊重，事业成功，健康和爱。”

1.金钱与幸福是不能画等号的

许多事例告诉我们，金钱与幸福之间是不能画等号的。《红楼梦》里的贾宝玉出生在一个门第显赫、极为富贵的封建官僚家庭里，他从小就过着衣来伸手、饭来张口的生活，这在外人看来，他是幸福的，但封建礼教禁锢了他的自由，即便他很富有，他也只感到痛苦；古罗马帝国皇帝尼禄富甲天下，但如此有钱的他竟然兽性大发，弑母弑师，甚至荒唐到火烧罗马城，最后只得自杀。

2.女人要学会成为金钱的主人

在小说《茶花女》中有这样一句名言：“金钱是好仆人、坏主人。”生活中，不同的金钱观，决定了我们与金钱之间的关系：假如你贪慕虚荣，崇尚荣华富贵，那你就会成为金钱的奴隶；假如你觉得生活不仅仅满足于物质，还需要精神的愉悦，那你就会是金钱的主人。作为一个女人，我们需要树立正确的金钱观，千万别做让男人厌恶的拜金女郎。

出入高档社交场所，邂逅心中的白马王子

每个女人，总是梦想着自己能邂逅心中的白马王子。从玛丽·莲梦露的《如何嫁个百万富翁》到郑秀文的《嫁个有钱人》，都教会我们，假如想邂逅白马王子，一定要去高级会所、飞机头等舱、游艇会等高级场所，而绝不是路边的大排档，也不是天桥下的报纸摊。在这些高级会所，当他们正在谈笑的时候，你以袅娜娉婷的姿态缓缓登场，那就是最美丽的邂逅了。女人，要善于施展自己的资本，大胆走出家门，出入这些高级会所。在这个过程中，不仅仅可以有机会邂逅心中的白马王子，同时还可以提升自己，锻炼自己的交际能力，因此是相当值得的。

白天，她是一名服装设计师，长时间伏案工作进行着复杂的脑力劳动；晚上，她将头发束起高高的发髻，穿着白色衬衣、黑短裙、黑凉皮鞋，一副职业助教装扮，出没于各个高档桌球场所。

肖兰大学毕业一年多了，在学校的时候，她练过斯诺克、九球、花式台球等，因为球技不错，她被一位球房老板邀请做兼职陪练，常有顾客来到球房点名找肖兰切磋球技。工作之余的她，并没有放弃这一兼职，除了对这项运动的喜欢，更主要的是为了拓展自己的社交圈子。在大学的时候，就因为练桌球认识了不少桌球教练、学员，有人成了朋友，还有人主动为她介绍工作。工作后，每天埋头于设计图纸，生活单调的她更是将之视为一项拓展人脉资源的手段。她坦言：每天接触形形色色的人，这些人很可能成为未来的事业合作伙伴。

说到这里，肖兰不好意思地笑了："其实，我现在正在交往的男朋友也是在这里认识的，我知道像这样一些场所，经常会有成功男士出入，比如来这里谈生意，或单纯地会会朋友。跟男朋友也是这样认识的，那天他带客人过

来谈生意，他本身桌球打得不错，但为了谈成这笔生意，打算故意输给顾客，但没想到那位客人点了我代替他打，结果我们就这样认识了。后来，他没事的时候就会来跟我切磋球技，现在我们差不多是难分高下了。当然，我们的感情也日益深厚了。”

桌球陪练作为一种新兴的职业，大多见于一些高档球房内；而那些经常光顾于高档球房的客人，自然不是等闲之辈。所以，聪明的肖兰毅然把这份桌球陪练的兼职当作了可以邂逅白马王子的机会，同时也成为自己拓展人脉资源的手段。在这里，她不仅认识了许多成功的人士，而且还真的寻得了一位如意郎君。

生活中，总听到女人在抱怨：“哪里才能找到我心目中的白马王子呢？”其实，白马王子并不是找不到，而是你没有机会认识那些有品位的人。机会都是需要自己创造的，女人们大可以出入一些高级场所，认识一些成功男士，说不定他就会是你未来的郎君。

1.高级会所

高级会所是成功人士经常出入的场所，那似乎成了他们的标志之一。不管是高尔夫会所，还是综合的健康场所，都是一些青年才俊经常出入的地方。如果你有经济实力，倒可以到这样一些地方去碰碰运气。

2.酒吧、咖啡馆

现代社会，许多有品味的男人都会出入于一些情调酒吧、咖啡馆，放松自己的心情。酒吧与咖啡馆早在诞生之初就担负着社交的功能。因此，你不妨在周末休息之余，优雅地坐在吧台，点上一杯红酒，慢慢啜饮；或是捧着一本心仪的书，静静地坐在咖啡馆的角落，品尝咖啡的苦涩，说不定你的倩影已经吸引了某位男士的眼光。

提升修养，举手投足展现你的魅力

培根曾经说："相貌的美高于色泽的美，而优雅合适的动作美，又高于相貌的美，这是美的精华。"一个女人的举止、动作、表情与其修养、内涵有关，在社交场合中，优雅的仪态可以透露出你良好的礼仪修养。一个女人不仅需要注重自己的外在美，更需要注重自己的举止之美，这样你才能称得上是一个有修养的女人。女人的举止之美体现了其优雅的气质修养，是魅力之源。作为一个现代女性，不可避免要会参加很多社交活动，这时候不仅需要得体的服饰和精致的妆容，还需要举手投足间表现出来的举止之美以及良好的礼仪修养。所谓"礼仪修养"，即"坐有坐相，站有站姿"。在社交场合，女性的礼仪姿态是传递信息的符号，也是一种表情达意的方式，更是辨别雅俗的重要尺度之一。

初次见面，人们就觉得小迪是一个漂亮的"瓷娃娃"：璞玉般的肌肤，洁白无瑕；长而弯的睫毛，流动出优美的弧线；清澈见底的大眼睛，似乎在诉说着什么。总之，她的出现，让人感觉眼前一亮，无比清新。

不过，才说了几句话，这种美好的感觉就消退了下来。不知道谁讲了一个笑话，小迪张嘴就笑了起来，不掩饰，就连她正在喝的橙汁都不经意飞溅了出来，小迪大笑着，肆无忌惮地露出了满口的牙齿。她似乎觉得自己还笑得不过瘾，又双手趴在了桌上，伏着桌子笑起来，整张桌子都被她的笑声震得一颤一颤的。大家都觉得不可思议，如此漂亮的女孩竟然会是一个举止粗鲁的人。

良好的礼仪修养不仅仅是对一个女人行为举止的基本要求，同时，直接体现出一个女人的涵养。女人的魅力，包括什么场合穿什么衣服，在公开场合如何坐立行走，时刻以得体端庄的行为举止来展现自己的形象魅力。

那天，小柯去参加男朋友公司的聚会，本来，打扮漂亮的小柯兴致勃勃，却没想，因为一个饮酒礼仪的不当而使自己变得灰头土脸，沮丧极了。

由于聚餐的大多数人都是中国人，于是，大家选择了中餐馆，点了一些白酒、啤酒，还有一些饮料。酒还没上桌的时候，小柯就很豪气地说："我可是酒桌上的女中豪杰，平时与好朋友聚会，就数我喝酒最厉害了。"顿时，男朋友的同事都睁大了眼睛，忍不住对她称赞了起来，一位同事还发出了挑战："行，一会咱们拼酒，看谁最厉害。"男朋友看了一眼小柯，面露不悦，但没说什么。

杯子里倒满了酒，按照酒桌上的规矩，应该是敬酒了。这时，坐在小柯对面的男士站起身来，双手举杯，说道："来，我敬你们二位，希望你们能够永远幸福。"小柯和男友也站了起来，那位男士放低了自己的酒杯，男朋友的酒杯也放得更低，只有小柯一个人的酒杯端得高高的，男朋友用胳膊碰了碰小柯，示意她也放低酒杯，可小柯浑然不觉。等酒下了肚子，坐了下来，男友才悄声对她说："敬酒的时候，酒杯要低于对方，这是尊重。"小柯脸红了，这时，她又发现自己鲜红的口红印正印在杯子的边缘上，她的脸更红了，头也变得很低。

敬酒是中餐宴会不可缺少的环节，尤其需要注重礼节。在上面的例子中，在敬酒的时候，小柯将酒杯高高举着，其实这就是失礼之处；另外，还将脱色的口红印留在了酒杯上，这更是表现出对他人的不尊重。这些看上去很细节的东西，却能显现出一个女人的礼仪修养。

1.礼仪的姿态

在现实生活中，有的女人站没站相，坐没坐相。其实，她明明是一个能干的女人，但是，无论是坐、立、行，总是弯着腰歪着脖子，给人以懒散的感觉，这样的人难以赢得男人的好感。因为在她们身上，似乎总是体现出一种不端庄的感觉。

其实，一个人的站姿和坐姿能够体现其修养，一个有修养的女人会严格要求自己的一言一行，哪怕是一个最基本的站姿，她也不会马虎了事。

2.一颦一笑展现自己的优雅

生活中，有这样的女人：衣衫不整口水四溅地和人聊天，毫无顾虑地高声与陌生人交谈，买东西时因为讨价还价争得面红耳赤。她们可能容颜漂亮，然而一举手、一投足，便表现出粗俗之气。这种“虽金玉其外，却败絮其中”的女人，只会招致男人的厌恶。

女人的优雅是隐藏在她的举止神态中，那一颦一笑尽显女人的优雅姿态。对于一个女人来说，优雅是必不可少的。如果一个女人举止粗鲁，那么她再努力地使出各种神态，那也是和优雅绝缘的。

高情商女人自然吸引好男人的目光

有时候，情商往往能够帮助女人吸引男人的目光。情商是一种能力，可以感觉、了解和有效应用情绪的力量与智能作为人类的能量、信息和影响的来源。情商一方面能够显示出理性的智能，另外一方面，它还来自于心的智慧。情商包括这几个方面的内容：认识自身的情绪，因为只有认识到自己，才能成为自己生活的主宰；妥善管理自己的情绪，也就是能够调控自己；自我激励，它能够使人走出生命中的低潮；认知他人的情绪，这是我们与人交往实现顺利沟通的基础；还包括人际关系的管理。在更多的时候，情商会成为女人的一种智慧，它包括了对于人生价值和意义的理解，对自我的人生目标的知晓，对人生征途的把握。当然，情商是后天的，是可以培养的，对于每个女人而言，完全可以通过自己的努力提升自己的情商，让自己成为一个受男人瞩目的高情商女人。

吴太太结婚多年了，可八岁时失去父亲的阴影，一直在影响着她的生活。她总认为，现在的生活并不开心。她不是朝九晚五的上班族，而是自己经营了一家小店，和老公结婚也有好几年了。她遇到事情容易烦恼、发脾

气，和老公相处也不是很融洽，夫妻关系搞得很僵，总是感到生活不幸福。

她说："因为经济压力比较大，结婚后两个人经常为小事闹矛盾。我觉得他不是很了解我，虽然吵架不是特别严重，可是经常为小事生气，让我觉得很烦。"一开始，她还会和老公争吵，发展到后来，她连话也不愿意多说了，有时甚至一天不说话都可以。

她觉得，这一切与自己小时候遭遇的变故有关。自己八岁的时候，父亲去世，不久后母亲改嫁。她这样说道："受大人的影响，我从小就很会烦恼，现在也一样，一件事情会想得很远，大脑整天都在胡思乱想。"

在上面这个案例中，吴太太因为不懂得控制自己的情绪，情商较低，使得自己的婚姻生活并不美满，长期下去，只会让丈夫生厌。对此，她应该想办法提升自己的情商，努力让自己成为高情商女人。

露露的姐姐长得很漂亮，但是露露却很丑，而且个子也不高。她从小就习惯听到这样一句话："哟，这个小姑娘长得怎么一点也不像姐姐呀！"但是，露露并没有因此而伤心，她发奋努力，在别的女孩忙着打扮自己时，她毫无干扰地升入了大学；在别的女孩忙着恋爱时，她又考上了研究生。

后来她去了广州，办起了自己的公司。不久，她接待了第一个大客户。那是一个台湾人，一见露露，就露出一副大失所望的神情，露露明白他的失落。以前谈生意，她都不出面，但是这次由于是大客户，她决定亲自上阵，没有想到，还没开始谈，对方就露出失望的表情。

然后，那个台湾人喝了点酒，话明显多起来，他拿着酒杯，半醉半醒地说："其实你的身材很好，也年轻……"说着，便把脸凑了过去。露露轻轻地推开他，然后为自己倒了满满一杯白酒，说："这里满街都是美女，但我不是，可我有最出色的产品。如果你是冲着我的产品来的，那我就先干为敬！"说着，她一仰头，把满满的一杯酒喝了下去。

出人意料的是，那个台湾的客户居然签了这笔单子，而且还向露露表白了自己的心迹。虽然，露露拒绝了他的追求，但那位台湾客户成为了她的重要客户，不仅如此，还给她介绍了其他的客户。

有的女人常常因为自己的容貌不如别人，而产生深深的自卑感，其实，这就是心态不好的表现。那些拥有积极乐观心态的女孩，即使自己容貌平平，她们也依然对自己充满自信。要知道，一个漂亮的女人和一个充满自信、相貌普通的女人一样都可以赢得男人的宠爱，甚至，自信的女人比仅仅漂亮的女人更有吸引力。

1.女人的好心态比漂亮更重要

女人的好心态比漂亮的外貌更重要。既然相貌是天生的，我们无法选择，那我们就不能因为长得不美而整日愁容满面，失去自信。当青春像过客一样飘然离去的时候，那些相貌平平但心态好的女人在岁月中积累的修养、知识，却会随着时间的流逝而散发出更美丽的光辉。而这样的女人最终能够俘获好男人的心。

2.高情商女人有助于男人走向成功

高情商的女人大都目光长远，不计较眼前的利益。她们考虑问题，总是深思熟虑；做事情，总是未雨绸缪。在生活中，她们能够接受现实，具有很强的情绪承受能力。她们总是保持乐观、积极向上的心态，所以她们常常能战胜人生路途中的每一个艰难险阻。她们身上这么多优秀的品质，往往可以潜移默化地影响男人，并有助于男人走向成功。

第5章

若即若离的神秘感，爱情也需要一点艺术来经营

爱情需要保持若即若离的美感，这样才能让男人欲罢不能。有人说：“爱情也是需要经营的。”虽然，这样的说法好像破坏了爱情的美感，但事实上，跟所有事情一样，仅仅跟着感觉走往往会坏事，我们掌握不了爱情最终的发展方向。因此，女人要善于用艺术的手腕编织神话般的爱情。

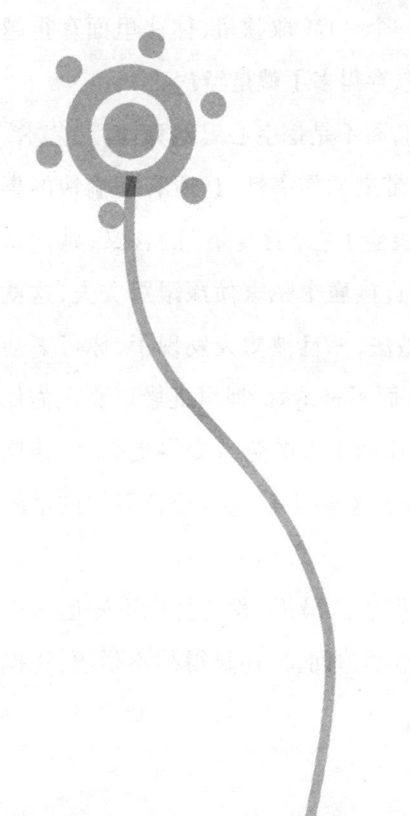

智慧女人懂得运用艺术手腕来经营爱情

“爱情是需要经营的”，初次听到这句话，觉得心生不安，原来潜藏在内心的爱也需要动用“心机”吗？直到经历了爱情之后才发现，爱情确实需要经营。当然，爱情与做生意还是有区别的，做生意大多是用钱经营，但爱情是用心去经营。爱情本身是带着炽热、疯狂的特性的，它就像是一匹脱了缰的野马，如果任由它四处冲撞，仅凭着感觉走，那爱情早已经不成样子。相信大多数女人都有这样的感慨，当最初美好的爱情变得支离破碎，两个人的信任早已荡然无存，心中自然有一种难以言说的痛楚。爱情怎么会变成这样子呢？这大概是不懂得经营的缘故。如果你早就了解爱情，并学会用艺术的手腕来经营爱情，那两个人之间会少了许多伤疤，多了一些理解与宽容，爱情的本质就不会变。爱情就好像一个 ATM 取款机，你往里面存得越多，需要时能取的就越多。在爱情银行里，存得多了就是经营。

当然，经营爱情的手段应该是艺术的，而不是挖空心思地算计。“艺术”的手段，也就是不露痕迹，尽量降低矛盾带来的伤害性，让所有不愉快的事情都过去，生活依然会继续。不少女人误会了“经营爱情”的含义，她们认为，千方百计地去侦察丈夫的踪迹，或者直接雇个私家侦探跟踪丈夫，这就是一种经营。其实，这只是一种愚蠢的做法，一旦被丈夫发现了，你可能会失去婚姻与家庭。经营爱情的前提是爱，而不是猜疑、捕风捉影。女人为什么要选择经营爱情呢？那是因为她们想让两个人的感情变得更美好，让这段幸福的感情得以延续，而不是毁坏。基于这些因素，女人经营爱情的手段一定是艺术的。

三个女人坐在一起聊天。一个女人抱怨：“最近，我老公也不知道怎么了，一天到晚也不往家里打个电话，我打电话追问，他还显得很不耐烦，我担心他是不是有了外遇,可是又找不到证据,害得我没有心思上班,也没有心情逛街,一个人闷得很。"

另外一个女人也附和:"是啊,男人都是这样,结婚之前,他对你百依百顺,结婚之后就现出原形了,我现在可看透了。我也不管他在哪里,跟什么样的人鬼混,反正我带着女儿就知足了,老实说,想着自己过着这样的婚姻生活,真是痛苦,还不如趁早离了算了。"两个女人像找到了知己,一个劲儿地说男人的坏,第三个女人微笑着听她们的抱怨。

一会儿,那两个女人突然转向第三个女人:"你呢?说说你呗。"一个女人有些羡慕地说:"我就是羡慕你,即使那么拼命地为自己的事业奔波着,可还是有个男人这么爱你,我要是能有你这样的生活,我就不上班了,干脆回家做全职太太去。"另外一个也笑着说:"是啊,我觉得你对你老公可有点狠心,每次公司出差就是十天半个月,只留下他一个人在家里,上次听说你还一个人去欧洲玩了几天,怎么不和老公一起去呢?"

第三个女人一直没有说话,这时候看着两位朋友都看着自己,她笑道:"如果我辞职了回家做全职太太,也许他就没有那么爱我了,他爱的就是这样的我。男人需要自由,我也需要自由,偶尔的时候,让彼此有个轻松的假期,会让他更加思念你。"她喝了一口咖啡,继续说道:"我觉得吧,你们都是因为对男人太好了,把自己的感情都放在男人身上,这样会让你们自己觉得烦闷,也会让男人受不了的。像我这样,看似很无情的行为,实际上才是男人最喜欢的相处方式。男人都渴望自由,不妨给他自由的空间,这样反而会让他念着你的好。"几句话说得那两个女人一愣,开始认真思考起来。

这个看似"无情"的女人,其实就是在用艺术的手腕经营自己的爱情,最终赢得了属于自己的幸福。她在放松自己的同时,其实也给予了男人一个比较自由的空间,这才正是艺术手段的高明之处。

1.学会欣赏

对于女人而言,需要做到努力使自己被对方欣赏,还有就是努力去欣赏对方。爱情的真正魅力在于互相欣赏,对自己所爱的人,不要羞于表达自己

的爱，也不要吝啬自己的称赞。在适当的场合，适当的时机，用适当的表情，赞赏对方几句，这定会让男人产生一种满足感。欣赏是双方共同的心理需要，也是经营爱情的秘诀之一。

2.学会储蓄感情

如果你经常在感情户头里储存真爱和默契，户头的存款越多，提取的幸福和快乐就越多。即使偶尔因自私或不够体贴而预支，那自己也不至于因此而透支。而通常避免感情银行户头透支的最有效的办法是：平常多存款，多说感激欣赏的话，多做体贴关怀的事情。

3.学会“懂”

两个人之间需要理解，当男人遇到挫折的时候，你不说一句有损他尊严的话；当他意气用事的时候，你娓娓解说事理给他听。即便你们远隔千山万水，也深信他。懂，需要的是了解，需要的是体贴，需要的是爱心。

适度距离带来美感，每天相见不如时而怀念

感情也有“三八线”，爱情也是需要距离的，恋人之间不能永远亲密无间，偶尔营造出的距离感反而会令爱情更加美丽、稳固。古时候，人们是这样理解爱情笃深：“打碎一个你，打碎一个我，再重捏在一起，从此后，你中有了我，我中有了你。”这是一种典型的“藤缠树，树恋藤”的爱情，虽然令人称赞，却常常让伴侣之间感到牵绊过紧、身心疲惫，时间长了，更是厌倦这样的生活，渴望走出围城。其实，恋人之间的距离应该有两种：心与心，以及身与身。对于相爱的双方而言，在一起的根本目的绝不是为了印证距离，而是为了满足情感的契合与归属。不过，这样亲密无间的关系只能是阶段性的距离，无法持久。因此，聪明的女人，要善于留出彼此之间的距离，每天相见不如时而怀念。

有人说："爱一个人不要爱到十分，八分就足够了，剩下的两分，用来爱自己。"在爱情里，两个人应该保持多大的距离呢？爱情就好像刺猬，需要彼此保持一定的距离，否则就容易被对方身上的刺扎伤；当爱情保持它应有的距离的时候，爱情才会变得长久美满。当然，这个距离是无法计算出来的，或许每个人都有不同的尺度，我们所需要做的就是尽量给对方留出自由呼吸的空间，以及恰当的距离。近些年来，不少夫妻因为距离太近的"审美疲劳"而提出了"周末同居"、"候鸟夫妻"的主张，意思就是鼓励有间的亲密、适当的若即若离，既留给一个空间给自己，也留一个空间让他飞；既令自己感到轻松、自在，也令思念、牵挂的暖流在彼此的胸中荡漾。这样一来，或许由于距离，反而给爱情保了鲜。

美亚最近又和老公闹别扭了，住在同一个房间，两人却互不理睬，这种憋屈的生活真的让美亚很伤脑筋：难道真如人们说，婚姻走到了七年之痒吗？

坐在小区绿色的草坪上，不仅让她想起以前过"周末夫妻"的时候，那时候的日子多叫人怀念呀。那时候，美亚和老公都很穷，两人又不在一个城市上班，只好借着周末休息的时间见面。那时候，每到星期五，美亚就没什么心思上班了，她的心思全在见老公这件事上，她总在盘算着周末两人去玩些什么，做什么饭菜，自己穿什么样的衣服。她几乎等不及下班的时间了，眼中的神采，好像是陷入恋爱的女人一般。等到下班后，她就迫不及待地冲向车站，虽然只有两个小时的路程，但她总觉得很远很远，不停地看时间，不停地想象老公是瘦了，还是胖了。到了车站，一眼就看见了老公，先是来个大大的拥抱，快要令人窒息的拥抱，然后是互相讲述单位里好玩的事情。到了离别的时候，往往是万般不舍，美亚还会偷偷地掉眼泪。

想起这些，美亚心理就涌现出一种甜蜜。但现在有了房子，天天腻在一起，没有了新鲜感，那些鸡毛蒜皮的事情也开始出现了。原来，自己所怀念的是过去有期待的生活，而爱情之间恰到好处的距离会增加彼此的魅力指数，生活也会有滋有味。

婚姻让两个相爱的人亲密相处,同吃同住,同入同出;而默契则是一个眼神、一个手势,都会令对方会意,并产生共鸣。但是,夫妻在一起相处太久,除了会有默契,还会有审美疲劳。因此,夫妻之间既要亲密,但同时也需要保持距离。

1.距离产生美

两个人之间的距离作为一种客观存在,有它存在的价值。比如,两个人整天生活在一起,免不了会因为对方的缺点而发生争吵。如果这时妻子一气之下回到了娘家,三五天气消之后,内心有了几分牵挂,这时在家里的丈夫也会发现妻子的重要性,他对妻子也多了一些思念。当然,最后两个人和好了,他们的感情也得到了升华。

2.距离也是有限度的

在审美疲劳的轰炸下,有人甚至提出"心不出轨,身体自由"的理论,这依旧是审美疲劳而引发的身体的偶尔放纵。只是,身和心的距离对于每个人而言,感触不一样,有些人可以区分开,而有的人却无法忍受身体与心灵的剥离。但是,并不是所有的人在事后都能做到真正的洒脱,而且感情与婚姻需要底线,超过了就会导致感情破裂。

女人别太主动,否则会让男人失去兴趣

古龙曾说:"谁先动心,谁就满盘皆输!"这句话不仅仅用在比武中,更适用于情场上,简直可以说是至理名言。张惠妹在《原来你什么都不想要》中唱到:"我只有不停地要,要到你想要逃。"这就是女人太主动的下场,女人越是主动,男人越会对你失去兴趣。女人应该处于被追求的位置,除了更符合女性的天性以外,男人也更容易产生征服感;套牢男人最有效的办法就是若即若离,让他对你永远捉摸不定。由于女人的天性,她本身就应该被追求、

被宠溺；而且，在追求女人的过程中，男人也很容易产生征服感，因此他会更加珍惜女人。若这样的情况是相反的，那男人会逃走，甚至逃得远远的，永远不会再出现在女人的眼前，这是因为男人不喜欢被束缚的感觉，不喜欢被一个女人套牢。

小巧是家里的独生子女，从小在父母的宠溺下，养成了大胆、霸道的性格。在她的字典里，从来都是将自己喜欢的东西抢到手，而不是坐着等，她最受不了的事情就是等待。

从高中开始，她就开始有主动追男生的嗜好，她喜欢霸气地看着男生的眼睛，直接追问："愿意做我的男朋友吗？"遇到胆子较小的男人，早就被吓跑了，这时她就会哈哈大笑。若是遇到胆子大的，会表示："交往试试。"但这样的男生往往是带着玩味的口气。在交往中，小巧更是将"主动"的嗜好发扬光大，她不仅花钱给男朋友买衣服和包包，而且每次节日都会主动送上礼物；反观男朋友那边，却是一点表示都没有。这样的恋爱通常会维持一个月就宣告破产，朋友劝慰的时候，小巧总是好强地摇摇头："我怎么会伤心呢？一点影响都没有。"

到了大学，虽然小巧改了一些，但见到心仪的男生，还是克制不住自己的行为，她总是表现得太过于主动。虽然，有的男生也比较享受这样的"待遇"，但时间长了，还是会厌倦。在大三的时候，小巧遇到了一个条件不错的男生，跟以往的每一次一样，她又奋不顾身地投入了，先是送礼物，后来是写情书，还在夜晚用蜡烛摆成心形的图案，但结果还是失败。

就在小巧为这段感情黯然神伤的时候，却听到了一个意外的消息，那个男生恋爱了。小巧有些不服气，自己到底输在哪里了。她跑去了解，结果却是大跌眼镜，原来，他找的就是年级里出了名的"冰美人"。据说，那个男生追了三个月才追到手，如今俩人正幸福地牵手在校园里散步。小巧终于明白了，自己输在太过于主动，原以为这是表达爱的方式，没想到却让男生失去了兴趣。

不论这个世界变成什么样子，男人永远不改的天性就是征服，习惯于征

服世界，习惯于征服女人。那些有征服欲的男人，更显男子的气概。女人始终是小女子，即便她表面性格刚强，坚强而执着，但骨子里却有着风花雪月般的浪漫情怀，在她所爱的男人面前，她愿意自己是被他驯服的一朵玫瑰。就好像女神一般的张爱玲在胡兰成面前，她也会说："我变得很低很低。"现代社会，女人越来越强，越来越主动，越来越不在乎挫折和困难，心也变得越来越粗糙。在女人主动的行为下，本来细火慢熨的爱情成为了速食产品，还来不及细细品味爱，还来不及用心感受，爱就消失得无影无踪。女人太主动，下场往往是不容乐观的。

1.人都是不知足的

佛家说："无爱则无痴，无忧，无惧，爱得太投入，难免患得患失。"每个人都是不知足的，你若对男人太主动，太宠着男人，会比宠坏女人更糟糕。女人被宠坏最多任性一点，而男人被宠坏则容易丧失责任感，会对主动的感情失去耐心和勇气，对爱情越来越抱有功利和实用的心态。

2.女人太主动容易让男人飘飘然

女人太主动了，男人就容易飘飘然，因为他也在享受被追求的感觉。在这种感觉的影响下，他不会太珍惜女人的感情，他总觉得这一切都来得太容易，就好像一个小孩子捡到了一个玩具，他通常只是玩一会儿就会丢开。男人也是一样，他会寻求下一个目标，因为他在寻找爱情的同时，也是在寻找一种征服的感觉。

适时静默，男人都厌烦唠叨不停的女人

在现实生活中，许多女人不会承认自己唠叨，她们觉得自己只是在提醒男人将要去做什么事情，以及这件事情怎么去完成，比如做家务、吃药、修理马桶、整理卧室，等等。在女人看来，唠叨其实是自己关心对方的一种表现。

然而，当女人不断地重复自己命令的时候，男人却只听到一个声音：唠叨。那些唠叨的女人会让男人失去耐心，唠叨就好像是漏水的龙头一样，把男人的耐心消耗殆尽，并且在他们的心里逐渐积累起一种厌恶。对于男人而言，在自己最累的时候，他希望女人最好能闭上嘴巴，让自己安静一会儿，哪怕一句话不说，那也是最大的安慰。

在美国有这样一个惊人的数据：每年有2000个杀人犯承认杀妻是因为妻子太爱唠叨了。唠叨这个词语似乎是男人用来形容女人的专利。当然，女人唠叨的出发点是为了关心，也因为如此，唠叨总是会发生在关系比较亲密的人之间，比如妻子和丈夫、母亲和孩子等。但是，即便是对全世界的男人展开调查，也会得出这样的结论，他们最讨厌的事情就是女人的唠叨。所以，女人，请适时静默，不要让自己成为男人厌恶的人。

对于男人而言，最受不了女人吹毛求疵、无休无止的抱怨和唠叨了。结果，夫妻之间的关系已经到了那样的地步：他们唯一的交流就是女人斥责男人今天还没有做什么，这周还没有做什么，这个月还没有做什么，甚至指责男人从结婚以来还没有做什么。女人的唠叨，让男人失去了耐心，他们下了班不愿意回家，而是主动向老板要求加班。女人愿意相信吗？男人宁愿工作也不愿意回家，因为听女人无休止的抱怨是对自己最大的折磨。

小蝶是一个喜欢唠叨的女人，老公形容她的嘴总是喋喋不休，除了睡觉的时候，她的嘴巴几乎都在说话。老公经常开玩笑说："在你身上，可以说最大限度地发挥了嘴巴的作用。"当然，那还是新婚的时候，如果现在小蝶开始唠叨，老公肯定会摔门而去。

两人刚认识的时候，小蝶就开始发挥出自己母性的特性了。对着男朋友的衣服，她总是说："衣服要洗干净，收了之后要叠整齐，看你的衣服，就好像从垃圾桶里捡来的。"这时男朋友总会用手刮刮小蝶的鼻子，笑着说："以后我的衣服就交给你了。"对男朋友的生活习惯，她总是唠叨："你都成年了，怎么还通宵玩游戏？这样对身体不好，而且还会影响你第二天的工作。"这时男朋友就会马上答应说："知道啦，知道啦，我的小唠叨婆。"那时候的唠叨

夹杂着甜蜜的味道，但结婚后就变了。

婚后，两人的生活变得平淡了。但小蝶的唠叨不仅没有缩减，反而变本加厉。从早上起床，她的嘴巴就开始蠕动了："今天天气预报说好像有雷阵雨，记得带上雨伞，在抽屉里的，可别忘记了。还有啊，今天不要穿你那双皮鞋了，那鞋子勾水，把裤子弄脏了不好洗……"还没等她说完，老公已经不耐烦地拿着公事包出门了。

中午，小蝶拨通老公的电话，继续唠叨："中午吃的什么？你胃不好，不要吃油腻的。平时带着小王一起去参加饭局，让他给你挡酒，免得又喝得胃出血……"电话那边，正忙着看文件的老公直接挂断了电话。

晚上，老公半夜才回家，小蝶还坐在沙发上，看见他回来了，唠叨说："这么晚才回来，我很担心你的，每天都是早出晚归，你一天到底在忙什么……"老公终于忍不住了："你一天除了唠叨就是唠叨，能不能让我安静一会儿？我每天在外面工作已经够累了，回家还听你唠叨，你真是要我的命啊！"说完，气冲冲地摔门而去，留下一脸惊讶的小蝶。

女人到底为什么这样喜欢唠叨呢？家庭里的妻子作为一个唠叨者，她们总是家务缠身，在生活中感觉到力量弱小，无法直接改变自己的处境，所以，她们开始向身边的男人唠叨。当女人发现男人还有一些事情没能完成的时候，她的唠叨就开始了。但女人唠叨的行为却是令人厌恶的，那些常常在家里唠叨的女人是一些对自己的处境不满又无力改变的人，她不愿意承认自己在家里所扮演的弱小角色，她感到很迷茫，她甚至连自己能做什么都不知道。

1.不要把男人当小孩子

女人觉得自己是家里唯一有理智的成年人，她们觉得男人就好像一个小孩子一样。女人唠叨的根源在于，当她们看到自己的另一半这个样子，就开始将他当成淘气的男孩，而非能干的男人。而对男人而言，你越当他是孩子，他就越表现得像个孩子。

2.以行为影响男人

如果你习惯了唠叨，男人还是不愿意听你的，那就不妨将语言化作行动。如果你想让男人养成回家之后就换鞋子的习惯，那就在他走到家门口的时候，无论你有多忙，都亲自将拖鞋递上去，如此一两次之后，男人自然会养成这样的良好习惯。

保持神秘感，让男人一眼看不透

许多女人有这样的感觉：两个人在热恋的时候，总是充满了好奇与激情，可当两个人真正在一起之后，就会发现对方好像没有以前那么爱自己了。其实，当两个人完全进入婚姻状态后，就开始要求对方什么都坦白，这样一来男人一眼就看穿了你，自然对你提不起太大的兴趣。聪明的女人总是保持自己的神秘感，她就好像是一杯茶，需要慢慢品尝，才能品出味道来。朋友已经跟老公结婚多年了，但他们两个人的感情还是跟刚开始的时候一样，让人羡慕，她说就是因为她时刻使自己保持一定的神秘感。同时，她透露了自己保持神秘的方法："不要因为爱对方，就过度限制对方；给他空间的同时，你才能拥有自己保持神秘的空间。"作为女人，你不要将自己的一切百分百地袒露给对方，而要使自己的魅力细水长流，时刻让自己保持几分神秘和淡然，保持永恒的吸引力，以提高男人对自己的兴趣。

小文毕业就嫁给了自己的导师，两个人相濡以沫，居住在那狭小的三十几平米的小房子里。小文却从来没有诉苦，只是觉得很幸福。后来，老公准备下海经商，小文也是全力支持，把自己多年的积蓄全部给他，尽心照顾好他身后的那个家。没过几年，老公已经独自经营了一个不错的公司，生活也迎来了崭新的一页。

不过，小文偶尔会听到老公的事情，不管是闺蜜还是公司的员工都告诉小文，老公身边有了新人。小文也经常听老公说起那个女人，她是公司的合

作伙伴，有着美丽的外表、显赫的家世。后来，她在一次聚会上见到了真人，那个骄傲的女子在小文面前毫不掩饰自己的感情，似乎正式向小文叫板了。

小文还是老样子，只不过做了新的头发，换了新的衣服，看起来就像大学时那么美丽可爱；她开始变着花样做菜，知道老公外面应酬都是比较油腻的食物，她特意做了清淡的饭菜，让回家的老公赞不绝口；周末的时候，她会邀请老公带着自己和女儿一起开车出去郊游，如果老公实在抽不开时间，她一个人也带着女儿出去，母女俩玩得很开心；她开始重拾英语，从结结巴巴居然练到了能用英语与老外交流；偶尔与好朋友参加旅游团，上个月还去了欧洲，给老公带回了礼物。

面对着小文如此的变化，老公回家越来越勤了，经常推了应酬回家来吃饭，周末时也乐意与小文和孩子待在一起。那个女人的名字几乎没有听说过了，老公几次想解释什么，但都被小文打断了。小文微笑着，幸福从来没有远离自己。

面对老公的小动作，小文并没有做出什么出格的举动，只是慢慢地改变着自己，以此来回应老公，最终，她成功地找回了属于自己的幸福。其实，理由很简单，对于小文老公来说，与自己生活十几年的女人，原来还这么新奇而又神秘，真让自己刮目相看，从而更加珍惜这份感情。

1.注意自己的形象

不要因为和对方太熟悉了，就不注意形象，经常在他面前表现得很邋遢的样子；要注意在合适的场合，有合适的打扮，不要穿着睡衣就满大街跑；就算是你和他的第一百次约会，也要盛装打扮，随时在他面前展现你的亮点。

2.为自己的神秘感填充新的内容

神秘感也不是固定不变的，它需要不断地更新，才能一直保持神秘，这就需要靠自己不断地学习，用知识和智慧来充实。如果你仅仅是有漂亮的外表，而没有丰富内在的修养，那么往往只能够使人在感官上取悦一时，一旦与对方相处时间长了，由于知识贫乏，思想没有深度、缺少神秘感，便很快失去吸引力。所以，要在平时多看些提高自己内在气质的书籍，多吸收一些知识,来保持自己独特的魅力。

3.独立一点

不要总是依赖着他,要独立一点。不要总是求着他帮这帮那,时间一长,他也会厌烦起来。自己能办的事情要亲自去办,这样不但能锻炼自己的能力,还可以让他刮目相看,原来,你还有这么独特的一面。和他没有关系的事情,就不要跟他说,自己一个人去做。他也会惊叹:你怎么有这么多的想法?让一个人对你充满好奇心,就是让他摸不透、搞不懂。这样,长此以往,他就会觉得你总是那么神秘,而你对他而言,总是有无限的吸引力。

相爱也别总是密不可分

西方心理学家研究,爱情如痴如醉的感觉最多只能维持三个月的时间。法国思想家泰恩曾说:“结婚的定义就是互相研究三周,相爱了三个月,吵架了三年,彼此忍耐了三十年,这就叫婚姻。”当两个人因为爱而朝夕相处,那之前的神秘感就会逐渐消失,两个人都暴露出真实的一面。在家里很随便,不用再戴着面具,衣服可以很随意,说话也是随心所欲,坐姿是大大咧咧,睡觉也会发出不雅的呼噜声。等到每天下班回家之后,竟然发现两个人也没什么话可说,于是,争吵、猜疑、背叛开始出现,婚姻生活就这样开始走向尽头。蒙田曾说:“瞎太太配上聋先生,将是世界上最完美的婚姻。”这句话的意思是,爱人之间需要保持距离,有些事可以看不见,有些话可以听不见。给予对方自由的空间,保持好爱人之间的距离,这样就会“相看两不厌”了。原来,爱的最佳距离不是密不可分,我们应该明白,太过紧密的关系,只会让爱窒息而死。

安娜,一个有着宗教信仰的贵族妇女;沃伦斯基,一个上流社会的花花公子,这两条原本没有交集的平行线,在各自的人生轨道上谱写着没有起伏

的生活旋律。有一天,因为一个转角的火车站,他们相遇并走在了一起。为了爱情,安娜不惜放弃丈夫、儿子、家庭,放弃自己的身份地位,与社会决裂,孤注一掷,把所有的赌注都压在情人对自己的爱情上。除了爱情,她可以说是一无所有,但她还是很自豪。因为对她来说世界上只有一样东西,那就是沃伦斯基的爱情,只要有了它,她就觉得自己很高尚,很坚强。她认为她爱沃伦斯基就应该完全占有他,丝毫也不允许沃伦斯基有自由活动的空间和权利。而沃伦斯基作为一个男人,尤其是作为一个从小就出入彼得堡上流社会的花花公子,不可能蛰伏于二人苦心营造的爱巢而对外界不闻不问。他还有自己的生活和事业,他觉得"我什么都可以为她牺牲,就是不能牺牲我男子汉的独立性"。最终,一场爱情悲剧发生了,在假想情敌索罗金娜小姐的打击下,安娜卧轨自杀。在临死的一刻,她叨念着:"您,您会后悔的。"

安娜的爱情悲剧令人唏嘘,她误以为爱是密不可分的,在这个追逐爱的过程中却失去了自我。安娜对爱情的强烈占有欲,将爱情看成她生活的全部,原因在于她没找准爱的最佳距离,让这刚刚萌芽的爱情被自己亲手扼杀掉了。

在寒冷的冬天,住在山里的两只刺猬需要相依取暖,一开始由于距离太近,各自的刺将对方刺得鲜血淋漓,后来它们分开。过了一会儿,试图再次靠近,结果还是被刺伤了。后来,它们不停地调整姿势,互相之间拉开了适当的距离,发现这样不仅可以互相取暖,而且很好地保护了对方。

用这两只刺猬的故事来比喻爱人之间的距离再恰当不过了,彼此太接近了容易伤害到对方;太远了,感受不到对方的关怀,最好是有点黏又不会黏。人们常说,距离产生美。相爱的人之间有一点距离的张力,才能营造出一种朦胧之美,才能将两人的爱拴得更紧。每个人的精神世界都需要相对的独立,每个人都需要一些空间,不只是物理的空间,还需要心灵的空间。若是缺少了这个空间,爱就不能自由成长。如果两个人亲密得一点缝隙都没有,那爱迟早会因窒息而消失。

1.给对方自由的空间

给对方一个自由的空间，同时，你自己也拥有了一个自己的空间。比如，不要随便地查看对方的手机，也不要查看对方的聊天记录，除非他愿意给你看。因为你自己偷偷地看，那都是你不自信的表现。如果你想看他的信息，那么你可以让你自己的好友定时给你发信息，特别是和他在一起的时候。然后你看完，千万不要主动告诉他是谁，对方要是问，你就要毫无在意地说："有人给你发信息，我可从来没有问过；如果你想知道，那咱们两个交换看吧。"这样，让他觉得你是看不看都无所谓的心态，他就会为了自己的好奇心，而自愿地把信息给你看。

2.相敬如宾

夫妻本身就是由两个独立个体组成的，又在不同的环境中生活了很多年，各自有不同的交往圈子，彼此有不同的性格、志趣、习惯、爱好，要让这两个不同的独立体关系融洽，就需要保持适度的距离。

偶尔做个顽皮的小女生，激发他爱你的欲望

女人要想开启男人爱情的欲望，就需要学会顽皮，适时娇嗔几句，说得男人心花怒放，他自然会对你百般疼爱。当然，调皮可爱，这对于恋爱中的女孩子来说相对比较容易，但是对于一位结婚几年的女人来说好像就显得困难了——并不是腻了，而是觉得不知道怎样来表达自己的顽皮，如果硬是需要说点什么，那就只剩下唠叨、争吵了。婚后，爱的激情被柴米油盐的琐碎代替，女人逐渐丧失了顽皮的心情，慢慢变成了唠叨的女人，这难免会让男人厌倦。这些不懂得"顽皮"的女人，不要等到丈夫有了外遇，才抱怨自己为什么总是被忽视，为什么自己无止境的付出却换来抛弃。这时女人也应该反省一下，在自己身上是否还有爱情的痕迹？顽皮的妻子，总会让丈夫感到新奇，那些娇嗔的语言，总会唤起丈夫内心深处的爱。

小李与老公约好了下班出去吃饭，已经到时间了，可小李由于工作没交接完还不能出去。她心想：老公一定会生气，他向来很守时。等忙完了工作，到了约定的饭店一看，老公果然阴沉着脸，气呼呼地坐在那里。小李在老公的视线里缓慢地走了过去，说："都是这双讨厌的凉鞋，早不不崴脚，晚不崴脚，偏偏赶上这时候。哎，我疼点无所谓，可是耽误了你的时间，真让我过意不去。"说完，还一脸疼痛和自责的表情。老公心疼地说："你该让我去接你嘛，快让我看看脚。"小李低下头，却把脸别开，原来她在忍不住笑。

还有一次吵架，老公要离家出走，小李挡在门口说："自古以来都是女人离家出走，你这么做不符合事物发展的正常规律。"老公说："你想怎么样？"小李坚定地说："我走，我要把属于我自己的东西全带走，哼！"说完不由分说拉着老公就跑下楼，老公问："你究竟要干什么？"小李说："你是我的东西啊！"老公说："我才不是东西呢！"说完，自己觉得不妥当又急忙开口说："我是东西。"说完，两人都忍不住大笑起来，一片乌云就这样散开了。

女人偶尔顽皮一下，可以博得男人的宠爱，因为在女人面前，男人所扮演的角色既是朋友，也是兄长，有时候甚至是父亲的角色。如果女人表现得比较调皮，那给男人的感觉就好像是女儿一般，自然可以唤起他隐藏在心底的爱。

《红楼梦》第十九回写宝玉到黛玉房里，见她睡在那里，就去推她，黛玉说："你且别处去闹会子再来。"宝玉推她道："我往哪里去呢？见了别人怪腻的。"黛玉听了，嗤的一声笑道："你既要在这里，那边去老老实实地坐着，咱们说话儿。"宝玉道："我也歪着。"黛玉道："你就歪着。"宝玉道："没有枕头，我们在一个枕头上。"黛玉道："放屁！外头不是枕头？拿一个来枕着。"宝玉看了一眼，回来笑道："那个我不要，也不知是哪个脏婆子的。"黛玉听了，睁开眼，起身笑道："真真你是我命中的'天魔星'！请枕这一个。"她把自己的枕头让给宝玉，自己又拿一个枕着。

林黛玉个性比较清高，但在贾宝玉面前，她也会展现自己调皮的一面。抢枕头的事情虽然很小，他们所用的语言也是平日里的口语，但在两个相爱的人之间，却起到了打是亲、骂是爱的作用，顽皮则成为了一种示爱的活泼而随意的方式。

1.偶尔的顽皮可以调动情感的火花

日子太过平淡，往往会让相爱的人失去爱的激情，再也找不回往日的活力。但偶尔的顽皮就好像无意中在天空中闪烁的星星一样，哪怕只有短暂的出现，也可以唤醒爱的活力，调动情感的火花。

2.找回恋爱时的感觉

每个女人在恋爱时都是千姿百态的，一会儿顽皮，一会儿妩媚，一会儿性感，一会儿天真，百变的形象让男人看花了眼，也跌入了温柔乡里。但有些女人在结婚后往往忽视了这些情调，她们不再千姿百态，而只是无休止地唠叨，结果让男人生厌。因此，女人应该要找回恋爱时的感觉，不要觉得不好意思，在自己爱的人面前，还有什么难为情的呢？展现女性的魅力，才能唤回男人的爱。

第6章

散发女人味，时刻让男人对你爱意浓浓

对于男人来说，最有魅力的是女人浑身上下散发着女人味道，那是一种从骨子里飘出来的味道，神秘的，诱惑的，缓缓的，没有定势，没有形状，慢慢地在空气里萦绕绽放，那挡不住的魅力扑面而来，瞬间让男人为之魂牵梦萦。

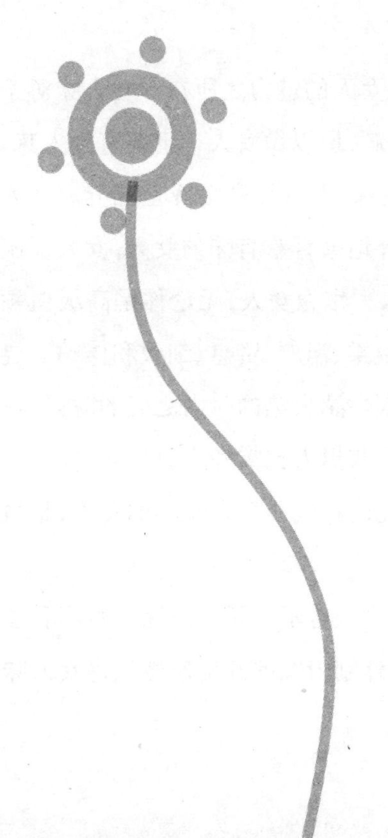

修炼女人味，激发男人更爱你

有人说："女人味是俘获男人的最好武器。"每个女人都希望自己是美丽的，追逐美丽成了女人一生的终极目标，然而，许多女人一辈子也无法摸透其中的秘诀。她们不知道美丽的核心是女人味，女人要抓住这个特点去做文章，才会激发出男人的爱意。什么是女人味？那是一种从女人骨子里飘出来的味道，神秘的，诱惑的，缓缓的，没有定势，没有形状，慢慢地在空气里萦绕绽放，挡不住的魅力扑面而来。懂得女人味的女人是世界中最聪明的女人，她们随意在男人和女人的世界里奔波、游走，她们懂得适时进取，也会适时地妥协；她们承认差异，也利用这种差异；他们懂得爱，更懂得爱自己；她们懂得生活，更懂得品味生活，享受生活。作为女人，要想嫁个好男人，首先就要修炼自己的女人味。

女人味，那是专属于女人的味道，也是女人的魅力之所在。女人味对于女人而言，就像鲜花之于香味，明月之于清辉，所以做女人一定要有女人味。女人有味，三分漂亮可增加到七分；女人无味，七分漂亮会降至三分。女人味让女人向往，令男人沉醉。男人无一例外地会喜欢有味的女人；女人征服男人的，不是女人的美丽，而是她的女人味。作为女人，无论你是高级白领还是普通家庭主妇，都少不得女人应有的温柔、温顺、贤惠、细致和体贴。要在传统和现代之间寻找一个平衡点，在追求性感火热的时尚之美的时候，也不摒弃传统古典的雅致婉约，既要在事业上与男人比翼齐飞，也不失去一个小女人的小情调、小手段和小幸福。那些凭内在气质令人倾心的女人，是最有女人味的女人。

被称作"铁娘子"的英国前首相撒切尔夫人曾不无骄傲地说："每当我在家里，早饭总是我做，午饭也是我准备。"她外刚内柔的性格使她显得女人味

十足。

乌克兰的美女总理季莫申科可谓是政界“铁娘子”。但季莫申科给人的感觉与印象却是女人味十足。季氏首先在衣着上尽显女人本色,连衣裙、香奈尔时尚裤装、高筒皮鞋、牛仔裤,甚至超短裙,都是她的最爱。此外她性情乐观开朗,不失女人风情。外界评论说:“她在服饰上力图给人一种印象,她首先是个女人,之后才是个政治家。”她的魅力在于,既是总理,也是天使。

女人味并不是一种特质,也不是一个单词,它像一种无形的力量,传达出女人的气息。西蒙·波娃曾说过一句让女人自豪的话,“我们不是生为女人,而是要做女人”,不但要做一个女人,还要做个有女人味的女人。

王月是一个知性的中年妇女,像所有传统的女人一样,她贤惠、善良,相夫教子,只是性格略微有些火爆。

有一天,她在街上发现丈夫和一个年轻女子亲密地相拥,她不敢相信自己的眼睛。那个与自己生活了十几年,甚至有点“懦弱”的丈夫居然背叛了她,甘愿冒着“妻离子散”、“前程毁灭”的危险。她无法接受这个可怕的事实。她号啕大哭,大吵大闹,最后换来的却是丈夫一脸漠然地对她宣布“离婚”。

“为什么?我犯了什么错?我做了对不起你的事吗?”她用颤抖的声音质问丈夫。

丈夫叹了口气说:“没有,你做得很好。你是一个好妻子,也是一个好母亲。”

“为什么?就因为她年轻、漂亮?”她恨那个夺去她丈夫的狐狸精。

她的丈夫摇了摇头,始终没有说出原因。而在他们离婚后,她的丈夫在和朋友的一次聊天中,说出与妻子分手的真正原因与第三者并无关系。他说他爱上那个女子是因为她更像女人,如果没有遇见她,也许会遇见另外的女人。

更像女人,这就是答案。男人要勇猛、要强悍,有男人味才像个男人。而女人则要温柔、性感,要有女人味,也才像个女人。很多女人,不明白这个

道理，认为女人味是一种看不见、摸不着的东西，不知道什么样才是有了“女人味”。

1.女人味其实很简单

其实，女人味很简单，就是女人所独有而男人所不具备的外在的、内在的东西。也许是一杯红酒下肚后，两颊那两抹红晕；也许是在厨房里忙得不可开交时，回头的那一笑；也许是有了孩子之后，身上散发的那种母性的光辉；也许是眼神中的那一点关怀。总之，女人味是灵动的、神秘的，让男人魂牵梦绕，让女人羡慕不已。

2.随时展现女性的魅力

上帝让你做女人，你就好好地做个女人，把女人做到极致，做得有滋有味，有声有色、即便你没有花容月貌，窈窕身材，但是你可以有女人味，这就是你最大的魅力。所以，作为女人，不论是在街上、咖啡厅、机场、酒吧、办公室，你都要十足像个女人，24 小时都是不折不扣的女人，随时随地展示你作为女人的风采和魅力。

偶尔做感性小女人，打动男人心

有人说：“不感性的女人不可爱。”午后点上一杯咖啡，或许平添几分情趣；与挚爱在夜晚共品香槟，或许多几分浪漫。人们通常会将女人划分为感性的动物，她们总是比较感性地看待这个世界的事物，很大程度上感性成分大于理性。据说，感性的女人是这样的：一位科学家在聚会上说，“我刚用宇宙飞船把几只老鼠送上了天空。”一个女人接茬说，“哦，这样灭鼠的成本是否太高了?”还有同样一个故事：一个女子问另外一个女子，“您接到法院明天开庭的传票了吗?”那女子回答说，“是啊，我太紧张了，真不知道明天在法庭上穿什么衣服好。”原来，女人是如此简单地感性，她们往往是比较纯粹感性地直奔主题，怎么想就怎么说。不过，许多女人并没有意识到自己感性的魅力，如果说女人味，那女人的感性就是最明显的女人味，女人要善于动用自己感性的魅力打动男人心。

感性的女人不喜欢把一件事情想得太复杂，那些复杂、令人头疼的问题就留给男人们去伤脑筋，她们只是快乐于购物、烹调、教育孩子之类的事情，因为这些方面的事情可以发挥出女人内在感性的一面。女人感性有感性的好处，她不必过多地被繁杂的事情纠缠，她会轻易地在这些繁杂中挖掘出快乐的成分，好让生活更加简单和快乐，简单到只剩下美丽和纯粹。从某种意义上来讲，女人是快乐和幸福的，是她们用其所拥有的感性给自己营造快乐和纯粹。若是这样理解，女人往往因其感性而显得更加可爱，这样的女人是简单的，自然是惹男人喜欢的。试想，哪个男人会觉得城府深藏、颇多心计的女人会可爱？女人感性的魅力吸引着身边的男人，而且逐渐影响到男人，当她们用感性的快乐和简单去感染男人时，这何尝不是一种幸福生活的特质呢？

蒙蒙是一个感性的小女人。她简单而美好，所以很快乐；她长得不漂亮，却有一个异常帅气的男朋友。如果说是什么吸引并打动帅小伙的心，那只能是蒙蒙感性的魅力。

从小受着父母宠爱的蒙蒙是一个善良而简单的女人，她常常会问一些奇怪的问题，比如：为什么男人在夏天就可以光着膀子呢？这样在别人看起来很白痴的问题，她却是很严肃地提出来，瞬间，那种简单无邪的美丽就散发出来了。

第一次遇到男朋友，是蒙蒙在公园里四处闲逛的时候。碰巧，她遇到了一只脏兮兮的小猫，她不顾自己穿着白色的连衣裙，直接蹲在地上，抚摸着小猫的头，正巧那位帅小伙就站在旁边，他瞬间被蒙蒙的感性迷住了，心想：这该是一个多么单纯的小女孩啊。

就这样，有心的帅小伙找到了蒙蒙所在的工作单位，天天送花，连续一个月，终于感动了蒙蒙。两人正式恋爱之后，男朋友更是时刻被蒙蒙感性的

魅力所倾倒。比如，蒙蒙是一个说哭就、说笑就笑的女孩，有可能上一秒还在为跟男朋友生气而哭泣，但下一秒就因为获得了一份小礼物而破涕为笑。

那位帅小伙说："跟蒙蒙在一起，很简单，很纯粹，我很享受这样的生活。每天从复杂的社会中脱离出来，回家享受那一份简单的快乐，那就是我最大的幸福。"

生活中，感性的女人随处可见，她们内心的感性随时流露。一朵花的凋谢，一片叶子的飘扬，甚至路遇一只无家可归的小猫小狗也会流露出无限的母爱之情。女人感性，只要心灵相容，只要温柔，女人就会心动，就会知足。

1.女人的感性浸透在平淡日子里

生活中，女人总是为电视里那两双经历风雨之后紧紧握在一起的手而默默流泪；总为电话那头轻柔温存的"等我"而开心，神采盎然；总在夜里枕着一个深情回望的目光而浮想联翩，彻夜难眠；总是虔诚地相信爱情，就好像孩子相信童话一样。

2.女人的感性就是视爱情为一切的幸福

感性的女人，为了爱情，宁愿舍弃一切的荣誉、地位和权势，而心甘情愿地在丈夫的庇护下做一个名副其实的小女人。感性的女人是敏感的，她善于察言观色，她将外在的一切与自己建立起某种微妙的关系，一喜一怒，惹得男人们束手无策而哭笑不得，但男人内心却已经被这种魔幻的小女人的感性完全占据。

会撒娇的女人才更让男人心旷神怡

有人说："女人不需要太漂亮，但一定要懂得撒娇。"在偶像剧里，女人握着一双小粉拳在男人胸口轻打着说："我恨你。"男人们不仅不会生气，反而会眉开眼笑地把她搂在怀里哄着说："好了，好了，别生气了，都是我不好。"

这时女人就可以小鸟依人地伏在男人宽敞的胸怀里了，这就是我们常说的“打情骂俏”。会撒娇的女人很有女人味，举手投足之间，总是会让男人为之心动，令男人向往。男人在外面奔波劳累了一天，回到家最想看到的就是妻子撒娇的样子：“老公，你累了吧？来，我帮你捶捶背。”“老公，我做的菜好吃吗？”“老公，我帮你把洗澡水放好了，一会儿来洗个热水澡，减减乏。”“老公，你总是在外面吃饭，也不回家陪我！”声音一发嗲，男人定会神魂颠倒，即便想在外面吃饭也会赶紧回家陪娇妻。当男人生气的时候，女人若是拿出撒娇的本领，给一个拥抱，或一个亲吻，那他不但不会继续骂下去，还会苦笑着拿你没办法。两个人之间不需要争得面红耳赤，只要女人懂得撒娇和体贴，就能享受家庭的幸福。

王先生本来是一位大老板，生意失败后负债破产，妻离子散。实在无奈之下，他只好向家人借了一些钱，跑到工业区的路边搭起一个小吃摊，靠卖卤肉饭和小菜来赚点钱过日子。

但是，工业区里灰尘多，往来车辆的废气也多，很多附近的工人来吃了一两次，就抱怨连连，说吃饭配沙尘宁可去自助餐厅包便当回工厂吃，也不想再来。所以，王先生的生意一落千丈。

有一天，一位附近电子工厂的女作业员跑来吃饭。当天风很大，她的饭碗中飞进了不少沙子，她每吃一口，都必须把嘴里的沙子吐在桌上。落魄的王先生看了心中很不安地说：“抱歉！今天风大，好像吃了很多沙子吧？”谁料那位女作业员却摇摇头撒娇说：“不会啦！也有很多米饭呀！”落魄的王先生听了，眼眶都红了，说不出话来，只忙着又从电饭锅舀了一些饭到她的碗里，然后又加了很多卤肉汁给她。

从那天起，这位女作业员几乎每天都过来吃饭。每次她来，饭菜不但有折扣，份量也特别多。有时候，女作业员看落魄的王先生忙不过来，就主动帮忙洗碗或盛饭。她还帮老板出主意，在摊子四周贴上透明塑胶片，这样不仅可以挡住风沙，还让卤肉香味不容易散掉。这个办法果然奏效，小吃摊的生意又好了起来。

最后，女作业员干脆辞掉了电子工厂的工作，专心来帮王先生。由于她说话好听，又带点嗲气，附近的工人都喜欢来这里边吃饭边聊天，就这样，小吃摊的生意一天比一天红火。几年以后，王先生重新回到老本行，他用经营小吃摊赚到的钱东山再起，事业蒸蒸日上，终于又成了大公司的老板，而那位老板娘就是那位女作业员。

虽然，男人在事业中一路拼杀勇猛无比，但是，在感情上他们也有单纯的一面，柔弱娇媚的女人最能满足他们的大男人心理。当女人撒娇的时候，男人内心的保护欲与怜爱之心也就空前高涨起来。

他们结婚三年多，有人人称羡的幸福婚姻，可以说是才子佳人、门当户对。婚后，基于平等原则，她提出男方也要帮忙家事时，他没有反对；她又提出男方有养家糊口的义务，要求男方要负担房贷和水电杂费，生活费则是一人一半，他也没有反对。

但让他感到泄气的人，妻子好像没什么女人味，她总是这样，从来不会撒娇、娇嗔。有一天半夜，他一个人默默地吃着餐桌上的冷饭时，心里突然涌起一股莫名的失落感，他突然很想身边有个说话的对象，希望有个人坐在旁边，慰问他一天的辛劳，或听他发发牢骚。但说实在的，他和太太已经快一个多月没有好好地聊聊天了，这样的生活还能叫夫妻吗？

有一天晚上，他喝了酒索性就把太太从睡梦中叫起来，要和她聊聊天，结果太太骂他莫名其妙，甚至怪他破坏了她的生物钟。两人大吵一架，他又气又伤心，对这段婚姻彻底失望了。

女人应该明白，即便自己再忙，也需要偶尔走进男人的世界撒撒娇、聊聊天。虽然这是很简单的事情，却是维持婚姻幸福很重要的因素。即便是一个星期一次或两次，或者在心情激动时陪老公吃夜宵、聊聊天，虽然时间不多，但可以令男人恢复信心和战斗力。

1.女人要学会撒娇

男人是单纯而微妙的动物，因为单纯，所以很容易安抚；因为微妙，所以只需要多用心，就可以察觉和洞悉他的心。当男人因压力太大而变得亢奋

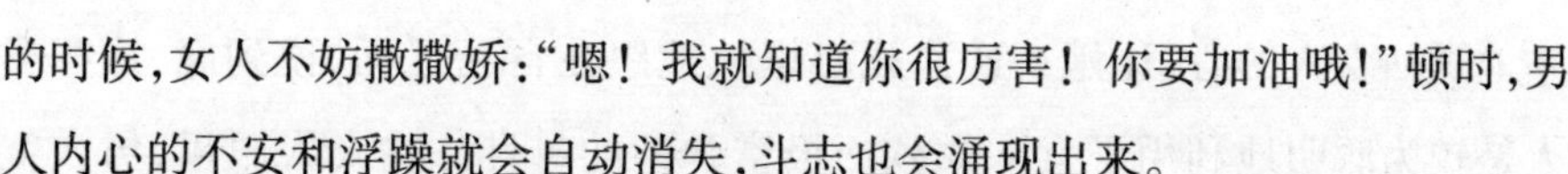

的时候，女人不妨撒撒娇：“嗯！我就知道你很厉害！你要加油哦！”顿时，男人内心的不安和浮躁就会自动消失，斗志也会涌现出来。

2.撒娇的女人有女人味

撒娇的内在动力是宠爱、喜欢、愿意等情感，女人适当撒娇确实是婚姻幸福的秘方之一。当两个人争吵时，适当撒娇可以缓和气氛；当两人甜言蜜语时，撒娇可以让气氛更和谐。撒娇的女人总是特别有女人味，但凡男人都喜欢看到女人撒娇，抿着小嘴，跺着小脚，再加上一副梨花带雨的样子，心肠再硬的男人也会甘拜下风。

适时散发母性，男人心底都住着一个孩子

女人骨子里隐藏着母性，这是不可否认的事实。当然，这或许会有时间的先后，会有浓度的深浅，会有方向的不同，但那都只是每个女人因自身的经历和认知造成的母性所反映的不同影像。可能，许多人一听到女人的母性，就联想到了孩子，实际上，母性的范围不仅仅限于母亲对孩子，女人的母性所面向的对象是所有能激发她的母性潜能的东西。在家庭婚姻里，母性也起着重要的作用，不管是恋爱，还是结婚，甚至是当婚姻进入平和期，女人的母性都起着很重要的作用。男人，不管在哪个年纪，他内心深处依然住着一颗孩子般的心，而女人骨子里本身是有母性的，所以，男女的搭配，其实还算是蛮合理的。在恋爱或婚姻过程中，女性需要适时散发自己的母性，触动男人的孩子心。

因为母性，女人比男人有更宽广的包容心。在任何时候，男人总是想试探女人的底线，想了解究竟到了哪一步才会触及到她们的危险地带，但多次试探的结果却是，这个底线的弹性很大，一次次的原谅没有让他们心存感激，反而增大了他们再一次犯错的勇气。许多男人总是懂得怎么样轻而易

举地哄回女人的心，让她一次次死心塌地地跟在自己后面，说到底，这些男人是较为聪明地利用了女人柔软而极富弹性的母性。在女人眼里，男人就好像是顽皮的小孩子，他总是迷路，总是犯错，而作为类似于母亲的女人，她们总是会原谅孩子所有的坏习惯，谁会跟一个孩子计较呢？当然，女人的母性还体现在更多的地方，比如善解人意，能够在男人疲惫时给一个拥抱，送上一句鼓励的话语，这也是一个女人应有的母性体现。

张姐是一个脾气温和的女人，她几乎从来不生气，对于老公的脾气，她均是一一包容。当初，第一次带男朋友回家，母亲说："一看他的样子，就知道他脾气不怎么好，找老公就需要找一个脾气好的人。"张姐笑着说："虽然他脾气是差了点，但其他方面都很不错，工作很认真，对我也很好，我脾气好，完全可以包容他的脾气。"母亲叹了口气说："丫头啊，你就是心眼实在，人家都是男人包容女人的脾气，你却是包容他的脾气。"张姐撒娇说："哪里，我们是互相包容。"

婚后，张姐从未与老公吵过架，每每老公的脾气爆发，张姐就选择沉默，或者打趣几句，不与之发生正面冲突。老公是典型的山东人，暴脾气，爱摔东西，家里的碗筷不知道被他摔坏了多少。但张姐并不正面抱怨，而是开玩笑地建议："麻烦你，下次可不可以选择一些摔不坏的东西？"这时气已经消了的老公便会摸着自己的头，不好意思地笑了。

有好几次，老公摔东西被姐姐看见了，便拉着张姐说："你怎么能够容忍这样一个暴脾气的男人？我若是你，早休了他。"张姐笑了笑说："他也就像个孩子，孩子的脾气，包容一下就好了。他现在脾气都改了很多，比当初的他进步了不少，我已经知足了。摔摔东西也没什么，只要能他消气。否则，怨气积压在心里，对身体还不好呢。"姐姐没再说什么，因为她感觉到张姐已经领悟到婚姻的真谛了。

在吵架时，张姐总是以自己的母性包容丈夫的小脾气，当然，在这个过程中，也使夫妻之间的关系更加和谐。男人的孩子心，就是希望身边能有一个贴心的妻子，知冷知暖，包容自己，体贴自己，关怀自己，那就是他所需要的。

1.男人就好像迷路的孩子

在人生的旅途中，男人们习惯于横冲直撞，有时候，他们也难免迷失方向，就好像迷失在森林里的孩子，他们甚至忘记了回家的路。这时，作为天生带着母性的女人，需要指引着男人走向回家的路，带着关怀，带着温柔，将他们重新带到自己的身边。

2.男人是容易犯错的孩子

男人的个性就好像孩子一样，明明说不会这样了，但下次还是会这样，他们也是容易犯错的孩子。因此，女人要拿出自己的耐心，尝试着去劝说他们，帮他们改掉坏习惯，一次次尝试，最终他也会变乖。

一点点矜持与清高，让男人产生挑战欲

女人，需要一点点矜持和清高，才能勾起男人的挑战欲。女人的矜持是一种修饰也是一种掩饰，既是一种逃避又是一种隐藏，既是一种拒绝又是一种抵抗。因为矜持和清高所带来的神秘感，使得女人的表现在男人面前有了千种风姿、万种品尝。矜持，在汉语里理解为局促、拘束；清高，甚至带着一点贬义的意味。但这两者若是融合在了女性身上，那就会变成一种魅力。一个女人若是失去了矜持与清高，那在男人看来便是随便的女人，这对他们而言是毫无吸引力的。试想，对于一个猎人而言，不费吹灰之力就捡到了一只猎物，有什么成就感呢？他甚至连炫耀的心情都没有，而对待那只猎物，他也就是很一般的态度，毫不珍惜。相反，如果猎人花了很多精力和时间还是没能捕到那只猎物，从征服欲来讲，他会对那只猎物格外上心，若是最终捕获了，他定会有一种成就感，因为觉得征服了猎物。在男女关系中，由于男性所象征的威武英勇，自然扮演着猎人的角色；女人娇小可爱，自然是属

于猎物这一类了。对此,在男人面前,女人要表现得矜持和清高一些,这样才能勾起男人的征服欲。

小雯在公司待了三个月了,虽然身边有几位同事都在追求自己,但她就是不为所动。因为她的心早已经在别人身上了,那就是做调度的小唐,但令小雯觉得不安的是,小唐为什么总是这样不冷不热呢?

小雯一直在等着,等着小唐来追求自己。每天,她都为这件事而烦恼,虽然,自己很喜欢小唐,但在小唐面前又不能表现出来,小雯当然知道自己需要保持女人应有的矜持。妈妈曾经对小雯说过:"即便是你再喜欢一个男人,也要保持淡定。你所需要做的就是等待这个男人来追求你,而且,在他追求你的时候,你还需要表现出一点冷淡,假装对他不是很在意,这样他才对你更有兴趣。"

过了没几天,小唐总算有点动静了,他开始约小雯吃饭。当小雯接到电话的时候,兴奋得几乎跳了起来,但她还是按捺住激动的声音,先是把电话移向一边,等自己情绪平复下来之后,才缓缓地回答:"不好意思哦,我晚上已经有约了。"下次吧,小雯在心里暗暗补充了一句,她希望小唐能够听到自己的心声。果然,电话那边传来有点沮丧的声音:"哦,那好吧。"其实,小雯谁都没约,她只是按照妈妈的策略进行。

过了两天,小唐都没打电话了,小雯以为是自己的矜持和清高吓到他了,她有点后悔自己当初一口回绝他。可又过了一天,小唐又打了电话,这次他说:"这个周末有空吗?我已经买好了两张电影票,希望你不要拒绝我哦。"小雯心中暗自欢喜,但还是觉得不能这样轻易地答应下来,就说:"周末吗?我现在还不太清楚呢。"小唐的声音有点失望:"是吗?那到时候我再打给你。"小雯心想:如果这次再打给我,我就跟你出去约会。

果然,在周五晚上,小唐的电话就来了,这次小雯没再矜持,而是爽快地答应了,两人就这样相恋了。

其实,矜持和清高的意义是差不多的,一点点的矜持就是清高。当然,凡事须有度,太过于矜持,那就不是一点点清高了,而是非常清高了,这样的

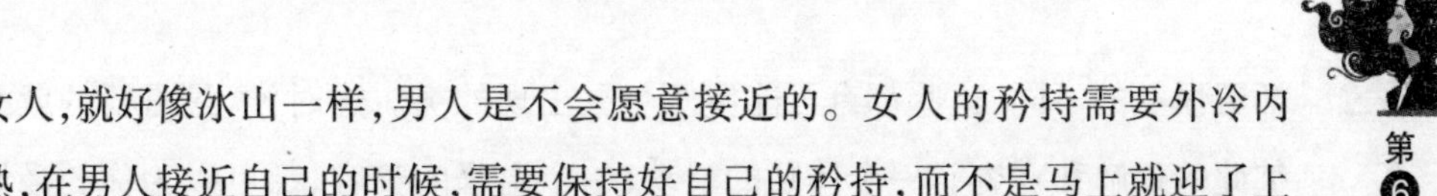

女人，就好像冰山一样，男人是不会愿意接近的。女人的矜持需要外冷内热，在男人接近自己的时候，需要保持好自己的矜持，而不是马上就迎了上去，这只会让男人觉得太容易得到你而不够珍惜你。所以，不管你对这位男人的感情如何，都需要保持好矜持的姿态，这不仅仅是为了勾起男人的征服欲，同时也是为了女人自己的尊严。生活中，有的女人非但不矜持，而且还很随便，结果往往会成为被男人抛弃的女人。

1.对男人而言，越是得不到越是渴望

男人有一种征服全世界的欲望。当然，首先他们必须征服的就是身边的女人。基于他们征服的心理，越是难以得到，对他们而言吸引力就越大，女人有一点矜持和清高，正好能唤起男人的征服欲。

2.阻力越大，征服感越强

一个男人在追求一个女人的时候，估计一开始只是抱着玩的心态，但若是感到阻力很大，被拒绝的次数很多，女人很矜持或比较清高，那自然会让男人觉得征服感很强。渐渐地，他会全身心地投入，直至追到那位女人才罢休。

在他最脆弱的时候，用你的善解人意“俘虏”他

在恋爱中，你不仅仅是做他的爱人，还要做他善解人意的“贴心情人”，让他无时无刻不感觉到你的存在。当他心烦时，你要打个电话安慰他，或是陪他出去散散心，或是逗他开心；当他在工作时，你要安静地待着，不要打扰他，让他心烦；当他累了，你要陪在他身边，给他送上一杯绿茶，缓解一下疲惫。爱情，因为两个人彼此相爱而甜蜜，但是爱情有时候也会痛苦，因为出现矛盾。发生在爱情世界里的争吵，往往就是因为不被理解。两个人在一起，总是存在着不同的差异，或是价值观的差异，或是性格上的差异，或是生

活习惯上的不同，这些都有可能使两个人出现冲突。这时候，最需要的就是彼此的理解和宽容。一个体贴的举动，一个温馨的笑容，都可以为你的爱情增添一些甜蜜。

女人的善解人意是爱情中不可缺少的元素，你的一个微笑、一句体贴的问候都会让他充满对生活的信心，充满挑战困难的力量。当你在早上醒来，第一眼看见对方，就试着给对方一个灿烂的微笑。你的微笑就像是冬日里的暖阳，让他感到温暖，让他感到你的爱意。当他遭遇了上司的责骂，你要体贴地安慰他，不要因为他回来怒气冲冲，你就马上和他拉开战火，这无疑是火上浇油，最后只会伤害两个人的感情。学会体贴地照顾他，如果他心情不好，就陪他说说话，让他把心里烦闷的事情说出来，自己为他分担一些烦恼，在他最需要关怀的时候，表现你的善解人意。一个人如果在外面受了压力，回到爱人身边就希望在爱人那里得到理解，得到力量。所以，给他一个理解的微笑，体贴地为他分担一些忧愁，会让你们的爱情少一些战争，多一些甜蜜。

最近这些天，小月的老公处于低谷期，公司刚刚运行不久就因为资金的问题陷入了进退两难的境地。虽然，小月并不懂得公司的事情，但看着老公紧锁的眉头，她也知道了事情的严重性。但自己也帮不上什么忙，唯一能帮助的就是使他放松心情，舒展眉头。

这天晚上，老公很晚都没有回来，小月不安地在房间里走来走去，她担心他出事了，拿起电话准备问他在哪里，但一想到他已经够烦了，自己追问他的行踪，会更惹他生气。于是，她就静静地坐在客厅，开着灯，一边为他织着毛衣，一边等着他回来。晚上 11 点半，他终于回来了，脸上满是落寞的神情，小月知道这次投资项目洽谈又失败了。她露出满脸笑容："回来了，我都睡了一觉了，还梦见了你的公司有了新的投资人，高兴得我醒了，我觉得明天肯定能找到合适的投资人，你可千万不要泄气啊！我呢，虽说没有很多钱，但绝对是你最坚实的后盾。"老公在小月的感染下，也振作了起来："你放心，有你的支持，我一定会坚持下去的，我有点饿了，想吃点东西。"小月听见老公主动说想吃东西了，她转过身，眼泪掉了下来，看来他真的开始振作起来了，吃了东西就有劲儿了。

不知道是因为运气还是什么，真的被小月说中了，第二天老公精神十足地参与投资洽谈，一下就签下了合约。当老公在电话里告诉小月这个消息的时候，小月忍不住大声叫了起来，老公在电话里亲热地说道："老婆，这都是你的功劳，你的乐观感染了我，然后感染了投资人，你说我该怎么谢谢你呢……"电话这边，是小月一脸幸福的表情。

善解人意的女人，她们都会把自己的理解和宽容最大限度地给予对方，来使自己的爱情保持永远的甜蜜。无论是在他最困难的时候，还是在他工作压力大的时候，我们都要学会给对方一些体贴的问候，一个体贴的举动，一个灿烂的笑容，一个充满爱意的眼神，都能把你的理解和宽容传达给对方，也把你的爱传达给对方。想让你的爱情处处充满甜蜜，让你的爱情无往不利，就要在爱情里使用"微笑、体贴"这样的润滑剂。

1.了解他内心真实的感受

当两个人在一起的时候，你要了解他的真实感受：是开心还是生气？是舒服还是不安？是平淡自在还是压抑烦躁？你只有在了解他真实想法的时候，才能够做他的贴心情人。如果他心情烦躁，那么你就要陪他说说话，把他的注意力转移到其他事情上去，把他从烦恼中拉出来；当他开心的时候，你也要陪着他一起开心。

2.学会换位思考

两个人在一起，要将心比心，学会换位思考。要多赞美少打击，来自爱人的赞美往往比其他的赞美更加让人感到满足，而爱人的打击也是最有杀伤力的。所以，不要吝惜自己的赞美之词，多给予他一些你的欣赏，会让他感到愉悦。不要互相猜忌，一定要持之以恒去爱，去包容对方的对或错。当两个人不在一起的时候，你想了解他的行踪，那么不要过细地去追问。你要先告诉他，你一天都做了些什么，和谁在一起，那么他也会主动向你表明他的行踪。两个人互相坦诚才能让你们的爱情更持久，更甜蜜。

适度"示弱",激发男人对你的保护欲

两个人在一起,总会遇到意见不合、想法不一致的时候。这时候,双方都觉得自己是正确的,谁也不想让别人来控制自己的行为。两个人为一些事情起争执:小到穿什么颜色的衣服,到哪里去吃饭;大到工作的方向,房子的选择。这些看起来很琐碎的事情,都会在无形中影响我们的感情。怎么样来减少彼此的争执?怎么样让对方愿意按自己的想法来决定事情?女人,天生就是柔弱的外表,应该学会适度示弱,以此让男人怜惜自己。当遇到意见不合的时候,如果像针尖对麦芒一样,互不相让,那么彼此都会受到伤害。女人只有学会在恰当的时候示弱,引起他心里对你的怜爱,才能够打动他的心。每个人在心灵深处都有最柔弱的地方,只要你触摸到男人的内心深处,就是铁石心肠也会被打动。

小张是个脾气很倔的女孩,只要是她认为的事情就是对的。平时,在家里,父母都让着她,身边的朋友都顺着她。自从她交了男朋友,她就显得有点苦恼了。刚开始交往的时候,她不好在男朋友面前使性子。可是日子久了,小性子就渐渐显露了出来。她男朋友却是个有自己想法的人,不愿意受小张的摆布。

后来,小张从朋友那里借鉴来的一个小主意,终于让她男友乖乖就范。她的主意就是:当两个人需要意见达成一致的时候,小张先是把对方的想法称赞一番,在关键决定的时候,她会说:"我有点不舒服。"甚至有的时候,为了让男友同意自己,憋红了眼睛。男友见状,不得不依。

小张就是懂得在合适的时候,向男朋友示弱,以此来换得自己的胜利。就算他男朋友了解小张平时的倔性子,但是每次看见她眼睛红红的样子,就不忍拒绝。平时在生活中也一样,两个人吵架的时候,女人大多是会处于胜利的一方。为什么呢？因为女人会巧妙地示弱，当他正在气头上的时候，看见她眼眶都红了，就不忍心责备了。

在恰当的时候示弱，更多的是表现在智取而不是蛮争。很多时候，我们会突然发现，由于种种原因，两个人陷入了某种僵局。这时候，两个人彼此都很生气，你说你有理，我说我有理，互不相让，如果继续下去，就会愈演愈烈，甚至不可收拾。如果你在这个时候，向对方示弱，引起他的怜悯之心，那么，就可以适时地把场面控制住。其实，你的示弱打动了他的心，这从另外一个角度讲，你已经取得了胜利。

1.示弱是一剂和谐关系的良药

两个人在一起，发生矛盾是常有的事情。女人适时地向男人示弱是一种智慧的表现，示弱并不是妥协。有时候，正是因为你在合适的时候向他示弱，结束了一场争执，也打动了男人的心。

有时候，学会在恰当的时候示弱，是为了打动他的心，为了取得自己在这场争论中的胜利，也是为了彼此在意见不合的时候，多一点和谐，少一点争执，更多的是为了不伤害两个人的感情。

2.女人娇弱的样子可以引起男人的怜悯之心

其实，女人示弱也不是弱者的表现。当你示弱的时候，你柔弱的样子激起了男人的保护欲，同时引起他的怜爱之心，让他会忍不住地心疼你。他知道如果他再坚持下去，就显得一点都不怜香惜玉了，这时候，他一般都会大度一点，把原本属于他的胜利让给你。

第7章

女人要会宠自己，爱自己的女人才有男人爱

梁晓声曾说：“我来世想做女人，但我会做一个平常的女人，一个没有花容月貌的女人，活得非常理智，决不用全部的心思去爱任何一个男人。用三分之一的心思去爱一个男人，就不算负情于男人了；用另外三分之一的心思，去爱世界和生活本身；再用那剩下的三分之一心思来爱自己。”女人在照顾别人之前，首先应该懂得如何宠爱自己。

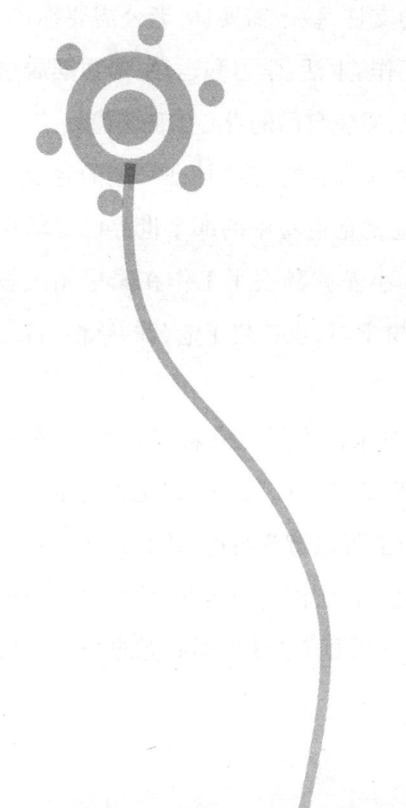

关注身心健康，做个健康的女人

俗话说："女人如花，是需要有人呵护的。"或许，这个人应该是身边的男人，但如果我们真的想活得滋润，过得开心，与其等着男人呵护自己，还不如学会自己呵护自己。女人，尤其是已经结婚的女人，在社会生活中，既需要上班，还需要处理家务，不仅如此，还要照顾老人和孩子，这使得她们很容易忽略自己的身体，不把自己当回事。结果，过不了几年，原本青春靓丽的女人就变成了老公不爱、孩子不喜的"黄脸婆"。这样的损失是惨重的，因此，女人需要呵护自己，将身心健康看成是自己的财富，对自己的身心健康加倍负责和保护，这样既呵护了自己，又维护了家庭，也就会活得很幸福。我们应该明白，健康的身体，良好的心理状态，是事业成功的保障，更是家庭幸福美满的保证。女人是社会的中坚，家庭的支柱，孩子需要你，老公需要你，父母更需要你。因此，女人要合理安排好工作、生活、学习和运动，努力摆脱情感上的不愉快，需要有效地保持身心健康，避免自己的身心出现隐患。

小曼最近心情都很抑郁，因为她发现以前老把"爱"挂在嘴边的老公有了外遇。刚开始知道这个消息的时候，她就觉得心中的那个世界已经坍塌了，觉得天也塌下来了。自从结婚之后，小曼就辞去了工作在家里相夫教子，把重心也放到了孩子身上，忽视了打扮学习，也忽略了老公的感情，自己成了黄脸婆，老公就这样出轨了。

之后，她的心情就一直压抑、低落，对未来生活没有希望和期盼，很迷茫，每天都守着房子过着。打开电视，又听说"2・12"到了，她觉得完全失去了生活的勇气，天天跟自己在一起的老公都可以背叛自己，还有什么值得依靠？前些日子，她突然觉得烦躁不安，手心出汗，浑身不自在，什么也听不进去、看不进去，处于崩溃的边缘。好朋友来看她，小曼也不好意思把真相告诉朋友，觉得这是家丑。她也试着跟老公谈了一次话，可老公满脸愧疚地说没有打算跟自己离婚，可是他又牵挂着其他的女人。小曼觉得自己实际上是守着一个空壳过日子，她不想去过问他的行踪，可一想到老公和其他的女人在一起，她就觉得很伤心。

前两天去医院例行检查，却发现自己患上了慢性浅表性胃炎，难道这就是守住婚姻的代价吗？小曼心情糟透了，精力严重透支，现在身体也出现了问题，她也不知道自己该怎么办。

小曼一直压抑自己的情绪，但那些恶劣的情绪已经影响到了自己的身体，也破坏了生活的质量。其实，她大可以跟老公吵一架，干脆地选择离婚，但她并没有这样做，只想守着自己的婚姻。最终因为不良情绪压抑得太久患上了疾病，给自己身体带来了严重的伤害。

1.均衡膳食

为了保证每天的健康饮食，营养师建议：早餐吃饱为好，应吃豆浆或牛奶，外加一个苹果，千万不要吃油条，尽量少去早餐店吃饭，在家弄点全麦面包或馒头花卷小菜；午餐有条件的话可以吃点鸡、鱼、粗粮；晚餐六七分饱就可以，但一定要杜绝油炸食品，而且不要喝酒，睡前可以喝点牛奶或红葡萄酒。

2.不要压抑情绪

众所周知，女性普遍比男性的寿命更长，除了职业、生理、激素、心理等各方面的优势之外，女性喜欢哭泣也是一个重要的因素。因为哭泣对于女性来说，这是一个释放不良情绪的渠道。哭完之后，情绪负担就会减少40%，如果不能利用眼泪释放压力，就会影响到身体的健康。

3.适当运动

适当的运动不仅带给我们健康的身体，还会影响到心理。每个人的心理状况、精神状况和身体状况是三位一体、不可分割的。医学家经过研究发现，运动能使人的身体发生一系列化学变化，使运动者身体的血液中产生一种能让人欢快的物质，即内啡肽，因而有人认为运动可以防治抑郁症发生。

美丽不差钱，女人要懂得花钱

在中国的传统文化里，“贤妻良母”、“相夫教子”是社会对一个女性的要求，当然，大多数人也认为这些是女人应该具备的美德。但在封建社会里女人的地位有多高呢？现代社会，女人已经占了半边天，那些对女人束缚的条条框框也应该被抛弃了。然而，多少女人受着传统文化的影响，将“贤良淑德”当作是一味地吃苦忍让，把“贤妻良母”当成是家庭里的免费保姆。于是，越来越多的女人为了老公、孩子操劳一辈子，却唯独没有想过要好好经营一下自己。家里的日子是越来越好过了，但自己却熬成了黄脸婆，不是身体出现问题，就是婚姻出现问题，似乎生活中永远没有没人照顾自己。最关键的是，在这个过程里，女人美丽的容颜不再了，男人的心也在别人身上了。所谓的“贤妻良母”落到这样的结局，是何等的凄凉？对此，女人要记住，美丽不差钱，女人更需要学会为自己花钱。

生活中，常常见到一些女人，买了自己心爱的东西之后，往往会心疼钱，她会说：“又花钱了，其实也可以不买的，我决定这个月不再去吃哈根达斯了。”这样的女人是贤惠的，当然也比较傻，这样的女人给自己的爱是有额度的，一旦超支，她就会赶紧节俭，否则便良心不安。不过，一旦为老公花钱，即使花再多的钱她也觉得是心安理得的，因为女人对男人的爱是无额度指标的。对于一个女人而言，懂得消费，懂得为自己的美丽花钱，其实也是爱自己的标志。没有女人不爱化妆品，不爱时尚的衣服，不爱漂亮的包包，她们看着橱窗里那些美丽的东西也是爱不释手，但总是克制，觉得自己节省一点就能让家庭开销更宽裕。殊不知，家庭的开销并不差你那几分为美丽所花的钱。所以，女人，对自己大方一点，美丽不差钱，要学会为自己花钱。

有这样一家人，女主人勤劳质朴、敦厚善良、勤俭持家、任劳任怨。老公

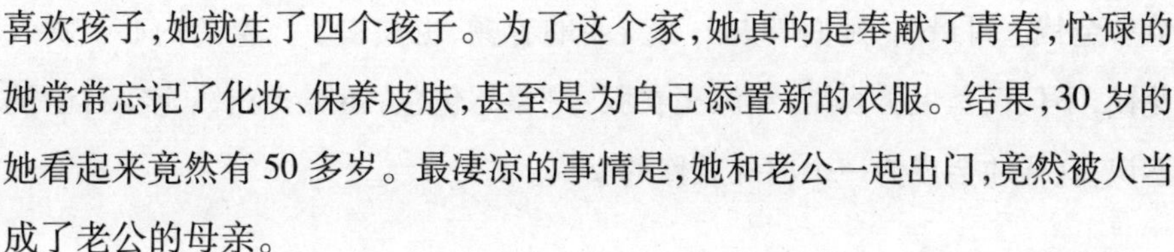

喜欢孩子，她就生了四个孩子。为了这个家，她真的是奉献了青春，忙碌的她常常忘记了化妆、保养皮肤，甚至是为自己添置新的衣服。结果，30岁的她看起来竟然有50多岁。最凄凉的事情是，她和老公一起出门，竟然被人当成了老公的母亲。

即使是这样，她对自己的"美丽危机"还是全然不知，依然全心全意地操持家务。直到有一天，一个猝不及防，一张离婚协议书横在自己眼前，她才大梦初醒，但为时已晚。老公嫌弃自己老了、丑了。虽然公婆站在自己这一边，公公更以断绝父子关系要挟儿子，可再也挽回不老公出轨的心。

离婚那天，她拖着法院判给她的两个孩子在大街上哭得死去活来。过路行人看了都不禁动容，无奈，再多的泪水已经换不回曾经。

于丹老师曾说："过去说到中国的妇女，一直都把奉献、牺牲作为传统美德，我对这种话很是质疑，因为我不喜欢牺牲这个概念，什么叫作牺牲？在《辞海》中，只有那种被剥夺了生命、奉上了祭坛的生物才叫牺牲，牺牲就意味着你为了某个崇高的目的而放弃了自己的生命。"当女人觉得她为这个家庭、丈夫的事业做出了牺牲，这就成为了她喜欢抱怨的最佳理由。她们对孩子说："妈妈就是为了你才弄得蓬头垢面，你不好好学习，你对得起我吗？"她们对老公说："我就是为了这个家才操劳成这样的，你不好好爱我，对得起我吗？"

1.女人要舍得为自己添置"行头"

女人在结婚以前，还会经常给自己买新衣服，买护肤品；但结婚后，浑然不知道今年流行什么，总是穿着最老土的衣服，结果不仅让自己的美丽黯然消失，而且老公也觉得这样的老婆是带不出门的。其实，即便是在结婚以后，女人也要舍得为自己添置"行头"，为自己改头换面，你的美丽才能吸引男人持久的爱恋。

2.舍得花钱学习

婚后的女人觉得自己所有的工作就是相夫教子，她们不再学习新的东西，不充实自己的内心，一听说学插花也需要缴学费，她们就摇头不学，为了

节省金钱。可最后,她们既失去了美丽的容颜,也失去了充实的内心。女人花钱,不仅仅是上美容院,穿漂亮衣服,提漂亮包包,还需要花钱充实自己的学识,这样才会成为一个内外兼修的女人。

智慧女人不和自己过不去,不纠结于曾经的错误

常言道:"金无足赤,人无完人。"谁都有年轻时候,对于那些过去的事情,就不要计较,不要耿耿于怀,学会爱自己才是当下最应该做的事情。对于女人而言,她们很容易陷入消极情绪的纠缠中,对于早已经发生在过去的事情,她们也会时不时地回想起来。本来是开开心心的她,但只要陷入回忆的泥潭就难以自拔,一个人悲伤落泪,一个人暗自神伤,最后搞得自己身心疲惫。一个人会因太年轻而犯下一些错误,当我们遇上的时候,要放开一点,一份感情没有了,为什么不去寻找新的寄托呢?如果自己走错了路,为什么不另外选择一条康庄大道呢?如果自己被伤透了心,那就暂且好好平复一下自己的伤痕,没有必要对曾经的错误、已经逝去的情、已经失去的缘耿耿于怀,记挂在心。女人,需要学会放下过去,不要和自己较劲,放下曾经的错误,同时也放过自己。

王梅今年30岁了,但她还是孤身一个人。每每遇到有人张罗介绍对象,王梅就会不好意思地摇摇头:"我哪还有资格拥有婚姻生活?"听到这样的话,旁人就会直叹气,她又想起了过去那段错误的感情。

王梅大学毕业的时候,身边有不少的追求者。但心高气傲的王梅总希望自己能在特别的时间里遇到特别的人,然后展开一段特别的感情。她在等待着那个人的出现。直到25岁那年,她去外地出差在火车上遇到了一个风度翩翩的男人,虽然,这个男人看上去比自己大几岁,但王梅就是欣赏这

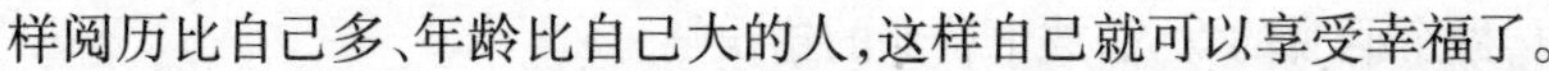
样阅历比自己多、年龄比自己大的人，这样自己就可以享受幸福了。

分别的时候，两人留下了联系方式，王梅虽然对这个男人充满着期待，但人海茫茫，以后还能碰到吗？没想到，就在王梅回到家的第二天，她就接到了那个男人的电话，他带着极富磁性的声音说："我跟你同在一个城市，我要在这里工作三年。"王梅兴奋极了，两人顺理成章地走到了一起，王梅还带着他一起回家见父母。在父母询问某些家庭细节的时候，却发现这个男人支支吾吾，全然没有了游刃有余的气度，父母规劝王梅："他是一个外地人，你怎么能摸清他的底细呢？"沉浸在爱恋中的王梅毫不在乎："他爱我，这就是他所有的底细。"

他们在一起同居了三年，在这三年中，王梅虽然提过结婚的事情，但男人总是以事业未成为由推托，王梅心想：既然两人都在一起了，又何必在乎那一张纸呢？于是，她心安理得地过起了同居生活。不料，三年之后的某一天，男人突然失去了联系，他就好像是从这个城市消失了。王梅再也找不到他，去了他公司询问，才知他早已经有家室，这次来这个城市确实是工作三年。听到这个消息，王梅晕倒在地。

她也想过去找他，但面对他那个家庭，该如何解释呢？当初是自己错看了他，不听父母的劝告才在一起，如今该以怎么样的方式去质问他呢？说到底，他的底细自己并不清楚，只是一厢情愿地以为他会爱自己，会跟自己结婚，不料却是这样一番结局。从这以后，王梅就沉浸在自己的错误之中，再也走不出来了。

大多数女人是感性的，因为感性，她们太容易沉浸在过去中，无论是悲苦，还是错误，她们总是苛责自己曾经犯下的错误。每每在回想起过去的事情时，她们总是深深地悔恨："如果当初我不这样固执就好了，一错全盘皆输。"在不断的悔恨和愧疚中，她们拒绝新生活的开始，总是纠结于过去，跟自己计较曾经犯下的错误。越是纠结，越是难以忘记过去，结果就在这样的过程中，女人变得憔悴了，因为不能放下曾经的错误而影响到现在的生活。其实，纠结于这些事情有什么用呢？再多的悔恨也改变不了已经发生了的

错误，所以，做个洒脱的女人，放下曾经的错误吧。

1.纠结过去的错误只会带给我们痛苦

谁不曾犯下错误呢？每个人都是不完美的，只是我们在知道犯错之后，要懂得及时回头，然后选择人生的另外一个分岔路口，这就是人生。如果我们只是纠结于曾经的错误，那只会给我们带来无尽的痛苦。

2.不要苛责自己

女人不要苛责自己，尤其是不要苛责自己的情绪，比如计较曾经的错误，这就是苛责自己。一旦陷入这个泥潭，你所损失的不仅仅是健康的身体，还有美好的心情。一个人如果长期活在过去的痛苦中，她是没办法感受到快乐和幸福的。因此，作为女人，不要太过苛责自己，何必让过去的错误来折磨现在的自己呢？

即使没有王子，也要做美丽的公主

在网上看到这样一段话：“即使没有王子，我仍然是公主。咖啡依旧香醇，生活依然美好，就算给我再大的城堡，也不做爱情的奴隶。就算没有王子，我依然是骄傲的公主，继续一个人的童话。”没有了男人在身边，单身的女人依然是快乐的公主。单身女人习惯了很少有人认同的生活方式，她们挑时装、选香水为的是自己能拥有一份好心情，她们也会买花给自己。虽然，她们对于家里的力气活并不娴熟，但她们学会了一个人走夜路、换保险丝，她们习惯了享受一个又一个寂寞的长夜。当然，孤独感从来都不是一件坏事，特别是对单身的女人而言。意大利电影明星索菲亚·罗兰在千百万观众与崇拜者的包围中仍感到孤独，但她喜欢孤独，更喜欢孤独时的寂寞，她说：“在寂寞中，我正视自己的真实感情，正视真实的自己，我品尝新思想改正旧错误，我在寂寞中犹如置身在装有不失真的镜子的房屋里。”索菲亚将孤独当做灵魂的过滤器，然后让自己不断地重复青春，滋补内心世界的营养。

耐不住寂寞的女人，就不可能会有真正的幸福。没有王子的公主依然是一种美丽，一种享受。单身女人的生活范围是很广阔的，她们可以像蝴蝶一样在社交场上翩翩起舞，也可以干练优雅地出入写字楼，出席商务洽谈会，因而，她们的快乐是简单而坦荡的。当然，公主也有哭泣的时候，但当眼泪滑落的时候，她们总是优雅地转身而去，在某个不为人知的角落里哭泣，她们从来不会让眼泪在大庭广众之下有肆无忌惮的机会。单身女人做自己想做的事情，交自己想交的朋友，不去迎合别人的生活方式。快乐的单身女人懂得彻底放松自己，抛开家务，把家当做享受的场所，在懒散生活中享受着单身的美丽。

小瑶 26 岁了，谈过一次恋爱，目前是单身。即便是单身女人，她也是一个快乐的单身女人。小瑶在房地产中介公司上班，工作压力比较大，但她懂得将这些压力分散开，几乎每个时刻她都是快乐的。

早上，当清晨的闹钟划破宁静的时候，她美好的一天就开始了。赶紧起床洗脸漱口，一边哼着歌，一边刷牙，别提心情有多好。因为单身，她只租了一室一厅，平时就她一个人住，所以上厕所都不用关门。收拾完了之后，她先是到冰箱里拿牛奶和蛋糕，虽然只有一个人，但在饮食方面还是不会亏待自己。然后背着包，拿着早餐就出门了。

在公司，小瑶是最受欢迎的，因为她性格大大咧咧，像个男孩子，很容易与人相处。一进公司，她就听到同事亲昵的声音："瑶瑶妹，来了哟，咦，今天又漂亮啦！"这时小瑶则会很不客气地回应说："别以为我听不懂你的话，别讽刺我啦。"就这样，在嘻嘻闹闹中，一天就过去了。晚上回到家，虽然很辛苦，但小瑶同学还是觉得应该犒劳自己一下，一个人至少也是两个菜，偶尔还会煲上一锅汤，一个人看着电视，喝着美味的营养汤，别提有多美了。谁说单身的女人不快乐，小瑶总是否认这个观点。

单身生活有着婚姻无法提供的自由和快乐，尽管，对于男性的单身者，

人们常常给予的是理解的目光和无数个说得过去的理由。而单身的女人们，除了酸甜苦乐自知、天气冷暖自助以外，还得拿出一些精力去抵抗那些由此而产生的压力。对于这样的压力，快乐的单身女人会将之转化为动力，逐渐成为生活园林中另外一支芬芳的玫瑰。

1.不因父母的唠叨而委曲求全

单身女人不要因为父母的唠叨而委曲求全，不要因为跟父母赌气，就拿自己的终身大事开玩笑。单身女人要懂得适时安慰父母："总归找得到的，当然要找个好点的。"这样永远保持积极的态度，把牢自己的坚实后盾。

2.不因年纪而降低对男人的标准

单身女人不要因年纪而降低对男人的标准，反之，经历得越多，内心世界越丰富，对男人的看法也越会有自己的观点。女人单身越久，就会慢慢培养出自己的品位，把自己酝酿得好像一坛美酒，越老越有味道，她们不允许随便找一个凑合的男人来破坏自己的美。她们的心态让她们觉得自己选择的就是最好的，自己的生活就是最美满的，自然心情舒畅，人也靓丽。

有艺术气息的女人更迷人

女人的魅力是画，是诗，是乐曲。一个女人有了良好的艺术情趣，她必然高雅清新，焕发青春活力，生活必定多姿多彩，充满阳光。女人之所以会美丽，不仅仅靠天生丽质的面容或华丽的装扮，而是靠一种气质的散发，有气质的女人如诗如画，让人沉醉其中，被其所感染，而这种气质很大一部分是来自于女人的品位修养。艺术气息让女人的心灵变得恬静，好像山涧的清泉，静静地流淌着。如此有着浓厚艺术气息的女人，她们从来不在乎人生的功利，更加注重幸福的内涵，静心面对生活中的荣辱得失，不强求身外之物，不愤世嫉俗，即使是面对物质世界的诱惑，她们也能够泰然处之。在感

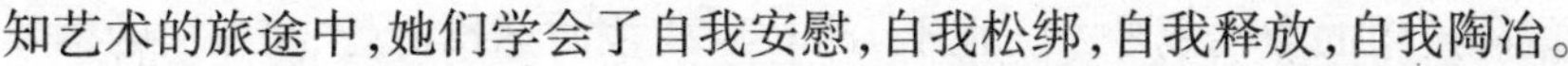

知艺术的旅途中，她们学会了自我安慰，自我松绑，自我释放，自我陶冶。

在古代，对女子的要求无非是琴棋书画样样精通，这样感知艺术的女子才情过人、谈吐不凡，即便是没有美丽的容颜，她们也是受人瞩目的才女。而对于现代女性来说，大多数人只会弹奏一种乐器，那就算是高雅了。与艺术沾边的女人越来越少，但她们如同陈年老酒，韵味悠长，清远幽香，越是久远，越是醇香。在感知艺术的过程中，艺术情绪的陶冶会在潜移默化中改变女人的自身气质，女人会因为品位的获得而变得博爱和宽容。品位的表现就是浓郁的书香和美的诗韵、深厚的人文素养、渊博的知识积淀。

在古代，一些出身于官宦之家的女子，由于受家庭环境的影响，从小便能受到良好的教育，再加上她们天资聪慧，勤苦好学，因此，无论是在学识方面，还是在才艺方面，这些后妃都有一些过人之处。

唐高祖李渊之妻窦氏在书法方面，堪称高人一筹。窦氏小时候就天资聪慧，不仅读书多，而且记忆力也很好。“读《女诫》、《列女》等传，一过辄不忘。”窦氏年纪虽然不大，志向却很高，当杨坚代北周建立隋朝后，当时 14 岁的窦氏，气得从床上跳下来说：“恨我不为男，以救舅氏之难。”

之后，窦氏嫁给了李渊。李渊虽然投身习武，却一直爱好书法，他经过了多年的临摹研习，形成了别具一格的“龙爪书”。同样喜爱书法的窦氏，自从嫁给李渊后，经常与李渊一起练习书法。时间久了，窦氏的书法竟然与李渊不相上下，两人的作品放在一起，居然分辨不出。不仅如此，窦氏还写得一手好文章。

窦氏聪明伶俐，机智过人，才华横溢，深谙书法，这样的女人无疑是男人的红颜知己。在很多时候，能够让无数人瞩目的并不是女人美丽的容颜，而是那不凡的谈吐，那高雅艺术积淀出来的迷人气质。

德国女钢琴家克拉拉·舒曼可以说是一个音乐圣女，她全身散发的都是艺术的气息，她的生活无不和音乐有关，因为艺术，她与众不同。

她在 16 岁时已誉满欧洲，得到歌德、门德尔松和帕格尼尼等大师的赞许。肖邦说：“她是在德国唯一懂得正确弹奏我音乐的人。”克拉拉是首位建

立起国际声望的女性钢琴家。她于1840年21岁时嫁给舒曼，将伟大的钢琴演奏家、贤惠的妻子和慈祥的母亲等身份完美地集于一身。

钢琴家皮尔斯·拉里对此表示赞同："她绝对是一位非常了不起的女性，经历了那么多生活的坎坷，她是一位天才的作曲家，也是一位杰出的钢琴家。"

克拉拉21岁嫁给30岁的舒曼，但不幸的是，她37岁便失去丈夫，然而苦难并未因此停止，孩子的病痛和死亡仍不断地考验着她。但因有布拉姆斯及小提琴手尤阿席姆等人支持，同时她常借弹琴来安慰自己的精神，在往后的四十年间，她又将生活重心转移到演奏。布拉姆斯担心克拉拉的风湿病情，曾劝她停止奔波的演奏生涯，克拉拉却因此受到伤害，并寄了一封信给布拉姆斯："我一停止演奏，心情就会变得非常不好。对我来说，钢琴演奏等于是我的生命。"

对克拉拉来说，音乐就是她的生命，其实，这便是艺术的魅力。即使生活再怎么考验她，只要有音乐的陪伴，她就能鼓起生活的勇气。她没有因为生活的折磨和苦难，让自己变成一个牢骚满腹的怨妇，而是坚强地扮演好了母亲、妻子、钢琴家的角色。在现实生活中，并不是每一个女人都能像克拉拉一样，有着超人的艺术才华，但是，平凡的我们依然可以用艺术来装点自己的生活，感知艺术，感染艺术气息，让自己成为一个有品位的女人。

1.女人要培养自己高雅的艺术爱好

女人，要学会培养高雅的艺术爱好。当然，艺术气息并不是一朝一夕就能够做到的，不凡的谈吐也并不是简单就能脱口而出的。想拥有高雅的艺术气息，你需要感知艺术，发现艺术的魅力，感染艺术的气息，丰富自己的文化生活，提高审美能力。有人说，做人要有一种性格的张力，也有人说，诗人的眼中透着一种精妙的疯狂，反映在女人身上，就是无法预知的生命动感，是浓厚的生命情怀。

因为艺术气息的熏陶，女人不再因为生活中的琐事而磨灭个性和魅力；因为艺术的培养，女人举手投足间温文尔雅；因为艺术的陶冶，女人的生活

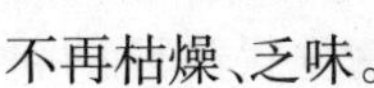

不再枯燥、乏味。

2.艺术气息是一种别致的品位

一个女人要想自己拥有别致的魅力，就要学会培养自己的艺术气息，以此来装点自己的生活。她们热爱着生活，善于装点自己的生活，即使在休憩之余，她们也不会感到孤独寂寞，因为有了艺术的感染，她们的生活将会变得充实。懂得感知艺术，拥有艺术气息的女人，一定有着不凡的谈吐，因为艺术积淀了修养，艺术升华了气质，无论说话做事，她们都显示出独特的魅力。

女人学会爱自己，不被男人左右

有人曾做过调查："假如我们对你的恋人或丈夫做一次采访，你最想从他们嘴里知道些什么？"被调查的女人们都不约而同地回答："他还爱我吗？"女人最想从她们的男人那里所得到的答案是"他还爱我"。但女人们都忘记了问自己："你还爱你自己吗？"对于女人而言，她最亲密的朋友就是自己。试想，如果作为一个妻子，你总是被男人所左右，连自己都不爱，那还有什么理由期待男人会爱你。让·雷诺和广末凉子主演的《绿芥警探》中，有一句台词很打动人心。剧中那位很有风韵的女人对男主角说："我不漂亮，也不会做饭，但我懂得爱。"懂得爱的女人是容易打动人心的，但首先她们应该懂得爱自己，一个不爱自己的女人恐怕无法更好地去爱别人。

女人在爱情里容易失去自己，这不是可怕的事情。可怕的是你根本没有意识到你失去了自己，而当你的爱情城堡突然倒塌时，你才发现原来的你已经不存在了，你甚至不知道该如何面对这一突如其来的情况。那时，你可能经历比死亡更惨烈的痛苦，因为你会觉得自己的自尊心被伤害，你的自信心被打击。由于男人被赋予了某种权利，女人会觉得自己的价值就是

在爱情里被肯定，当我们的爱人有一天弃我们而去，我们就觉得自己的价值被否定了，那种生不如死的感觉几乎让女人崩溃。其实，这样的女人就很容易被男人左右，因为把爱情当成自己生命的全部，她们将所有的希望都寄托在男人身上，有一天男人若是突然离开了，她们自己也失去了人生的方向。

阿倩是一个风风火火的职场女人，但在生活中她却是一个懂得宠爱自己的女人。在紧张忙碌的工作之余，她懂得用各种方式来调剂自己的生活，比如购物时用自己赚的钱给自己买喜欢的东西，在旅游的过程中体验放松的快乐。她常说："宠爱自己就意味着独立、自由、进取。"

小倩说："我的工作强度比较大，做演员、写剧本、做影视策划，经常忙得天昏地暗。做这一行常常让我思考，你活着究竟是为什么，是为了挣钱吗，但是挣多少是个够呢？思考的结果是我给自己总结了一个理念：生活里最重要的是让自己快乐。"

小倩还说："每拍完一部戏，我都会找一个最快乐的方式让自己放松。因为做演员的关系，我买的最多的是衣服，购买心得很简单：不一定要最贵的，一定要自己最喜欢的。我现在的家里，有一个房间专门作为衣帽间，因为里面有整整一个房间的衣服，听起来是不是有点过分啊。但是我觉得，女人活着不就是为了让自己开心吗？花钱能买来开心，还是比较值得。"

说到男人，小倩笑着说："我和男朋友很像是朋友，不像是如胶似漆的恋人，我常听说两个人太相爱，就好像融合为一体了，我讨厌这样的感觉，我不喜欢被男人左右，我所欣赏的是自由而无束缚的爱。我和男朋友都有自己的私人空间，我们听一样的CD，看一样的电影，但我们的私人空间却是不一样的。我的工作需要我有很多的应酬活动，而我男朋友他依然有一些比较谈得来的女性朋友，我也经常见到，但我不会吃醋、我觉得这就是生活，这就是爱，我不希望他左右我的心情，当然，我也不会禁锢他的私人自由。"

很多女人的生活离不开男人，她们会认为跟男人一起看电影、听音乐会、一起共进晚餐，那才叫约会。如果只有自己一个人，身边没有男人的陪

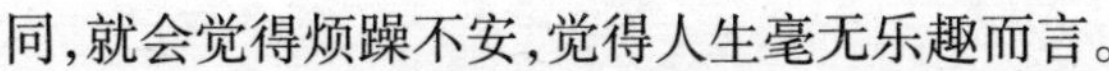
同，就会觉得烦躁不安，觉得人生毫无乐趣而言。

其实，这在一定程度上表明，你的喜怒哀乐已经受到男人控制。陷入爱情里的女人，会不知不觉地把决定自我感觉的权利交给男人。女人为什么会因为爱情而痛苦？就是因为她们臣服于男人并且需要男人来决定自身的喜怒哀乐。

1.将自己的精力分散开

聪明的女人总是把自己内在的力量，分散到很多方面去，如亲情、友情、工作。她们不可能与其中的某一项联系过于紧密。通常，让她们感到满足和兴奋的东西很多，所以除了爱情以外，她们有更广阔的选择空间。不被男人所左右，女人就应该明白，除了爱情以外，人生中还有很多东西值得我们去珍惜。在爱他的同时，更要学会爱自己。

2.有自己的一份追求

女人要有自己的一份追求，你必须有一件事情是自己喜欢去做的，这样，当你的爱情走了之后，你就可以把注意力转移到你的那份喜好上面。也许，它并不如爱情带给你的兴奋和满足感，因为这世界上没有任何一件事能比爱情更让人感到奇妙和激动了。但是，做自己喜欢的事情，也是一种快乐，也是一种精神上的幸福。它能让你从空虚中解脱出来，从悲痛中释放出来，让你感受到人生的另一种美好。

第8章

告别单身岁月，从大龄“剩女”们的烦恼中解脱出来

大龄剩女如何告别单身？许多女人在不知不觉间已经步入了剩女的行列，成为其中的一员，看着大街上一对对的情侣，这让剩女们情何以堪？对此，剩女们要想办法终结单身情歌，因为你的春天就在眼前。

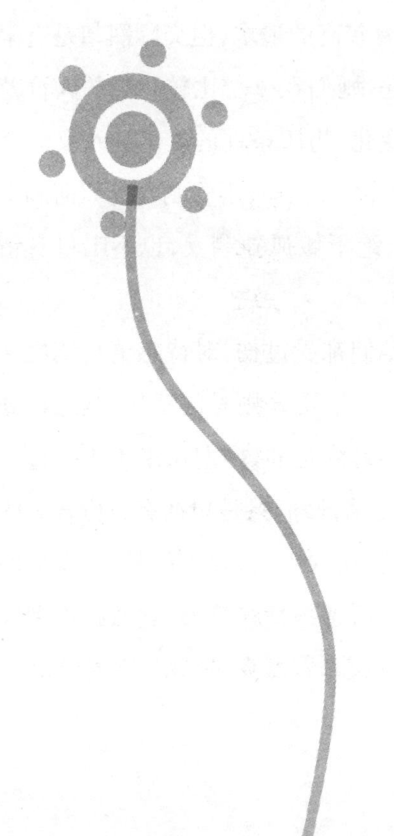

把心打开，不做孤独剩女

张楚曾经低吟浅唱："这是一个恋爱的季节，孤独的人是可耻的。"在没有情人的情人节里，单身的人越发孤单难过，即将来临的情人节反倒成为了负担。通过调查表明，近些年，结婚率在持续下降，婚龄不断推迟，丁克族和不婚者的数量在不断攀升。对许多形单影只的剩女而言，单身是一种状态，也是一种选择。从心灵角度说，那些保持"单身心态"的女人可以是爱情的孤独求败者、伪单身者、亚婚姻中甚至幸福家庭拥有者。过去的女人，她们视感情为全部，最大的愿望就是嫁个好男人，而现在的女人更注重自我提升，明白经营好感情、婚姻的同时也要经营自己的事业、生活、朋友。最近几年，社会明显的变化是车子多了，买房子的人多了，人的压力也大了。大多数女人不愿意凑合，在物质和精神上都有着较高的追求，但交际圈却是有限的，所以当物质、精神所有条件结合在一起，她们在一个比较狭窄的人群范围里很难寻找到合适的另一半。社会的变化、物质条件的提高导致女人择偶的条件越来越高，这是剩女越来越多的原因。然而，不管剩女是如何剩下的，作为当代女性，你都需要调整好心态，绝不做孤独剩女，也不唱单身情歌，而是早日嫁个好男人。

剩女大多是有经历、有故事的女人，她们都受过伤，对待感情会慎之又慎。剩女的日子如行云流水、寂寞、无聊、孤独，更多则是的茫然，越想得到的东西距离越远。剩女们的心是简单而容易满足的，她们从来不曾想过集万千宠爱于一身，也不曾追求完美无瑕的爱情，她们只是想拥有一份普通的爱，一个把你当宝的人。可老天爷似乎总喜欢捉弄人，要求越是少，获得的越少。对她们而言，太多的日子无依无靠，情感一直在流浪，竟然找不到停靠的岸。剩女的心是孤独的，她们总是在深夜拿着麦克风高唱"单身情歌"，然而，剩女并不会一直这样“剩”下去，在合适的时间，若是遇到一个合适的人，也一样可以告别单身，踏入幸福的婚姻生活。

阿莲是家里的独生女，爸爸是教师，妈妈在酒厂上班，家里虽说不上富裕，但也算是小康之家。阿莲长相清秀，从学生时代就有不少的追求者，但阿莲是一个恋家的女孩子，她总是宣扬自己：“我希望能够离家近一点，整天都跟爸妈在一块儿。”

大学毕业后，阿莲在一家银行上班，有着稳定的工作，再加上她自身良好的条件，许多亲朋好友纷纷张罗给她介绍男朋友。几次相亲之后，阿莲有些失望，她以为自己能很快遇到生命中的他，没想到却久久不曾遇到。最让她难堪的就是听到亲戚朋友这样的问话：“有男朋友了吗？”这时她总是黯然神伤地摇摇头，随后又强作骄傲地说：“我这辈子就跟爸妈住在一起了，不结婚了，有时候单身也很不错的，自由自在。”就在大家都以为阿莲就这样成为“剩女”时，却意外地传来了阿莲快要结婚的消息。

朋友纷纷好奇地追问：“你是怎么遇到生命中的他的？”阿莲只是拉着那位长相平平的男士的手，羞涩地说：“爱情说来就来，这就是缘分。”原来，就在阿莲对爱情快要失望的时候，那位男士出现了，在一次朋友聚会上，他见到了阿莲，瞬间便惊为天人。后来，经过半年的追求，终于打动了阿莲的心，虽然，那位男士长相很一般，却体贴、善解人意，如此才能打动一直保持独身主义的阿莲，最后，两人喜结连理。

谁说剩女就是孤独的，就一定要唱单身情歌呢？剩女也是有春天的，不要总觉得剩女的择偶范围是狭窄的，其实，只要剩女本身能够调整好心态，就一定能寻找到生命的另一半，最终幸福地生活在一起。

那么，剩女如何告别单身呢？

1.尝试着相亲

告别单身的第一步就是相亲。在生活中，有的女人希望一切随缘，觉得自己不应该通过相亲或介绍的方式去寻找爱情。当然，假如她平日生活的圈子可以接触一些异性朋友，那就没有必要去通过相亲认识异性朋友。但

假如她平时生活圈子狭窄，没办法接触到异性朋友，那就可以尝试相亲。

2.不要挑剔

在生活中，一些女人总是抱怨自己没有在合适的时间里遇到合适的人，但她们却忘记了上帝不会专门为自己打造完全符合你心意的另外一半。任何一段美好的感情，都需要两个人共同努力，互相弥补性格差异、互相包容。在遭遇爱情的时候，假如你总是以挑剔的眼光看待对方，那谁也不适合自己。无论是否会告别单身，我们都需要抱着努力的心态，这样才不会给自己留遗憾。

心境开朗，别害怕陌生

一个人总是要看陌生的风景，结识陌生的人，甚至跟陌生人共同生活。许多经历过一次爱情的女人时常会感叹："我害怕接触陌生的男人，恐惧去熟悉一个陌生人。"她们大多是在感情中受过伤的，即便没有受伤，但三五年的感情经历已经让她们疲惫了。在爱情的路途之中，她们发现，自己总是会认识陌生男人，相互熟悉，然后同居，最后分手，两人又变得陌生。而更多的女人则是抱着这样的心态：我已经习惯了之前的男朋友，连我最邋遢的样子，他都看过；现在若是需要我重新结识一个陌生的男人，我突然之间觉得害怕，就好像重新进入冰窖的感觉。这就是剩女们的心态，也是她们苦苦追寻多年依然无法找到另一半的重要原因，她们一直沉浸在过去的痛苦之中，不愿意开始新的感情，害怕接触陌生的男人。对此，告诫那些大龄剩女，需要有意识地培养自己开朗的心境，结识陌生人，展开自己的新感情。

爱情，多么美好的字眼。经历了爱情的人时常会疑惑："在一场场爱情里，自己究竟是爱上了那个人，还是爱上了爱情？"两人相识不到一个月就交往了，男孩向初次见面的女孩告白了，女孩偷偷爱上了刚才在聚会上遇见的那个男生，爱情就是这样浪漫而隽永的。两人交往了，吵架了，分手了，这样的版本在不停地上演，究竟最后是爱情受伤了，还是男女主角受伤了？所谓的爱情，女人都经历过，有人曾用三年的时间去恋爱，有人也曾三年不谈恋爱，有人曾在很短的时间内换过许多男朋友。后来，她们才发现，原来自己不是只会爱上一个人，在生命中，自己爱上的人不止一个。这样你还会觉得陌生吗？当一段感情结束的时候，我们就应该收拾好心情，迎接下一段感情的来临，如果你总是拒绝新恋情的开始，那你最终只能被剩下。剩女，需要走出过去的阴影，不惧陌生，大胆开始自己新一段的感情。

肖璐有一段长达三年的感情，那是她的初恋，刻骨铭心的初恋。谁都能想象初恋时的疯狂与幸福，肖璐在最美的年纪遇到了那个男人，初涉爱河的时候，她就好像是到了另外一个世界。那时候，她每天都是笑盈盈的，心里比吃了蜜还甜，虽然那个男人的年纪比自己偏大，但她不顾人们诧异的目光，硬是紧紧地扣住他的手。

后来，两人开始真正互相理解了。这个过程是异常艰难的，争吵、分手、和好、吵架、分手，不断重复着，不断上演着。两人拉锯式地持续了三年，最终还是分道扬镳。但在肖璐的心里，再也住不进其他的男人，即便自己的爱情早已经成为过去，但以前性格开朗的肖璐却变得抑郁起来。

她说：“我不再相信爱情，这段感情让我身心疲惫，我累了。我终究明白了，即便两个人的感情多么美好，但经过时间的流逝，没有什么东西是一成不变的，到最后，当初最美的爱情变得支离破碎，这样的结果是我不能接受的。我害怕接触陌生男人，我只要一接触他们，就能想象我们未来吵架、分手的情景，真的太累了，我不想过这样的生活。”

肖璐是典型的沉浸在过去的痛苦中的个例，当她在爱情中受伤以后，她的心境就有了很大的变化。或许，女人在尚未接触爱情的时候，总是幻想着爱情的美好与浪漫，但一旦她们在爱情中受过伤，她们就会不再相信爱情，也不再愿意开始新的恋情。对于陌生的男人、新的感情，她们都会心生恐惧，害怕自己重蹈覆辙。其实，这样的一些心理是可以理解的，但作为剩女，

你更需要打开自己的心结,努力让自己变得开朗起来,不害怕陌生,重新开始自己新的幸福旅程。

1.不要惧怕陌生

"陌生"这个词常常会唤起人们内心的胆怯,人们害怕去接触,更害怕自己从一个熟悉的环境到一个全新的环境。其实,这样的心理是可以理解的,从陌生到熟悉,需要一个漫长的过程。但是,如果你换一个角度,就会发现所谓的"陌生"其实就相当于一个新奇的探索之旅。比如陌生的男人,新的恋情,那都是新奇的,有可能你所接触的是之前从没遇到过的类型的男人,有可能就遇到了一个好男人,这何尝不是一种幸福呢?

2.该来的总是要来

一个人身边的位置是有限的,一些人离开了,一些人就会到来,这是我们应该接受的。如果你总是固执地保持僵硬的姿态,不接受身边新来的陌生人,那你身边的位置注定要空很久。对此,剩女们应该明白,有时候陌生即是意味着幸福,所以,不要害怕,不要恐惧,大胆迎接自己的幸福吧。

拓展你的社交范围,朋友圈里寻找你的爱情

剩女泛滥,相亲节目成为了最火的电视节目。有些人就不明白了,找不到男朋友至于上电视找吗?其实,原因就在于这些剩女的交际圈子太狭窄,在有限的圈子里没能找到自己合适的人,因此,她们只有在电视节目中结识异性了。现代社会,都市女性交际圈子小,生活节奏快,随着年龄的增长,一方面要求很高,不愿意和不成熟的男人凑合,而经历的感情越多,她动情的机会就越来越小;另一方面在于身边的朋友谈论的话题差不多都是老公孩子,自己逐渐被社交圈子驱逐,在有限的社交圈子里,真的很难找到合适的。对此,剩女们需要走出交际小圈子,拓展社交范围。我们应该明白,男朋友

首先是朋友，不经过交流，怎么谈欣赏呢？在平日里，剩女应该主动大范围地寻找普通异性朋友，即使不出门，在很多网络论坛中也会有不定期的聚会，这样，或许你就能在其中找到自己的白马王子。

小安是一名自由职业者，也就是写写稿子，当然，这样的工作范围是很狭窄的。每天，她就是待在一个十几平方米的房间里，对着电脑一个人写稿，写累了就看电影，从早到晚，几乎没有一个说话的人。曾经，她备足了干粮，创下了十多天不出门的纪录。可以想象，这样一个整日宅在家里的女孩子，当然绝对是单身。不错，小安确实是单身，她距离上一次恋爱已经很久很久了。

每当小安抱怨自己一个人生活太累的时候，朋友总是说："就你一天窝在家里，难道白马王子会骑着马来敲你的门吗？瞧你，身边没有几个异性朋友，怎么会交得到男朋友呢？"这时小安就会撇撇嘴，像自己这样的宅女，拓展交际圈子，谈何容易？

不过，为了自己的终身大事，说什么都得努力一把。于是，小安开始收起作为宅女的随意和邋遢，在朋友的建议下，她先是换了一个最时髦的发型，然后买了一些时尚的服饰，打扮好了之后，就开始随着朋友四处参加各种宴会了。没想到这样的办法还真行，一个月下来，小安前前后后认识了不少优秀的男性，当然，这其中没有一个有感觉的。朋友安慰："没事，就算是普通朋友也不错，以后会遇到好的。"

没想到这话真被说中了，就在小安第 8 次参加聚会的时候，竟意外地遇到了中学时期暗恋的学长，看着褪去青涩的外表已然变得成熟的学长，小安心跳得很厉害。而学长竟一眼认出了小安："你是小安吗？中学时就知道你文章写得好，没想到这么多年没见，你还是一样的漂亮。"小安虽然只是微笑不语，但心里隐约点燃了爱的火花。在聊天中，小安了解到原来学长还是单身，她觉得自己还是有机会的，这样一想，心里又多了几分期待。

果然，聚会之后，两人电话、QQ 都有联系，不到两个月就发展成为了男女朋友，而今已经走进了婚姻的殿堂。说到与老公的相遇，小安表示："我应

该感谢那次聚会，不然人生的缘分怎么会如此奇妙呢？如果我还是窝在家里，那我肯定没机会遇到他，也不会有现在幸福的生活了。”

有一位医学院毕业的女孩说自己读到大学才被父母允许谈恋爱，却发现自己不敢和异性接触，怕被人伤害。这时心理医生就给出建议，让她多参加公众活动：“先适应有异性的场合，再多交几个异性朋友，谈恋爱其实是生活的常态，没什么可怕的。”其实，像这样类似情况的女孩子很多，80后是第一代独生子女，父母会要求她们好好读书，有了好工作自然就有好男人。真的到了工作的时候，她们就会发现自己和异性交往出现了障碍。还有一些女孩子是因为工作关系，身边的交际圈子比较狭窄，对此，女人需要拓展自己的社交圈子，朋友多了，感情自然也就来了。对于那些只会守株待兔，家里和办公室两点一线的女人，若是不出门广交朋友，她就会这样一直剩下去。

1.不错过一些有价值的活动

女人不要害怕参加各种各样的活动，比如同学会、朋友会、公司年会，说不定在同学会上就能遇到心仪的对象，如果对方也是单身，那就有发展的机会了。其实，本来活动的目的之一就是交际，既可以交朋友，也可以通过这个平台认识不错的男士，然后继续发展，如此，你就可以邂逅一段美丽的爱情了。

2.通过朋友拓展交际圈子

在生活中，有的朋友无意之中会成就一段姻缘，因为他们都是通过这位朋友介绍而认识的，这也算是一种缘分。就好像前几年闹得沸沸扬扬的大S与京城少爷汪小菲，他们也是在朋友的生日宴会上认识的。由此可见，通过朋友拓展自己的交际圈子，何尝不是一种结识异性的捷径？

站得高一点，别局限自己

不知道从什么时候开始，婚恋交友这件原本羞涩而私密的事情，如今变得越来越公开和高调。对于剩女而言，她们通常会保持两个阵营：一是因为觉得自己年龄大了，不如放低择偶条件；还有一个阵营就是即便自己是“剩”下来的，也还是不会放低自己的择偶条件。前些年，在剩女们嘴里流行这样一句话：“宁缺毋滥。”意思是，宁愿顶着剩女的名号，也不愿意随随便便就找个男人嫁了，这样的婚恋观一直被剩女们坚持。即便是剩女，也需要站得高一点，而不是局限自己。一些剩女内心有种恐慌，一旦自己过了 25 岁，就好像真的被剩下来一样，她觉得自己择偶范围一下子变得狭窄了，有人介绍的就是接近 30 左右的异性，如果自己年龄再大一点，是不是就给自己介绍离婚男呢？貌似自己真的到了没人要的地步，在这样的恐慌中，她们竟像到菜市场买菜一般，不挑选，随便就找了男人凑合过日子。这样的女人就是将自己放低了，从而局限了自己，而这样随意寻找对象组成一个家庭，是很难幸福的。

小慧有一段长达五年的感情经历，其中曲曲折折，最后两人还是走到了分手的地步。可是，等小慧结束这段感情之后，她已经 28 岁了，与身边同龄女性比较，她已经是大龄剩女了。

父母催得急，朋友经常询问自己的感情状况，这让小慧自己也承受了很大的压力，好像成为剩女是犯了多大的错误一样。同时，她觉得自己已经 28 岁了，又经历了那么长的一段感情，自然觉得有些自卑。有朋友介绍年龄相近的，小慧都是婉言谢绝，她害怕别人不接受自己。这样拖了一年，小慧已经接近 30 岁了，这时她才着急了起来。

自己不可能这样单身一辈子，总要结婚，不如早点找个人结了吧。然而，对她而言，结婚也是不容易的，因为她发现到自己这样的年龄，竟有不少人给自己介绍的是离婚男人，有的还带有孩子，那表示自己贬值了吗？小慧慌了，她觉得自己如果再拖下去，肯定会越来越没有价值。于是，在一次相亲之后，小慧就匆匆忙忙地与对方举办了婚礼，顺利将自己嫁了出去。

谁知，结婚不到一年，两人感情就出现了问题。由于婚前的感情基础很薄弱，两人经常会出现争执，吵架了就会说离婚。小慧疲惫了，结果结婚了九个月就办了离婚手续，现在的小慧还是独身，她吸取了闪婚的教训，决定不再随便将自己的幸福交出去，而是需要慎重对待，也不会再局限自己。

目前，中国适婚未婚的单身人士有1.6亿人，被婚恋困扰人群达2.8亿。调查显示，相对经济窘迫的剩男，剩女多为高智商、高学历、高收入的“白骨精”，在经历过刚被叫“剩女”时的急躁和担忧之后，现在有许多大龄剩女却有一种前所未有的坦然。

1.绝不因“剩”而降低自己的择偶标准

一位30岁的高级白领说：“我未来的丈夫要有梁朝伟的外貌加蔡康永的口才；要能够顾及到削苹果、剥虾壳这类小事来照顾我；不一定要有肌肉，但要爱运动；要有学问，最好对某种东西有深度的研究以便让我产生持久的崇拜感。另外，我认为好男人还要适当有点坏。”尽管她还没遇到这样的男性，但她没打算放低自己的择偶标准。因为站得比较高，因此她们并没有局限自己，从而降低自己的择偶标准。如今的剩女更加注重婚姻质量以及在家庭中的地位，她们之所以有能力徘徊在婚姻的围城之外，这与她们摆脱了对男性的经济依附并由此产生的婚姻需求有着极为密切的关系。

2.宁缺毋滥，不要委屈自己

不管你是因为什么原因剩下来的，都不要怀疑自己的价值和魅力，不要因为年纪大了就随便找个男人嫁了，不要因为自己过去的经历不堪就怕别人看不起自己。即便自己被列为剩女这个行列，也需要坚持宁缺毋滥，不要委屈自己，毕竟结婚是一辈子的事情，选错了就输了一辈子。对待择偶，需要慎重又慎重，站高一点，而不是局限了自己。

放下你的清高，学会一些讨好男人的技巧

女人稍微有一点清高并不是什么坏事，但若是太过清高，会让男人敬而

远之。不管是不是剩女，女人都需要学会讨好男人的技巧。大多数女人习惯性将清高当自信，她们可以原谅自己的无知，却不想容忍别人无视自己的美丽。但令人遗憾的是，大凡是长得比较漂亮的女人往往会有清高的毛病，甚至，有些不怎么样的女人也学起了清高，在旁人看来却无疑是东施效颦。清高的女人，大多是一张冷若冰霜的脸，态度冷冷地，似乎自己就是女王，需要每个人弯腰下来臣服于她，若是稍微有所怠慢，她定是大发怒火，搞得身边的人不得安宁。对于男人而言，这样的女人只可远观，不可近距离接触，换而言之，是有距离感的，他们最终选择远远避之。

清高的女人拒绝迎合他人，在她们看来，自己才是最重要的人物，没有必要去迎合他人。不管对谁，她们无一例外都是一副冰冷的态度，不了解的人还以为她们是“冰山”呢。在生活中，有资本清高的女人无非有两种：太漂亮、太有才。毕竟，在人们看来，这两者都是不可多得的尤物，人们在看到她们的时候，往往会抱以敬佩的心态。许多女人自知自己魅力出众，不自觉地清高劲儿就上来了，有男人献殷勤了，她也是不应一声，只是从鼻子里发出一个蔑视的声音——嗯。即便是看到自己喜欢的男人，她们也一样将清高坚持到底，结果只会让自己错失幸福的机会。不知不觉间，这些清高的女人就这样被“剩”了下来。

王婶的女儿从外地回来，脸上遮着一块纱巾，在家待了两天就匆匆走了。她已经好几年没有回家了，看到她，自然想起了关于她的一些往事。

王婶的女儿是院子里最漂亮的姑娘，不仅漂亮，而且还是大学生。院子里的人都羡慕她，而她似乎也知道自己的美，大学毕业就打扮得像个模特一样，院子里的人跟她打个招呼她也不搭理。大家背后都说：“这小丫头装清高了，都念了大学了，还不懂礼貌。”

在前几天，她的男朋友在一次吵架后用刀在她脸上划了几下，之后，她就在脸上遮了一块纱巾。而那个男朋友也因为人身伤害而被判入狱了，他在法庭供述的犯罪理由居然是“她太清高了，伤害了我作为男人的自尊，一时激动下了手”。

男人都是有自尊和面子的，他们希望女人能柔情似水，善解人意，这样才能真正慰藉自己的心灵。如果一个女人太清高，不仅对男人的殷勤不理不睬，而且自己从来不会主动关心男人，那对男人而言，确实是一种伤害。当然，这也会让男人对这种女人失去兴趣。

女人应该如何放下清高，讨好男人呢？

1.学会示弱

好强的女人是辛苦的，正因为如此，女人应该懂得“示弱”的艺术。当然，女人在家庭外面是不能示弱的，她最好的示弱对象就是家庭和老公，因为男人不会跟你计较太多的得失，因此回到家里就没有必要那样强势，适时在男人面前撒娇和流眼泪，这样就会唤醒男人内心的爱意。

2.照顾男人的面子

一个女人是银行的高级主管，但她经常说：“我每个月都会用掉老公很多钱，他经常会给我买东西。”其实，她老公的生意一直不好，她还经常用自己的工资适时地照顾老公的生意，她还经常跟老公说：“我单位的效益不好，自己可能随时面临裁员，以后得靠你养着。”这样给老公十足的面子，自然保全了家庭的幸福。

3.学会主动关心男人

不少女人把清高当作一种习惯，她们从来都是等待男人的电话，等待男人的关心，而自己几乎从来不主动打电话给男人，也从来不关心男人。女人，如果真的想放下自己的清高，不妨从这里开始，学会主动给男人打电话，学会主动关心男人，适时展现自己的女人味，这样自然会成为男人宠爱的对象。

遇到家庭阻力，何去何从

在我们父母那一代，20岁左右就结婚生子了，现在的年轻人30岁都还不着急，两代人之间的代沟越来越大。随着年龄的增长，父母催促剩女早点结婚，即便是在平日生活中也经常有意无意地提起婚姻的话题，这给剩女们带来了极大的家庭压力。在耳边经常听到的就是父母关于婚姻的话题："你年纪也大了，应该考虑嫁人问题了。"这样的话不是偶尔听到，而是经常听、天天听，时间长了，一旦听到这样的字眼，就触动了剩女们的敏感神经。在家庭的重压下，她们长时间地承受着社会和内心的压力，容易产生心理问题。她们害怕谈论恋爱和婚姻问题，不喜欢别人的指指点点、冷言冷语。多次相亲未果，恋爱不成，她们就开始怀疑自己，认为自己找不到好男人，但又不甘愿将就条件一般的男人，心里就一直这样矛盾着。这时候，如果家里再上演"逼婚"这样的剧目，那她就有可能因压力做出非理性的决定。

今年已经35岁的小曼因为一直没嫁出去，每次回家都被母亲唠叨。当家人们劝小曼早日出嫁的时候，她情绪非常激动："你们别再逼我了！妈妈你就这么希望我走吗?"站在旁边的弟弟看见姐姐对母亲这样大嗓门，心里很恼火，说："你年纪这样大了，早该找户人家嫁了。"说着说着就打了小曼几个巴掌，还在小曼身上打了几十拳。后来，小曼到医院检查，发现自己左侧三根肋骨骨折。

这样的事情传出去之后，不少剩女表示："这事情太吓人了，得赶紧把自己嫁了。不过话又说回来，结婚这件事不是你想结就能结的，也不是你想娶我就非得嫁，一定要两人看对眼吧。"一位剩女则说："剩女们伤不起啊，看在肋骨的面子上，争取快快脱光吧。"还有一位剩女表示："看来将来我穿防弹衣加钢盔都还不够，还得再加一圈钢板。"

像小曼一样，多少大龄剩女正被父母唠叨着，她们那根敏感的神经经常被触动着，很容易爆发出来。每每到了回家的日子，剩女们总是心惊胆战的，既想回家，又怕回家，怕回家就被父母念唠结婚的事情。尤其老家在农村的女孩子。在农村，凡是超过20岁的女孩子就算是大龄剩女了，在父母的眼里，这样的年纪已经很难找到合适的了。因此，父母特别着急，他们将自己内心的焦虑转化成对女儿的唠叨和逼婚，有的父母甚至骗女儿回家相亲。

小瑶今年25了，在老家也算是大龄剩女了。每次接到父母的电话，无非就是那句话："最近相亲没？遇到合适的就嫁了吧。"搞得小瑶不胜其烦，不仅如此，每次去亲戚家，都会受到亲戚的"教导"："小瑶，你今年也有25了吧，年纪算大了，赶紧找个合适的对象，看你爸妈整天为你的事情担心，吃不好、睡不好的，他们年纪大了，把你培养成人，现在不是该让他们安心的时候吗？你早点把事情解决了，他们也少操心。"每到这时，小瑶就要抓狂了，虽然，她对于这样的劝说很反感，但心里还是涌现出一种对父母的愧疚感。

小瑶经常对朋友说："你说我是不是应该快点去找个合适的男人嫁了，否则就对不起父母?"虽然，朋友好言相劝，但小瑶始终被这样一个问题困扰着。她觉得，自己不应该那么任性了，以后相亲时就听父母的吧。

在后来的相亲中，小瑶不再那么排斥了，也听了父母的意见，不到两个月就相到了一个"合适"的。之所以说合适，是因为男方的工作、家境都顺了父母的意，而两人之间也不太反感，就试着交往了。交往半年，双方家庭开始催婚了，小瑶就这样被送进了围城。

婚后，小瑶才发现那个男人根本不是自己想要的，没有什么共同语言，整天除了回到同一所房子，几乎没什么别的事情。她才意识到自己当初的仓促，但为时已晚，现在也不能着急离婚，因为怕父母担心。

生活中，一些剩女会经历这样的过程：先是反感父母的催婚，后来在家庭的重压之下，她们妥协了。凡事都听父母的，让父母一手去安排，父母觉得合适的，她也就默认了。最后，按照父母的眼光，找了一个各方面都"合适"的男人，把自己嫁了，结婚之后才发现自己的幸福已经被毁了，但为时已晚。其实，越是剩女，越需要扛住家里的压力，毕竟，结婚是人生大事，不能仓促进行，而是需要选择一个合适的男人。

1.积极参加社交活动

在父母的压力下，剩女们也要积极参加社交活动，创造与异性沟通的机会。剩女们可以利用自己的业余时间学习烹饪、化妆技巧，去美容店，练习瑜伽和交际舞，参加单身派对等活动，这样不仅丰富了自己的业余生活，也

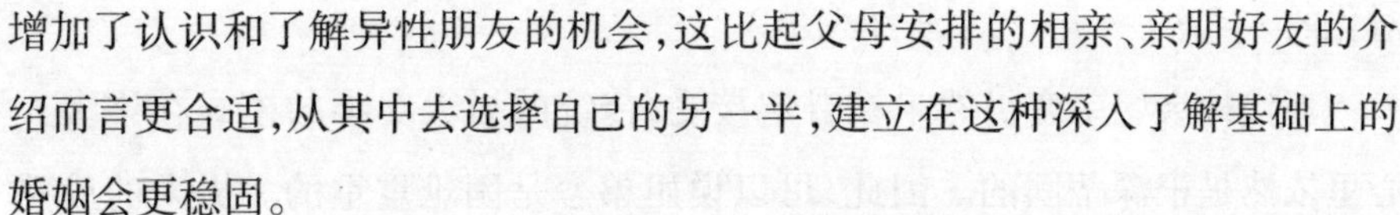

增加了认识和了解异性朋友的机会，这比起父母安排的相亲、亲朋好友的介绍而言更合适，从其中去选择自己的另一半，建立在这种深入了解基础上的婚姻会更稳固。

2.与父母好好沟通

父母与女儿在婚姻大事上通常不能达成统一的意见，父母看重男人的工作是否稳定、工资是否高、家境是否好，而女儿则看重男人的品行、性格、为人处世等方面。对于这样的分歧，女儿需要与父母好好沟通，尽量达成统一的意见，女儿需要让父母明白："感情是两个人过日子，它所需要的是内在条件，而不是外在硬件。"当遇到与父母意见不合时，一方面可以说服父母，另外一方面也可以适当听从父母的，毕竟父母也是为了女儿的幸福着想。

可以选择比自己年纪小的男人吗

2012年，谢娜和张杰的浪漫婚姻让许多人恍然明白：爱情其实真的没有年龄之分，如果你非要给它圈定一个年龄限制的话，那后果将是你错失一段好婚姻。俗话说："女大三，抱金砖。"姐弟恋可以说是风靡全球了，观察那些姐弟恋，有成功的，也有失败的，那对女人而言，到底应不应该选择年龄小的男人呢？英国《每日电讯报》上说："她们并不需要一个大腹便便的人为他们的晚餐埋单，她们也不需要和一个与他们年纪相仿的人过一个无聊而负责任的周末，她们更希望一个阳光男孩的嬉闹和玩笑，她们希望被认为依然独立而且依然性感。"这是部分女人的心声，在她们看来，三十几岁的男人毛病多，令人厌烦，他们一天到晚唉声叹气，有焦虑的毛病，还有严重的妄想症；相比较而言，她们更喜欢20岁左右的男人。当然，也有部分女人表示："男大女小更有安全感，更受疼爱。"这两个观点，我们不能否认其中的一个，也不能完全地支持其中一个，因为涉及每个人的个体差异，很多事情是不能绝

对化的。

现代社会姐弟恋仍然未被普遍接受，传统的男大女小的模式在许多人心里依然是根深蒂固的。因此，可以说姐弟恋是困难重重的。男人的成熟程度是姐弟恋存在的一个很大矛盾，爱上年龄比自己大的女人的男人通常是不成熟的，男人太年轻，很多人没有爱过，他们热情、单纯，不懂女人，不懂爱情，不懂生活，因为这样的不成熟才让他们的爱变得单纯和美好。然而，一份长久的感情，必然是发生在两个成熟的人身上，换而言之，恋爱开始时男人可以不成熟，但长久的感情需要男人成熟。如果男人在恋爱中能很快成熟，很快适应社会，很快找到自己的位置，很快明白什么才是自己最想要的，那这段感情还是可以继续的；反之，则会淹没在生活的洪流之中，最后这段感情也会走到尽头。

马伊琍和文章这段姐弟恋在娱乐圈引起了不少轰动，很多人表示不太看好，其间也传出两人婚变、文章出轨，但如今两人已经育有二女，而且生活得蛮幸福。

对于外界对自己婚姻的猜测，马伊琍说："我的心态是看过就一笑，我当外面的评论是透明的。婚姻本来就是两个人自己的事情，如果被外界知道了，外界怎么评论是外界的事情，最终还是两个人如何相处。无论是姐弟恋，还是老夫少妻，还是夫妻年龄相当，两人在婚姻中一定会有矛盾，夫妻模式附加在婚姻上面，这跟婚姻本身没有关系。像我这种人，特别不在乎别人的眼光，我不希望人家特别关注我，那问题就很好解决，而且这些有时反而会成为一种动力，你们越是不看好，我们就越是把日子过得好好的。"

如今，马伊琍和文章是娱乐圈里公认的模范夫妻，2008 年马伊琍挺着大肚子在长春电影节"封后"，文章深情款款地来信说："老婆，我要努力赶上你的步伐。"有记者赞马伊琍有帮夫运，她则淡淡地笑说："大概每个女人都希望如此吧！"她用"好棒"这两个字总结了文章近年来的努力，虽然简单，却不难看出作为妻子的她欣慰丈夫的成功。马伊琍坦言："演员、母亲、妻子这三个角色我做起来都不得心应手，只能在实践中慢慢摸索，好演员是导演给我的评价，好母亲是女儿给我的评价，好妻子是丈夫给我的评价，为此我必须一直努力。”

马伊琍和文章的姐弟恋成功地走到婚姻，当然，跟每个家庭都一样，幸福的婚姻在于两人的经营。在这个过程中，他们也遭遇了不少外界的压力和内部的动荡。在目前的社会中，姐弟恋尚未被完全接受，我们看到过太多的心酸故事，也看到了许多棒打鸳鸯的悲惨结局，他们所受的煎熬，所承受的痛苦，所经历的挣扎，都是外人难以理解的。而且，外界的压力会通过内在因素起作用，外界的压力常常让两人产生分歧，无法以共同的立场和态度应对挑战，最后的结果可想而知。

1.长久的感情在于两人的坚持

我们所看到的那些幸福的姐弟恋中，都有一个真正成熟的男人，他们承担起了作为男人的责任，给了女人坚实的依靠，撑起了一个家。当然，男人从不成熟到成熟，这是一个不容易的过程，因为一个人的成熟通常需要经历很多东西，需要时间；而姐弟恋的问题在于，女人通常无法等得太久，最终这段感情就被扼杀了。其实，想拥有长久的感情，完全在于两个人的坚持。

2.选对人才能幸福

女人如果选择了姐弟恋，在坚持之前，需要审视这是否是自己真的需要的，自己是否选对了。如果你所找的比自己小的男人是一个形同于才断奶的“男人”，那你之后的日子将过得很艰难。如果他身上全是孩子气，没有一点作为男人的特性，那最好是慎重选择。有的男人是永远没办法长大的，因为他习惯了受到比自己年纪大的女人的呵护，如果你真的选择这段感情，是否能承受住以后生活的痛苦，这是一个值得思索的问题。对女人而言，不管是年纪大小，都需要选对，不能只顾眼前，而需要考虑未来的幸福。

有过婚史的男人未必不是好男人

有人说:"离婚男人是个宝。"似乎,离婚男人丝毫不减魅力,反而成为了香饽饽。不过,对于未婚的女人而言,听到对方是离过婚的男人,往往会被吓到,在她们看来,似乎只有嫁不出去的女人才会选择离婚男人。其实,并不是这样,许多女人对有过婚史的男人畏惧,那是因为她们并不了解这样类型的男人。据统计,离过一次婚的人再次离婚的比率很低,如果按照概率选择的活,寻找那些离过一次婚的男人比未婚者似乎更不容易离婚。据一项调查发现,离婚男已经成为23~25岁未婚女性的结婚对象首选,在被调查的一万名女人中,有七千多人愿意嫁给有过婚史的男人。不过,最受欢迎的是离婚无小孩的男人,而那些带有小孩的离婚男人却让部分未婚女人却步,因为谁都知道后妈不好当。

我叫小陶,我的先生是一个离婚男人,也是一个四岁女孩的父亲,我之前未婚,在一家公司做会计。在结婚以前,好朋友很严肃地对我说:"你看,他有个女儿,即使现在不在身边,以后也会有纠缠不清的麻烦。"好朋友比我年长很多,我相信她说得很有道理,但这样的道理一遇到了爱情,就逊色多了。我很爱他,他看上去英俊潇洒,而且有着很好的修养。当我把他带回家的时候,母亲只说了一句:"我相信我的女儿,她会对自己的选择负责的。"虽然,母亲没有反对,但我从她的眼神中还是感受到了一丝担忧。

结婚后,我们过着很恩爱的小日子,他并没有以前生活的影子,我从他的眼睛里不经意的注目可以看出他对我的珍爱,他不喜欢做饭,我就努力做一个好妻子。周末,他要去看女儿了,我就准备好了礼物,站在阳台上,看他急促的脚步消失在转角处,直到什么也看不见了,我的心里一下子就空了。我爱的究竟不是一个完整的男人,他在爱我之外,还有一个女儿。偶尔,会为此而找他吵架，他总是搂着我说：“我想好好待你，好好地对待我们的婚姻，可是有时我也不知道该怎么做才好。”我听了心里一紧，在婚姻上，他已经失败过一次了，他并不知道接下来该怎么办。

后来，等我自己有了孩子，才知道他对孩子的那份爱，我主动提出：“把孩子接回来吧。”就这样，我成为了两个孩子的妈妈。虽然，我们也常常为家庭琐事而吵架，但听着孩子的声音，看着先生的面孔，我会觉得很幸福。

有人说：“谁的人生都是有漏洞的，在弥补漏洞中快乐地生活才是智者。”我突然醒悟，婚姻不也是这样吗？我们所过的生活，很少是我们梦中期待的样子，总是比我们想象的有不少的差距。

先生说：“我第一次婚姻就是感到漏洞太多，所以我想再找一个女人，但还是有许多烦恼，人就是这样，总以为下一个是完美的。其实，只要拥有和所爱的人一起弥补漏洞的耐心，才算是成熟了，才有资格生儿育女。”

有人说：“离婚的男人就像回锅肉，在经历了前次婚姻的滚水灼烧，再遇到新恋情和爱人时，必定会比那些没经历过婚姻的男人要成熟和包容得多。”而且，有过婚史的男人，让女人省去了教化的时间和步骤，没有哪个男人女人不是因为忍无可忍才离婚的。都说女人是男人最好的学校，如果说恋爱是九年义务教育，那婚姻就是四年大学教育，而有过婚史的男人就相当于研究生毕业。有过婚史的男人，他们大多已经被改造过，自然会比那些未婚男人更懂得女人，更懂感情。有人说：“淘男人就好像淘古董，凡是极品都需要经过时间的打磨。”当然，这并不是绝对的，离婚男人也有许多弊病，关键在于女人自己需要擦亮眼睛，选择对了，才能让自己幸福。

1.对待离婚男，多一点爱

离过婚的男人，感情多半比较脆弱，他们对待感情更加慎重，甚至吝于付出，如果你想让他重新相信婚姻、接受婚姻则需要更多的努力。对此，如果你想跟一个有过婚史的男人结婚，那就需要多一点爱，让他相信你的真心，这样才能彼此真诚地相处下去。

2.看清楚对方的本质

评判一个好男人的关键，其实并不在于这个男人是否结过婚，重要的是你需要擦亮眼睛。他会不会送花，会不会甜言蜜语，会不会每晚打电话，那其实都是外在的。你所需要观察的是他人品是否善良、心胸是否宽广、才能是否卓越、待人是否宽厚、生活是否富于情趣、是否幽默，这才是关键。

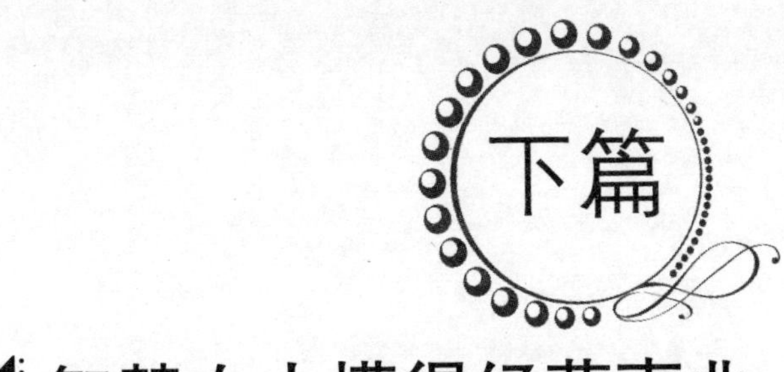

下篇

智慧女人懂得经营事业，嫁得好更要干得好

第9章

用事业改变命运，女人嫁得好更要干得好

的确，任何一个女人都有一个梦想，那就是嫁个有钱的男人，因为嫁得好，她们就可以免了奔波之苦。但并不是所有的女人都可以那么幸运，可以像灰姑娘一样嫁给王子；并且，事实是，婚姻中有太多不稳定的因素。一个女人无论嫁得好不好，把握人生、决定自己命运的，也永远只有自己，把命运寄托于男人身上，很容易被男人、命运抛弃。而如果你正在从事一项迷人的事业，那么，你的人生才是充实的、激情澎湃的！

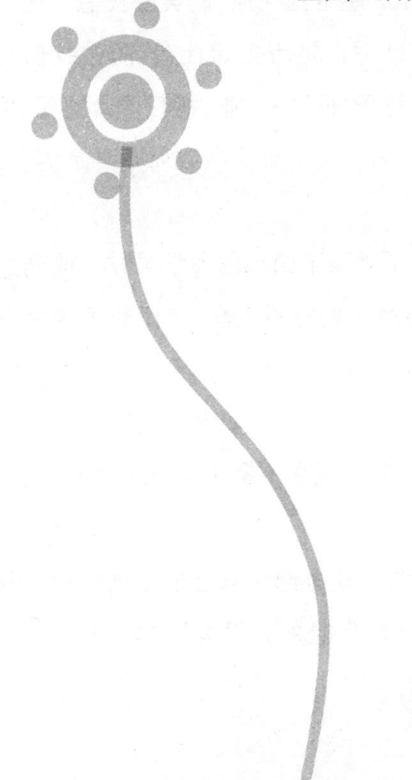

女人嫁得好固然好，干得好才更好

曾经有一个电视节目，访问了很多不同年纪、不同阶段的女人，有人说嫁得好幸福，有人说干得好幸福……“女人到底是嫁得好幸福还是干得好幸福”这个问题一直是女人们经久不衰讨论的问题。似乎“干得好不如嫁得好”、“嫁个有钱人”等是女人们一直以来的宣言，但如今这个观念受到了强烈的冲击和挑战：越来越多的女性认为，成功不再只属于男人，女人可以比男人干得更好。

的确，多少年来，女人的名字总是同弱者连在一起。因为在很长时间里，女人都是以家庭为中心，没有自己的事业。“从来没有什么救世主，全靠我们自己！”今天改革的洪流，为女人们提供了广阔的天地，人们的价值观也在不断地更新。丈夫们已开始对妻子发出“愿她比我强”的美好祝愿。在这样的大好契机下，女人成才的主要敌人已不再是历史和社会，而是我们自己，女人们开始找到自己的价值，开始投身于自己的事业，她们开始发现，事业是一个女人人生最华丽的背景，女人的名字因为事业有成而不再是弱者，她的名字应该是——自信！

五年前，在众人的祝福下，吴丽嫁给了她谈了四年的大学男友。谈到这个男人，很多女性对吴丽是羡慕有加，吴丽长相并不出众，却俘获了这个少女们心中的白马王子。而最重要的是，这个白马王子也是个“宝马王子”，因此，毕业后，朋友们都劝吴丽别出去找工作，安心做全职太太。但吴丽并不这样想，她认为，自己大学毕业，不能把青春都耗在了家里。对于她的想法，丈夫是支持的。

后来，丈夫在继承家族事业的同时，吴丽也办起了自己的培训机构。刚开始，因为办学经验少，机构出了很多问题，但吴丽并没有把这些事情告诉丈夫，而是一个人扛了过来，而现在，她的事业已经做得相当出色，因此，常有朋友对她丈夫开玩笑说："你可得当心了，说不定你家媳妇儿什么时候就把你们家的公司吞并了。"

案例中的女主人公吴丽就是个事业爱情双丰收的人，不仅嫁得好，更是干得好。的确，现代社会，女人可以和男人一样有自己的事业，不是喊口号，不是为了成为女强人，而是为了证明女人也是同样有价值的。

真正幸福的女人，都是多面的女人。男人口中的"出得厅堂，进得厨房"就是这个意思。他们更希望自己的妻子是一个职业女性和家庭妇女的综合体。一个在外面交际广泛、工作能力强的女性，回到家里又能把丈夫、孩子照顾好，这样的女人，男人都会爱的，也会尊重的。事业、爱情双丰收，是每个女人的毕生所求！

那么，如果你已经是个嫁得好的女人，该怎样做才能也干得好呢？

1.要有事业心

一个有梦想的女人，不会把身心都放在丈夫和家庭上，而是有自己追求的事业，要走自己的路，那样就不会成为男人的附属品。俗话说：自古红颜多薄命。女人的"薄命"并不能全怪男人，从古至今有那么多的红颜，因她的容颜而成为男人的附属品，才导致命薄；如果她们再自信独立一点就不会"薄命"了。一个女人有自己的事业，有独立的能力，也就自信了，就会变得美丽。

2.抓住机遇

生活中，很多女人不善于培养自己发现眼前机遇的习惯，总以为机遇远在他方。能拼、能赢者都是有心的人，都是善于发现和抓住稍纵即逝的机遇的人。一个女人可以奋斗的时间并不是太多，但是，如果你能认真留意生活中的每个细节，开动你的大脑，可能就会找到灵感，就会找到使事业成功的机遇。

3.不怕困难

曾经彷徨，曾经失意的你，也许曾在工作上、事业上遇到了难题，碰到过

困扰，这都是正常的，只要你不气馁，再坚强一些，再自信一点，那么，那些所有暂时的困难，都会悄悄地离你远去。那些看似困难的东西，有时候却成为考验自己的好机会。主动地找寻，才不会放跑它。

总之，作为一名新时代的女性，一定要从家庭中解放出来，大胆地追求自己的事业。你要记住，没有怀才不遇，只有寻找机遇，不要放过每一次机会！生活和工作中到处充满着机会，这些机会带来成长的养分，带来勇敢，培养品德，赢得朋友！

一份安稳的工作为女人提供基本的生活保障

原始社会中，人类处于母系社会，女人成为了家庭主要的生产力。随着社会的发展，男性取代了女性在家庭中的地位与在社会中的生产力地位。虽然我们这个社会已经实现了法律上的平等，女人也可以顶起半边天，但是女性在法律无法辐射到的地方依旧遭遇一定程度上的歧视。如果女人也能够积极主动谋求自己的事业，能在经济上独立起来，或许遭遇的歧视会少一些，而且还可以在赢得尊重上更加理直气壮。

当然，很多女人都有“嫁给有钱人”的梦想，这意味着她们不用为生计奔波，不用工作，意味着衣食无忧，但任何时候，这种想法都是危险的。因为在经济上对男人太过依赖，会让你在家庭生活中陷入劣势。退一步想，万一感情破裂，那么，你将连生存的能力都没有，就是因为这样，许多过于依靠男人的女人最后都只能委屈成全，忍受家庭的苦难折磨。女人经济独立是保持人格独立的前提，更是保护自己的最有力保障。这就是为什么那些敢于离婚的女人都是一些高收入与高学历的女人，因为她们有生存能力，离开男人，她们同样可以找到自己的社会角色，实现自己的价值，她们同样是强者。女人一定要明白，一份安稳的工作是女人的基本保障。

曾经有个事业有成的女人说：

“我是一个农村长大的女孩子。小时候，我就一直梦想着嫁给有钱人，后来，我的梦想实现了，但我一点也不幸福。其实，直到现在，我身边也有这样的女人，她们很年轻，有些甚至30岁都不到。这张饭票在我看来，并不保险，我既担心会过期，也担心会作废。婚姻绝对不是我们女人的终生保障！还有更可怕的，年轻时夫妻双双拼下不菲家财，但当女人为了孩子选择回归家庭、牺牲事业后，当女人开始变成黄脸婆时，男人想独霸家产，把黄脸婆休了。其实我们除了谴责男人的没良心外，女人是否想过，我们是否太过于相信男人这张饭票了呢？”

她的说法是完全正确的，作为一个女人，如果我们依赖饭票过日子，当这张饭票作废时，就意味着一切从头再来，但当那时，你是否还能在职场像年轻时那样富有竞争力呢？如果有一天发生意外，有没有能力自给自足，有没有能力一个人负担孩子的未来？

在一本叫《女人一定要有钱》的书，它的作者是美国主妇茱蒂·瑞斯尼克，她强调：“女人要青春，要魅力，要遇见好男人，更要有钱才会幸福。”女人从来不替自己的未来生活作打算是很危险的事。作者在书中强调：“聪明的女性寻觅的是一个温馨和充满关怀的伴侣，而不是长期饭票。”她说：女性必须认识到，白马王子早在20世纪50年代就绝迹了，而且职场不是一个公平竞争的地方，如果女人完全依赖别人，可能导致个人健康和财富的损失。

其实，女人如果尽早学会使自己经济独立，为没有依赖的日子做好准备，那么命运就可以掌握在自己手中。而且，要与时俱进，不断使自己魅力永存，尽可能打扮得体，使婚姻生活充满新鲜和浪漫。

女人能年轻多久？可以无忧无虑多久？身为依赖成习的女性，有时候我们该思考，如果将来我们年老色衰，那男人还靠得住吗？如果有一天发生意外状况，我们有没有能力自给自足？总有一天我们必须靠自己想办法过日子，只有自己才能保障自己的未来。因此，女人要有钱，并不是要只求享乐，而是生命的尊严。

为此，你需要做到以下几点。

1.有一份自己的工作

即使你现在衣食无忧，经济条件很好，但你也应该有份工作。这样，你才不会与社会脱节，也不会让男人觉得你落伍了。很多婚外情的出现都是因为妻子整天围着老公和孩子转，不修边幅而导致男人产生审美疲劳。而从另一个方面说，女人有一份自己的工作，也是为自己留有余地；经济独立，才会真正平等，才不会产生依赖性，一旦有变故，才能从容面对！

2.要有自己的储蓄

有工作才有储蓄，工作得越早，储蓄也就越多，就越能在能力范围内牺牲物质享受，学习精打细算，为未来作准备。不甘于贫穷才能有机会拥有真正的自由。当然，绝对不可以为了金钱而不择手段。

3.为男人分担一些经济负担

不是所有的女人都能嫁给一个家境殷实的男人，对于普通的家庭来说，你应该为丈夫分担一些经济压力，最起码不用靠男人养活自己！

因此，女人应该有一份安稳的工作，有经济来源，并要学会储蓄，尽早起步，从现在开始，做个经济独立的自主女人吧！新时代的女人不能完全以家庭为中心，只有先从经济上独立，然后才能有人格独立和尊严，你才能自在地享受美丽青春！

始终掌握在自己手中的只有事业

很多女人认为，自己就应该相夫教子，以家庭为中心，做个贤妻良母，这才是一个女人的任务与责任。于是，这些小女人在家庭中觉得自己很幸福，做一些力所能及的家务事。就算曾是学校、社会中的得力干将，但是自从有了婚姻，她们就选择躲在老公的肩膀下过着安逸的生活，时间飞逝，渐渐被家庭阻断与外界的联系，自己也会慢慢被社会淘汰。但她们没有想到的是，未来总是无法预测的，随着时间的推移，婚后女人开始变得越来越老，失去了往日的魅力，而对于男人来说，却迎来了事业的高峰。于是不同的生活环境的变化，导致了彼此之间矛盾的增多，男人开始厌烦女人逐渐老去的容颜，而女人也发觉了男人的变化。于是，婚姻危机即将爆发，到最后，女人除了奉献的青春，毫无所获！

曾经有位女企业家这样说："今天，情感已经变得相当不稳定。把成功寄托在男人身上的女人，将可能品尝苦果。自己的事业，只要努力，多少都会有收获，至少，事业不会背叛你。"

因此，聪明的女人们，你必须要记住一点，婚姻可能有变故，感情可能会淡化，唯有事业掌握在自己的手中。你一定要有一份工作，有稳定的收入，只有经济上的独立才能保证人格的完整。不要听信男人的话，说什么"你在家享福，我来养活你"，当他把钱放在你手上时，你会觉得他像在施舍一个乞丐，你一点尊严都没有。

萍萍曾经被大学同学评为系花，加上能歌善舞，是男同学心中的女神。毕业后，她到了一家报社。由于勤奋和悟性，萍萍在两年内便成为在业界颇有名气的时尚编辑。

这期间，她认识了一个房地产商。他离过婚，并且有一个 5 岁的小孩。他不是萍萍心中的"白马王子"。但房地产商认准了萍萍，他用成熟男人和成功男人的气势征服了萍萍。而萍萍也在亲朋好友的鼓励下，一帆风顺地嫁了个有钱人，收获了一大堆艳羡的目光。同学们都说萍萍是个成功、幸福的女人，萍萍自己也觉得幸运。在老公的要求下，萍萍辞去工作，在家做起全职太太，相夫教子。

老公早出晚归，寂寞是萍萍白天的主题；接送孩子上学放学，是萍萍唯一的活动；不喜欢打麻将、斗地主的萍萍常常在空荡荡的别墅里发呆。为了打发时间，她甚至辞去保姆，自己做清洁、做饭。但这样一来，连个说话的人都没有了。

一晃就是四年。原来生机勃勃的萍萍变得无精打采。就在此时，萍萍觉得老公有了变化。先是经常凌晨三四点才回家，后来竟夜不归宿，并且没有任何解释。有朋友曾经委婉地提醒她要注意一下老公的行踪，但萍萍总是善解人意地说他很忙很累，有些应酬身不由己。

直到有一天，百无聊赖的萍萍和朋友去逛街，无意中看见老公挽着一个年轻靓丽的女子，萍萍才如梦初醒。原来老公早在一年前便包了“二奶”。

痛定思痛，萍萍选择了离婚。

拥有以前的工作基础，萍萍迅速打探到一个服装品牌欲进入重庆市场，便动用一切资源争取到代理权。

萍萍全身心地投入到自己的工作中，常常忙到很晚，销售额日渐增长，萍萍很开心。萍萍制定了更详细的营销计划，向厂商争取到成都、昆明市场的总代理权。

如今，萍萍不仅在事业上如鱼得水，还越来越年轻美丽，白马王子也来到了她的身边。

萍萍的故事给生活中的很多女人敲响了警钟。的确，我们发现，很多女人会为了爱情和婚姻放弃自己的事业。女人有怀胎十月之苦，这样的怀胎十月对女性的事业是多少有影响的，但是这是无法避免的。当然在家庭与事业面前，许多女人都很难做到两全，而往往许多女人在婚后生儿育女的时候选择为了家庭而放弃了事业，这也不是明智的选择。教育与呵护孩子长大成人，应当是男女双方的事情，白天孩子在学校学习，女人则可以将多些心思投入到事业中。不想让自己的妻子拥有事业的男人是个自私的男人，不想让自己投入事业的女人仅仅是个懒女人。在家庭收入主力的位置上，应当能者居之，而不应有男女之分。

当然，女人要有自己的事业。这里所说的事业并不是指你非得要做出惊天动地的事，而是你应该有一份自己喜欢做的工作，将喜欢的事持之以恒地做下去，做好，并能供自己生活的来源，即使不足以完全解决自己的生活来源，在精神上也尽可能地做到独立。

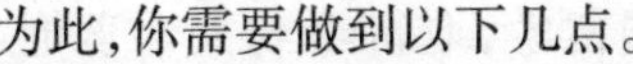

为此,你需要做到以下几点。

1.要自立、靠自己

作为一个女人,你要记住,决不能靠男人,靠得住的永远只有自己,因此,不要给自己的不自立找任何的借口。你的生活重心可以不在自己,但必须把自己的生活重心掌握在自己的手里;你也不要把家庭的责任全交给男人,你也需要撑起半边天。

2.最好也要先立业后成家

当今社会,女人也和男人一样接受高等教育、凭本事吃饭,一个家里的两个人很平等,地位平等、责任也平等。因此,女人在结婚前,如果你想嫁个优秀的男人,那么,你首先要让自己变得优秀起来,所以也要先立业后成家。

总之,女人如果想更好地关爱自己,更应当有自己的事业。岁月匆匆,人生短暂,身为女人,面对激烈的社会竞争、紧张的生活节奏、复杂的人际关系,如何活得精彩,都和女人是否有自己的事业有直接的关系!

智慧女人方能成就自我

女性一度被认为是弱者,是男性保护的对象,这也就导致了中国几千年男尊女卑的社会状况,究其原因,是与女性对自身的定位有关系。生活中,一些女性总把自己定位于男性的附属品,应该依附于男性而存在;也有一些女性,她们固然渴望成功,却经不起成功路上的磨难,一遇到挫折和磨难,就伸手向男性求助。其实,女性,必须明白,你是个独立的个体,人生的路只有自己走过,只有经过磨炼和挫折的人才能"焕然一新",才能真正感受到生活的乐趣和意义。女人,也要做一个能成就自己的智慧女人,在拼搏中享受生活,也许是你人生历程的一道特殊风景。

十二年前,闻名南台湾的"帝国大饭店"董事长陈锦泉在自家的豪宅里

发怒，因为自己的掌上明珠陈文敏负笈美国留学，取得纽约大学学位之后，竟然进入一家老美开的大饭店里洗厕所，几个月后，女儿还高兴地来信："老爸，我已经成为带位小姐了。"想着女儿在异乡成为比服务生还卑微的带位小姐，陈锦泉就快抓狂了。

出身富裕之家，从小生活不虞匮乏的陈文敏，因为年少时的梦想，甘愿在美国的大饭店中从事洗厕所的工作，并以此一步步走上餐饮总部总监的位子，最终以东方女性的身份打进纽约上流社会。

这是为什么？因为勤奋、细心、灵活，使陈文敏顺利从带位小姐当上领班。

有一次，一位名人来饭店吃饭。该名人所到之处均会引来大批媒体跟踪，安全与隐秘是最重要的事。陈文敏本能地问："有多少随从？"安排这种政治人物的位置非常讲究，陈文敏说："一定要安排在门口的对角斜线，让他面向大门，背靠墙壁，左右与前面三桌均安排安全人员。"同时，用餐的花费她也设身处地为他着想。

陈文敏说："企业人士比较有钱，餐点可以建议较高级的，但是卸任的政治人物，要为他们考虑花费。"于是陈文敏非常细心、又很体面地让那位名人在这家大饭店完成划算又有面子的宴会。

不仅仅是一两个名人，此后整条华尔街的知名总裁与执行长，全都非常喜爱陈文敏，包括美国运通的执行长罗宾森、中东银行总经理雷夫、国际投资公司总裁贝克，甚至各国驻纽约的大使们，也都成为她的好朋友。有的客人会宁愿花时间等候陈文敏来上班。

陈文敏回忆，有一次，一位女士单独走进来，仔细一看竟然是巨星茱蒂·福斯特。茱蒂很严肃，不爱讲话，陈文敏一眼就判断茱蒂是很有个性、不喜欢被烦的人。接着，陈文敏利落地把她引到角落，前面还有一棵植栽遮住。

茱蒂吃得很清淡，不喜欢油腻，另外也喜欢纽约歌剧。大概被陈文敏的细心打动，茱蒂·福斯特后来也常来饭店就餐，但总是一个人。陈文敏利用机会让她知道自己也很喜欢歌剧，所以茱蒂有时会邀请陈文敏一齐坐下来聊一聊，询问纽约的歌剧近况。

因为表现优异，有工作狂之称的陈文敏在当了一年半的领班后，28 岁便成为餐厅部门的经理，创下纪录。34 岁，她又进一步升为餐饮总部的总监，掌理六个餐厅。她因此成为《纽约客》杂志以及《纽约》杂志的新闻人物。

不到十年时间，陈文敏已打破竞争激烈的纽约五星级饭店业中多项纪录，成为最年轻的经理、最年轻的总监以及上流圈中闻名的"WM 宴会公司"老板。一位台湾来的女性，打入纽约上流社会，成为前美国国务卿基辛格、华尔街银行总裁们以及巨星麦克·道格拉斯、茱蒂·福斯特等名流的好友。现任"纽约国际管理顾问公司"总经理的陈文敏，写下了她人生中一段传奇的"纽约之路"。

从陈文敏的故事中，我们看到了一个女性善于运用自己的优势——细腻，为自己争取到了一份成功的事业。

然而，我们都知道，智慧是后天的修养。智慧的女人之所以能从容地打理自己的人生，就是因为她们站在一个高度：她们的生活是属于自己的，而不是受人支配的。

因此，如果你希望做一个智慧女人，那么，就必须敢于拼搏，有为事业奋斗的决心和行动，为此，你需要做到以下几点。

1.有独立的思想

智慧的女人有自己的思考方式和为人方式，在追求自己的事业时，她们更是如此，不会不人云亦云，不为潮流所动，始终淡定从容。

2.清楚自己的人生地图

女人固然应该结婚生子，但一旦放弃手中的任何一项事业，就再难回头。所以女人即使相夫教子，也要时刻准备着自己事业的回归。我们没必要去抱怨世界的不公，重要的是，要清楚自己要什么，何时要，放弃什么，何时能再捡回来。人生地图就是在你心中的这一规划。

3.不要期望别人改变你的生活

勇敢改变自己的女人是勇敢的，也是成熟的、睿智的，她们不会因循守旧，更不会把改变生活的愿望寄托在别人身上，也不会抱怨生活的不公，而是敢于迎接生活的挑战，相信这样的女人必当拥有别样的、美丽的人生。

别奢望通过婚姻改变命运

曾有媒体报道，某省某学校的女大学生们不忙就业却忙征婚，一时间引起了人们的关注，对此，女大学生们自己的回答是："这在我们学校已经不是什么秘密了，包括一些大一大二的学生。"女大学生们之所以如此未雨绸缪，主要是因为她们希望通过婚姻改变自己的命运，并且，对于结婚对象的标准。她们也有明确的标准，比如有房有车、有稳定工作等；而对方的性格、人品则通常不在考虑范围内。于是，有人产生疑问，女人的幸福归于何处？女人们都幻想着能够养尊处优，难免感慨"干得好不如嫁得好"，敢问钻石男人又在何方！

那么，"干"与"嫁"的比较，究竟哪种方式才能真正帮助女人们改变自己的生活质量呢？难道真的是"婚姻改变命运"吗？

关于这个问题，细究一下，其实就是女人到底是靠自己还是靠别人的问题。当然，对于渴望靠别人过上好生活的人，我们并不能反对和阻止，毕竟这是一个多元化的社会。如果谁都能找到幸福的捷径的话，这样又有什么错？但问题的关键是，并不是所有的女人都能通过"婚姻改变命运"！

实际上，撞上钻石王老五的概率与中奖的概率相差无几，而彼此能最终走入婚姻殿堂的几率更是少之又少。再者，现代社会，女性同样也和男性一样接受过高等教育，也有自力更生的能力，完全可以靠自己的头脑和双手过上自己想要的生活。如果你首先能"干"好，那么，"嫁得好"便容易得多。

"做人难，做女人更难，做名女人则是难上加难"，现在这句话已经被改成“干得好难，嫁得好更难，要想既嫁得好又干得好，则是难上加难。”一部分女性贪图享受，于是动了“干得好不如嫁得好”的念头。但那些受过高等教育的独立女性们，谁又不想拥有独立的人格，自由支配自己的财富呢？

因此，一个真正聪明的女人，是不会把命运交给男人的。她们有着独立的个性、独立的事业，她们努力工作着，怀有一种平静的心态，和真爱自己的人共同成长，这样的生活才是幸福的！

在《福布斯》杂志2000年度公布的中国内地50位拥有巨额财产的企业家的名单中，年轻的阎俊杰、张璨夫妇因拥有1.2亿美元的财富而名列第23位。另据《粤港信息日报》报道，张璨名列由有关部门策划并组织的“当今中国最具影响力的十大富豪”之一，是十大富豪中唯一的、也是最年轻的女性，在这份资料中，张璨的个人资产超过了25亿。

张璨是北大金融系的学生，可在她读大三的时候，却被注销学籍，勒令退学。原因是有人举报，3年前她第一次高考时曾考上东北某大学没有就读，她第2年又考上北大。按当时的规定，有学不上的考生必须停考一年。退学事件对张璨造成巨大打击，她只有到处打工。后来，张璨和丈夫正式下海，开始创业的时候，几乎是一穷二白。那时候他们自己组装电脑，经常熬到下半夜两三点。张璨和丈夫挣到的第一笔大钱是从沈阳一家废品仓库里挣的。1987年初，他们赚了5万元，这在当时可是一笔了不起的大钱。依靠这点积蓄，他们开始和别人一起办公司。1988年，由于和公司董事会之间出现矛盾，张璨和丈夫一起退出了公司，开始了第二次白手起家，这期间他们做了很多的尝试。1992年，张璨和丈夫重新回到电脑行业，注册了后来的达因公司。张璨夫妇建立达因公司不久，就从一个基金会借到300万元人民币。由于张璨的聪明、机敏而又踏实苦干的风格，他们的公司后来被美国康柏公司看上，成了康柏在中国市场的总代理。

在张璨高中毕业的时候，有同学给她的赠言便是这样一句意味深长的话：与众不同的经历，造就与众不同的道路。的确，她的成功是她奋斗的结果，在这个过程中，她与丈夫一起努力、同甘共苦，积累了深厚的感情，他们

的这种感情是婚姻幸福的基础！

现代社会的女性们，你们不妨试想一下，在当今这个竞争激烈、人人努力充实自我的年代，如果你的依旧幻想着什么都靠男人，又拿什么吸引异性且赢得异性的长久青睐呢？仅仅是美貌吗？容颜易老，也并不是所有男人都只专注于女人的容貌。再者，这个世界上不是每个人都有钱，如果每个女人都这么想，那世界上有很多男人都要打光棍了。因此，我们需要记住，渴望拥有财富并没有错，但一定要靠自己的双手取得，每个人都希望自己的生活舒适，特别是女人，但这种舒适如果建立在依靠他人的基础上，实在不保险。要想改变自己的命运，就必须要靠自己，靠事业！正如杨澜所说："这世间，女人的美丽有千万种：纯真善良、温婉可人的女子是美的；端庄秀丽、稳重大方的女子也是美的；披上婚纱，成为新娘的女人是美的；初为人母，相夫教子的女人也是美的……然而，在我看来，这一切还不够，必须有一份工作，女人才算完美。"

全方位了解自己，找到适合自己的职业

我们都知道，工作在我们的人生中占据了大部分最美好的时光。比尔·盖茨有句名言："每天早上醒来，一想到所从事的工作和所开发的技术将会给人类生活带来巨大的影响和变化，我就会无比兴奋和激动。"现实生活中的女人们，可能你认为自己的工作谈不上是"惊天动地的事业"，但请问，你现在的工作适合于你吗？如果它适合你，你就会死心塌地地热爱所做的工作，就能产生火热的激情，每天都会在工作中全力以赴。久而久之，持续地努力付出自然会有回报，你将因出色的表现获得巨大成就。而如果工作不适合于你，则你的工作热情不高，工作业绩不高，必然会失去继续前行的动力。

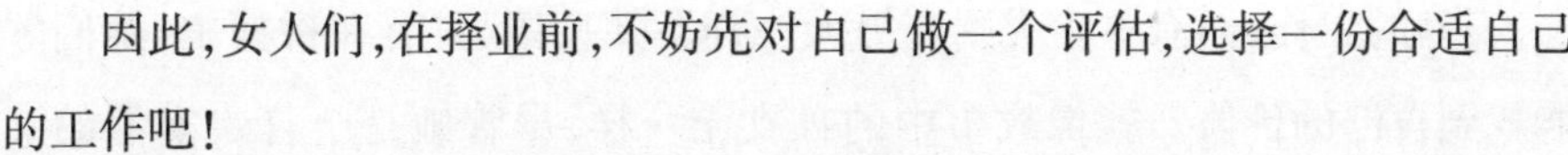

因此，女人们，在择业前，不妨先对自己做一个评估，选择一份合适自己的工作吧！

孙女士是一个典型的事业型女人，但同时，她又是个不喜欢喧闹的人。2003年，她开了一家自己的茶楼，很多朋友问她为什么做这行，她的回答是："我喜欢安静的氛围，边听音乐边喝着茶，那么，所有的生活、工作的压力也都不翼而飞了，所以我觉得开这个茶楼能让客人心神安宁吧。"

的确，开业至今，孙女士的茶楼在圈内已小有名气，黑白色调，纯正的法式美味，大厅里有一面偌大的书墙，清淡的书香与法式气质融为一体。认识她的人都说，孙女士像极了她店内墙壁上所画的女子：安静、温柔、追求完美。

但她似乎又总是充满能量，总是不知疲劳地工作。

对孙女士来说，最快乐的事情是早上起来，出门之前看着儿子在楼下玩耍，因为她要到深夜才回家。"我希望客人在第一时间里就能感受到我们准备好的一切——干净的空气、新鲜的花、清澈的玻璃窗、没有味道的卫生间……"孙女士总喜欢亲自招呼客人，"我所做的全部都是站在客人的角度上，把自己当成一个客人去挑剔。"

无论在什么时候，孙女士都是一个工作狂：以前作为公司的部门经理，每天工作时间常常超过8小时，精力旺盛，喜欢挑战；自己做老板了，还事必躬亲。"我只要一工作就感觉非常满足"，孙女士说："我觉得我是属于压力型的，压力越大工作越出色。"

孙女士说，追求成功跟女人逛街购物的道理是一样的：永远不会有完全达到的目标，永远没有满足的时候，购物的乐趣在这里，追求成功的乐趣也在这里。"我不是一个家庭式的女人，但是每当看到儿子的成长，我自己都会觉得自己需要更大的成功。以前打工只是累积，现在自己才真正开始经营一个事业，这是新的起点。"

的确，尽管每个女人都知道自己应该有一份独立的工作，但并不是每个女人都适合和男人一样驰骋于职场、商场，有些女人更适合于从事一份稳

定、安静的工作；而有些女人则和男人一样不知疲倦，只有在拼搏中，她们才能找到自己的价值。就像故事中的孙女士一样，尽管她是个喜欢安静的女人，但她更喜欢安静中的忙碌，因此，她选择了开茶楼，而事实证明，她的选择是正确的。

总之，现实生活中的女人们，如果你想快乐地工作，那么，就要先了解自己，只有从事自己真正合适的职业，才能以良好的心态来享受工作带来的乐趣！

为此，你需要明确以下几个问题。

1.择业时，不要忘了兴趣

如果工作在某些方面真的令你缺乏兴趣，那么，就不要强迫自己每天在工作的时候保持微笑。一般情况下，如果你真的不喜欢自己所做的事情，对它缺少积极性，那么这是不值得的。不管你得到的薪水有多高，不管你的职业生涯攀上了多少高峰，都是不值得的。

如果你并不了解自己的兴趣所在，你怎样才能挖掘出它们呢？有很多方法可以做到这一点。例如，在你目前的工作中，你最喜欢它的哪些方面？是和他人共处，还是不和他人共处？是智力挑战，还是解决问题或者某个问题在某一天结束的时候有了具体答案的满足感？

2.求职中不要把金钱看得太重

金钱是永远赚不够的，因此不要再用金钱来当做借口。李开复曾经说过："机会远比安稳重要，事业远比金钱重要，未来远比今天重要。"他提出，找工作应该综合考虑：条件、天赋、学习。第一个工作最重要的是学习，在求职的过程中永远不要停止学习。他说："因为学校给你的训练不能够让你马上在工作中上路。你应该找一个入职后可以多学技术和知识的公司。"他认为大学生在求职中首先要打听一下："公司是否支持员工学习，还是只会压榨员工的劳力；公司有没有提供很好的培训。"

3.敢于问自己：我做这份工作值得吗？

在工作中，如果你发现：你已经找不到令你感兴趣的部分，或者你发现自己正在与自己当初设想的目标越行越远，那么，你应该考虑也许并不是这份工作已经不适合自己，而是自己找错了努力的方向！当下的你还和当初那样对工作充满热情吗？你是否需要做一些改变？是工作本身的问题吗？你是否要换到另一部门工作？是否有其他的责任使你无法完成该做的工作？所以，也许你只是需要重新调整好焦距，审慎地选择你该花费的时间而已。

努力提升和扩充自我，才能找到好工作

随着社会的快速发展，女人已成为社会进程中重要的组成部分。无论是作为家庭主妇、普通职工还是经营中的老板或是女领导，在各自的生活和工作的背后，女性的行为决定着一个家庭、一个团体、乃至一个社会的进步。而现今社会，在我们生活、工作的周围，总是有这样一些女性，她们是思想上的巨人，行动上的矮子，她们也希望自己可以找到一份好工作，但她们却不能做到充实自己的内在、提升能力。要知道，任何事情的成功都不是一蹴而就的，它需要我们一点一滴的付出。小事成就大事，在每件小事上认真的人，做大事一定成绩卓越。

“活到老，学到老”这句话对于现代社会的女性，尤其是希望进入职场、拼杀在职场的女性来说，有着更深一层的意味。特别是年轻的女孩们，如果没有过硬的职场拼杀本领，在人们眼里就难免留下靠脸蛋“混饭”吃的印象。所以作为现代女性，应该思索，为自己量身打造一个充电计划，即不断学习，并最终拥有纵横职场的能力。

我们都知道，新闻集团总裁鲁伯特·默多克的第三任妻子，MySpace的中国负责人——邓文迪是中国广州人，她曾经说：“我是一个进取上进的人，无论做什么都会尽心尽力。人生充满了跌宕起伏，不管是顺境还是逆

境，我都会找到美好的东西，使生活尽可能地完美。”我们来看看她的人生历程。

邓文迪出生于江苏徐州，后来搬到了广州。1987年，改变她命运的第一个契机出现了。在广州医学院读书时，她认识了美国的切瑞夫妇。第二年，邓文迪在这对夫妇的帮助下获得学生签证，进入加州州立大学学习。1990年，53岁的詹克·切瑞与太太离婚后不久，与22岁的邓文迪结婚。两年后，他们的婚姻走到了尽头，这段时间比她获得绿卡所要求的时间只多七个月。离婚后，她就远赴耶鲁大学商学院攻读MBA。

1996年，邓文迪从耶鲁大学毕业，准备到中国香港发展。这时，命运之神再次青睐了她。在飞往香港的航班上，邓文迪恰好坐在布鲁斯·彻奇尔身边，当时他即将担任香港卫星电视公司的副首席执行官。凭着耶鲁大学的商务学位以及精通英语、粤语和普通话的有利条件，飞机还没到香港，她就轻而易举地获得了在该公司总部做实习生的工作。工作期间，邓文迪保持了她一贯的作风，努力地争取每个表现自己的机会，从不打无准备之仗。她经常会毫不犹豫、不声不响地走进高级执行官的办公室，同他们进行讨论并提出大胆的建议。

1996年秋，默多克到香港卫星电视公司总部视察。在一个盛大的鸡尾酒会上，邓文迪吸引了默多克的注意，两人开始交谈。这让几位高层雇员惊叹，因为邓文迪居然有本事与大老板初次相识就相谈甚欢。后来，邓文迪多次为默多克做翻译，又陪同他访问中国内地。1998年初，邓文迪开始以翻译的身份公开陪伴在默多克左右，和气又健谈的她为默多克带来了轻松自如的精神愉悦。

1999年，默多克与邓文迪举行了婚礼。她的聪明、温和以及独特的气质给默多克的亲人留下了极好的印象，也使她顺利地成为传媒大王的新婚妻子。两年后，依靠高科技“法宝”——试管婴儿，邓文迪相继生下了两个宝宝。

邓文迪凭借流畅的中英双语交流能力和迷人的社交风采，为自己在新闻集团赢得了“默多克形象大使”和“亚洲外交官”的美誉。同时，她不断对新闻集团在亚洲的运营和投资施加影响，使亚洲成为该公司增长最快和最重要的市场。

可以说，邓文迪是成功的，同龄女人想要得到的她都得到了，更重要的是，她是创造奇迹的女人，成为了一个新闻帝国的中国王后……她是怎么做到的？我们在感叹她受到命运垂青的同时，也不能不看到她自身的努力。她先进入加州州立大学学习，然后赴耶鲁大学商学院攻读MBA，在实习工作中，她也不断努力，练就了自己迷人的社交风采和流畅的中英双语交流能力。她的成功告诉所有女人，如果你想成功、想找到一份好工作，就必须要努力学习、提升自己的能力。

从这里我们发现，作为女人，提升自己的能力是找到好工作、保持思维活力的最佳良方。具体来说，我们需要做到以下几点。

1.改变观念，不要好高骛远

任何行动都需要信念的支持，你要想从小节开始入手为成功准备的话，就必须认识到小节的重要性。因此，你若想提升自己并找到好工作，就必须克服好高骛远的毛病，不断积累知识。

2.发现身边值得学习的东西

提升自己不一定要脱离现在的工作，更没必要脱产走回学校，因为年龄、经济等条件不允许，我们不可能再走回纯粹的学生时代。随用随学，做有心人，留心身边的人和事，会随时发现生活中的亮点，并注意总结别人的成功经验，拿来为自己所用，这可能是生活和工作中能让自己进步得最快的一招。

3.将将细节做到极致，要有追求完美的理念

“没有最好，只有更好”，十全十美的事做不到，也不存在，但你首先应该有一个追求完美的心态。“取法其上，得其中也；取法其中，得其下也；取法其下，不足道也”。只有与时俱进，以高标准的要求和精益求精的态度要求自己，才能创造卓越的工作业绩。

总之，一个上进的女人，希望能够扩大自己的视野和知识领域，并能有所收获。知识不仅是力量，更像一面镜子一样可以照见自己的优缺点，让我们做到正确地自我认知。因此，终身学习，是每一个女人应当给予自身的功课，这样才有助于塑造一个心智丰富且具有良好世界观的聪明女人。

第10章

懂得隐藏与保护自己，白领女性职场有道

中国有句古话："害人之心不可有，防人之心不可无。"这句话不无道理。做人当然要以坦荡为本，但毕竟社会之大，不是每个人都能行事光明磊落、坦坦荡荡。尤其身处竞争日益激烈的社会大环境中，即使为同一家公司、同一个老板工作的同事，也可能为了打败竞争对手，使出浑身解数，包括一些不光明的手段，让人防不胜防。因此，作为白领女性，一定要有点城府，要做到收敛锋芒、低调做人并懂得适时表现自己，才能远离陷阱、平稳进步！

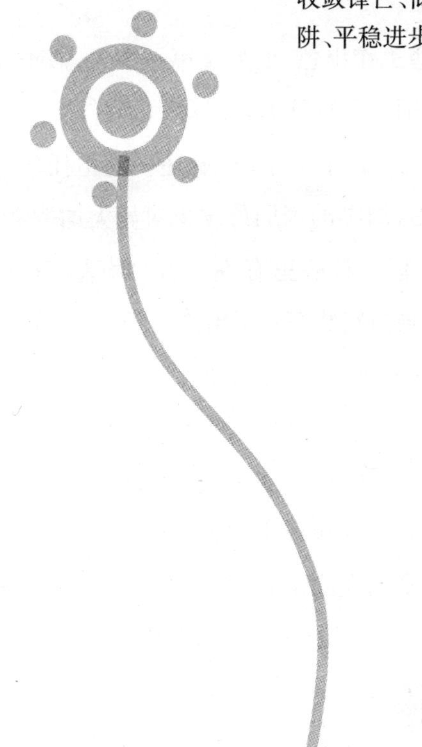

收敛锋芒,智慧女人职场不招摇

人们似乎对女人有一个误解,很多人认为,贤惠的女人只要相夫教子,做好丈夫的幕后支持就好,不需要也不应该过多地表现自己。其实不然,当今社会,女性同样面临着激烈的竞争,只有学会把自己的优秀面表现出来,才能给自己创造成功成才的机会。拿职场来说,我们要想保持竞争优势,就要有“比他人学得快的能力”。然而,职场女人在表现自己的同时,一定要注意收敛锋芒、不可招摇。

俗话说得好:“枪打出头鸟。”这句话并不是没有道理的。那些爱显摆、做人高调者往往是别人排挤的对象,而那些为人低调,懂得韬光养晦的人才会取得真正的成功。这句话同样警告身处职场的女人们,“低头是谷穗,昂头是谷秧”,一定要收敛锋芒。

生活中,细心的女人可以发现,那些工作出色、处处拿第一的人,似乎并没有什么朋友;而那些能力一般的人周围似乎总是不缺朋友。

从上学开始,小杜一直是个优秀的女孩,上大学时,她还一直担任学生会干部,她有口才,有能力。大学毕业后,周围的亲朋好友也对她大加赞赏,所有人都说小杜是个前途无量的女孩,但小杜心里有说不出的苦衷。在一次朋友聚会上,她将肚子里的苦水一股脑向姐妹们吐了出来。

原来,小杜自参加工作后,就憋着一股劲,一心想好好干,给自己拼出一个好的未来。两年来,她就是凭着初生牛犊不怕虎的劲头和自己的才干,在工作中事事冲锋在前,兢兢业业,当然,业绩也是最好的,深得上司赏识。“可是,同事们却在逐渐孤立我,我发现自己在单位根本没有朋友。前几天,我遇见他们从饭店聚餐出来,整个办公室的人除了我都在,我心里太不是滋味了。平心而论,在平常的相处中,我并没得罪过谁,他们怎么这样对我?”

原来如此！看到小杜颓丧的样子，几个已经是过来人的姐妹告诉她："你积极进取、努力实干的精神值得赞许。可你别忘了，你毕竟身在一个集体中，工作过于出色，不懂得收敛，所有的成绩都被你抢先了，别人得不到机会，天长日久势必会对你有意见，孤立你也在所难免。职场新人上进的同时，也要懂得收敛锋芒，给别人留机会。不要把成绩都揽在自己头上，有时候协作也很重要。这样，与同事相处好了，大家都有展示的机会，你在职场才有更大的发展空间。"

一席话，让小杜若有所思。她说："姐，你说得有道理，让我好好琢磨琢磨。"

两个月后她们再见小杜，她又回到以前朝气蓬勃的样子了。

本案例中，初入职场的女孩小杜经过他人的指点，才意识到自己的失误。的确，每一个职场女人，尤其是初入职场的你，一定要明白，低调做人是做人成熟的标志，是保护自己的一种策略，也是为人处世的一种基本素质。人应该像向日葵一样，在成长的过程中，它们镶嵌着金黄色的花瓣，高昂着头，但一旦籽粒饱满，便低下沉甸甸的头，因为它成熟了、充实了。

低调做人、低调处事，低调是立世的根基。有位哲人说过，当坚硬的牙齿碰落时，柔软的舌头却完好无损，不是柔软的舌头能胜过坚硬的牙齿，而是舌头处于低处。可见，低调做人，不仅可以保护自己，使自己与他人和谐相处，患难与共，更能使自己暗蓄力量、悄然潜行，在不显山露水之中成就伟业。

因此，作为职场女性的你，一定要记住以下几点。

1.安全最重要

人们总认为，职场好似一个"走秀场"，谁走得漂亮，谁就赢了，实际上并不是如此。职场是一个"斗兽场"，真正生存下来的才是最终的赢家。正因为如此，你就不能如在"走秀场"里一样尽情展现自我，而是应该懂得隐忍，凡事安全第一，别总是第一个冲出去。有时候，不表现比表现更好，不动比动更佳。正所谓静若处子，动若脱兔，无利蛰伏，有利起早，这才是上上

之策。

2.不要轻易暴露自己的缺陷,也不要轻易显摆自己的聪明

你在做事时第一任务是藏好自己的缺陷,不轻易让缺点暴露,即使事情做不好,也不会坏在自己的手中。

同时,让所有人都见识你的聪明,在职场上并没有太大的好处。因为聪明不代表有能力,聪明代表着压力。

职场女人做事不冲动,凡事思虑周全

21世纪是一个激烈竞争的时代,是一个知识经济的时代,更是一个张扬个性的时代。现代女人尤为崇尚个性,于是,她们渴望展示自我,推销自我。的确,你不表现没有人听到你的声音,你不展示没有人看到你的风采,你不推销没有人买你的账单。可是,切记——不要太鲁莽,除非你已经考虑周全。同样,身处职场,你的一言一行都会触动周围同事和竞争者的神经,那么,只有做有把握的事、说有把握的话,才能让你避开很多职场危险!

事实上,任何事情的进展并不一定能人为地控制,这就更要求聪明的女人们学会观察,当你认为自己不具备解决疑难问题的本领时,千万不能逞强、充大头;而当你有能力拯救危机时,也不要心急,要在关键时刻出手,让人刮目相看。而如果你能做到在关键时刻运用别人的智慧的话,那就更能如虎添翼了。

在北方某个城市有个很出名的火锅店。刚开始的时候,这家火锅店并不怎么出名,公司的李总也一直希望通过加盟连锁的形式来做大做强,但具体的策划方案不知道怎么做,还有太多的细节问未考虑好。于是,在秘书的建议下,他找来一家专业的咨询公司,然而三个月下来,仍没有进展。

作为公司加盟部经理的张婷看在眼里,急在心里,其实,她已经是胸有成竹，准备将自己的想法告知李总，但她又转念一想，这么做不妥，不能在不对的时机献计献策。因为当领导把信任交给咨询公司时店里等待的是他们的方案。聪明的张婷静观其变。后来，咨询公司无计可施时，张婷向李总交上了一份了独到的企业文化理念和加盟策略，一举赢得了李总的高度重视，公司的加盟效果特别明显，公司在不到一年的时间加盟了三百多家企业。

此后，以前不怎么起眼的张婷终于让李总明白什么叫“七步之内必有芳草”的道理，从此把张婷作为心腹和左膀右臂。

案例中的女员工张婷是聪明的，她深知，领导的任务就是带领下属实现某个共同的目标。要实现目标就需要智慧，不仅需要懂得领导的智慧，更需要解决问题的智慧，也就是人们常说的“实力”。但如果你想取得领导的信任和支持，光懂得领导和拥有工作能力还是不够的，还需要你懂得把握时机，伺机而动。用实力和技巧说话是职场永恒不变的成功法则。

张婷不仅有实力，更难能可贵的是，她并没有急于表现自己，而是等待时机，她这种懂得掌控时机的智慧的确值得很多职场女性学习。

对此，你需要做到以下必点。

1.在表现自己的能力前先积累实力

职场中“枪打出头鸟”的例子太多了，尤其是那些初入职场的年轻女性，为了表现自己，一旦看到有发挥自己能力的机会，就冲出“头”来，结果由于过高地估计自己的能力，并没有起到让人“刮目相看”的目的，反倒被人认为是“爱出风头”。

古人云：“凡事预则立，不预则废。”大到国家，小到个人，做事时都必须要有计划性，只有做到缜密行事、步步为营，才能让成功多一份胜算。大凡要把一件事情做好，一般都要经历资料收集、深入调查、分析研究、最终下结论这样一个过程。

2.寻找表现自己的时机

的确，你要想得到别人的尊重和肯定，不应该放过表现自己的机会；但表现自己也并不是不择时机的，聪明的女人会懂得等待时机，在大家都觉得

事态毫无转机的时候再出来“力挽狂澜”，关键时刻才显示自己的能耐，更能加深你在众人心中的良好形象，更容易得到大家的赞赏与认同。

古人云：“木秀于林，风必摧之；堆土于岸，流必湍之；行高于人，众必非之。”又言：“满招损，谦受益。”职场女人，你要想表现自己，得到别人的认可，基础条件就是你具备表现的实力，如此才能抓住机遇。成功的路上更重要的是修炼涵养，勿为不学无术之人，亦不可锋芒毕露。

可能，你会问，不表现自己，怎么会受到上司的赏识呢？但你需要考虑，你能不能保证自己万无一失地解决问题吗？另外，你的锋芒毕露会让你树敌无数，让你身边危机四伏，让你失去本应属于你的机遇。“枪打出头鸟”说的就是这个道理。

当然，并不是要让你做事畏首畏尾，不敢放手施展抱负。只是凡事都该有个“度”，张扬与内敛之间，就看你如何把握！

以退为进，职场竞争讲策略

我们都知道，接力赛跑中，接力运动员在接到接力棒之前，都会后退几步，这是一种很常见的现象，为什么运动员要这么做呢？原因很简单，后退一点，才不会因迎面而来的接力棒而不知所措，从而避免了耽误时间。这个道理同样可以运用到现代职场的拼杀中。如今，即使是女性，也必须面临现代职场的激烈竞争。然而，聪明的女人都深知，正面交锋，只会暴露自己，增加自己的危险性。因此，即使已经暂时领先，也不应过分张扬，而是要能做到以退为进，隐退下来继续积累自己的实力。

其实，大凡功成名就之人，大凡人际关系良好之人，都知道“进可攻退可守”的道理。尤其当自己取得成绩之时，他们不会居功自傲，而是低调做人，甚至采用隐退的方法。这样做，能避免引起他人的不快，也就能更有效地自保平安。所谓急流勇退也就是这个道理，这是一种明智的生存之道，毕竟，在强大的人际压力下，以卵击石的话，恐怕你真得会粉身碎骨。

身处职场的女人们，也要记住这一生存规则：后退一点，才会跑得更快；迎面而来的可能是荣誉、是成就、是财富，但也有可能是陷阱；不管是什么，只要你懂得后退一点，你就不会被这一“接力棒”砸伤。

春秋战国时期，越王勾践经过20年的卧薪尝胆后，终于一雪前耻，灭掉了吴国，这是众人皆知的故事，但越王勾践之所以能成功，得归功于越王的臣子范蠡。

范蠡不但是一个忠心耿耿的臣子，还是一个懂得为人处世的智者。

勾践的确是一个可以吃苦耐劳之人，但只能与之共苦，不能同甘。范蠡被任命为大将军后，自忖长久在得意之至的君主手下效力是危机的根源，于是他便向勾践表明自己的辞意。勾践并不知道范蠡的真实意图，于是拼命挽留他。但范蠡去意已定，搬到齐国居住，自此与勾践一刀两断，不再往来。

移居齐国后，范蠡不问政事，与儿子共同经商，很快成为富甲一方的大富翁。齐王也看中他的能力，想请他当宰相，但被他婉言谢绝了。他深知“在野而拥有千万财富，在朝而荣任一国宰相，这确实是莫大的荣耀。可是，荣耀太长久了反而会成为祸害的根源”。于是，他将财产分给众人，又悄悄离开了齐国，到了陶地。不久后，他又在陶地经商成功，积存了百万财富。

范蠡确实是个聪明的人，不仅能帮助越王勾践重获江山，更难能可贵的是，他还懂得在成功之时全身而退。他之所以离开越国，拒绝齐王的招贤，转而离开政界，都是因为他深知伴君如伴虎，功成身退才是自保的方法。

可能很多女人会问，现代职场竞争如此激烈，不拼搏如何胜出？诚然，奋斗是一个人必须具备的一种品质，但并不意味着要一刻不停地奔波与忙碌。适可而止，会休息才会成长。只会向前猛冲，而不懂得减速缓行的人，在人生的某个弯道处，一定会冲出跑道，损失更多。

要知道，世上没有做不成的事，只有做不成事的人。一个真正想成就一番事业的人，除了需要具有满腔热血外，还需要拥有聪明的头脑和成功的智

慧,不会意气用事,善于用理智的头脑分析局势,适时地转换观念,另谋出路。

那么,职场女人们,在竞争中该如何做到以退为进呢?

1.凡事见好就收

身处职场,不管是为人还是处事,都要懂得见好就收。与人交往,不可得寸进尺,不可过于亲密,保持一定的距离,适当地隐藏自己,“逢人只说三分话,未可全抛一片心”,要有自我保护的意识。小有成就时,不要独揽成绩,学会与人分享,这样才会赢得人心,才会得到更多的人的支持,才会拥有更多的机会,这不失为一种智慧的处世策略。

2.学习是常态

你可训练自己逐步接受风险,不必害怕改变。学习的过程,甚至是失败的经验,都能帮助你承受更大的决策与风险。

同样,这个道理不仅适用于做事,还适用于做人。在错综复杂的社会中,为人处世太过张扬,不仅会招来别人的嫉恨,而且会被认为是轻浮。

当然,你要明白的是,后退是为了更好地前进。后退也不能消极处世,满足于现状、停步不前、做一天和尚撞一天钟,而要在保全自己的前提下,把握住机会,获得更大的成就!

“礼”多人不怪,工作中少点阻碍

中国是礼仪之邦,凡事讲“礼”。如果你不讲“礼”,简直就是寸步难行,被人唾弃。“礼多人不怪”,这是古老的中国格言,它在现代职场仍十分实用。身处职场的白领女性们,在与同事、领导的交往中,如果能做到言之有礼,谈吐文雅,就会给人留下良好的印象;相反,如果满嘴脏话,甚至胡言乱语、恶语伤人,就会令人反感讨厌。哈佛大学前任校长伊立特说过:“在造就

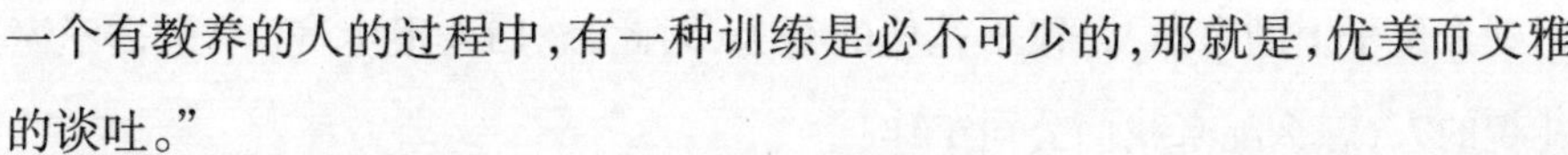

一个有教养的人的过程中，有一种训练是必不可少的，那就是，优美而文雅的谈吐。”

然而现实生活中，总是有一些女人，她们衣着光鲜、容貌姣好，但一开口，要么是满嘴脏话，要么言语尖酸刻薄，要么说话不着边际，让人生厌。其实，这是因为她们不曾把谈话当做一门艺术，她们没有意识到谦逊的说话礼仪在工作中的重要性，更没有在语言谈吐上历练自己。她们说话宁肯随便用粗俗的语句，而不肯“三思”而后言，同一种含义，她们不能用文雅、优美的语言表达出来。

很早以前，有位士兵骑马赶路，至黄昏时还找不到客栈，见前面来了位老农便高喊：“喂，老头儿，离客栈还有多远？”老人回答：“五里！”士兵策马飞奔十多里，仍不见人烟。“五里、五里！”他猛地醒悟过来，“五里”不是“无礼”的谐音吗？于是他掉转马头赶回来亲热地叫了一声：“老大爷。”话没说完，老农便说：“你已经错过时间，如不嫌弃，可到我家一住。”

老农对士兵态度的转变正是因为士兵意识到自己“老头儿”这一称呼的不合理，于是，他改称“老大爷”，果真，他也得到了老农的以礼相待。

实际上，现代职场也是如此，白领女性们如能用礼貌语言与人沟通，就会让人感到“良言一句三冬暖”，就能广结人缘，到处受欢迎，那么，工作起来也就顺利得多。

伊娃是个不苟言笑的女人，虽然她很优秀，但她的人缘确实不大好，因为谁也不希望与一个傲慢无礼的女人打交道。而正是因为她的傲慢，也让她几次与好工作擦肩而过。

那天，伊娃来到某公司面试，因为还没有轮到自己，她就去了趟洗手间，要洗手时才发现没有洗手用的香皂。她看见隔壁放着一块，但正好有一位老妇人在用，伊娃由于赶时间，并未向老妇人打声招呼就径自伸手将香皂取过来用，然后在隔壁随便抓把卫生纸擦手，就匆匆走出去了。

可事实上，伊娃正是因为如此，才失去了面试资格。因为这位老妇人正是这家公司的董事长——一个很注重修养的人，她认为不招呼一声就随便

用别人位子上的东西，是很不礼貌的行为，因此，老妇人很生气。"这么不懂礼貌的人，怎么配来我们公司工作！"

伊娃失去面试资格，就是因为她少说了一句有礼貌的话，假如她能在洗手时多说一句："对不起，让我先用一下好吗？"恐怕，最终的结果将会大为改观。

由此可见，短短的一句话，也是不容忽略的。语言是思想的衣裳，中国素来是礼仪之邦，人们都喜欢与那些谈吐优雅的人来往，而对那些不知礼貌的人敬而远之。

身处职场的白领女性们，在与人交往中多注意修饰自己的谈吐，可以给对方留下良好的印象。

言之有礼，谈吐文雅，主要有以下几层含意。

1.态度诚恳、亲切。

说话的根本目的是传达思想、交流感情、与人建立关系等，因此，语言只是一个表达方式，你除了要注意语言外，还要注意说话时的神态、表情。例如，当别人心情不好、你向别人表示安慰时，嘴上表示的是你的关心，眼神却游离不定等，那对方一定认为你只是在敷衍而已。所以，说话必须做到态度诚恳和亲切，才能使对方对你说的话产生表里一致的印象。

2.用语谦逊、文雅

工作中，我们要多用这样一些礼貌用语：您好、谢谢、请、对不起、别客气、再见、请多关照等等。运用礼貌语，还要注意仪表神态的美。当你向别人询问时，态度尤其要谦恭，如挺胸腆肚，直呼其名，或用鄙称，必遭人冷眼，吃"闭门羹"。

礼多人不怪，多用敬语、谦语和雅语，能体现出一个人的文化素养以及尊重他人的良好品德。

3.音量适当，语调应平和沉稳

与人交流时，谈话的内容要简明扼要，语言要准确、精练、通俗易懂，还要咬字清晰，音量要适度，以对方听清楚为准，切忌大声说话；语调要平稳，

尽量不用或少用语气词，使听者感到亲切自然。

可见，语言文明看似简单，但要真正做到并非易事。对于你来说，需要在平时加强学习，并且要有恒心、肯下功夫，肚子里有“货”，才能口若悬河。因此，多学习，勤练习，学富五车，满腹经纶，谈起话来自然能滔滔不绝，灼见迭出。

总之，从现在开始，在工作中不仅要注意仪表，更要注重谈吐举止。你要知道，谈吐与形象兼备，才能真正表现出你的素质、气度！

关键时刻的表现让人对你钦佩

现代社会，女性早已和男性一样，在工作中扮演着自己的角色。但我们深知的一点是，老板总是赏识那些有自己主见的职员。如果你经常是别人说什么你也说什么的话，那你在办公室里就很容易被忽视，自然在办公室里的地位也不会很高。职场女性要有自己的思想，不管你在公司的职位如何，你都应该发出自己的声音，敢于说出自己的想法。但你千万要记住的一点是，即使表现自己，也要选对时机。

余丽与王琦是大学校友，又同时毕业，更凑巧的是，她们居然被同一家公司录用，从基层的销售员做起。第一年，她们都很努力，坐上了地级销售经理一职。但之后的五年，她们的职业生涯却呈现出完全不同的局面。五年的时间，余丽和王琦都依然努力，但五年以后的余丽仍然在做地级营销经理，而此时的王琦却非五年前的王琦了，她已经成为了这家企业的营销总监了，并成为了余丽的顶头上司。怎么会有这么大的差别呢？这与王琦在进行自我营销时，每次关键时刻的挺身而出是密不可分的。

在每年的各类大小会上，凡是需要下面发表见解时，总能看到王琦的身影，听到她的声音，她有时甚至被其他同事称为“跳梁小丑”一样在会场和领

导面前晃来晃去，但她并不在乎，反而则认为这是自我表现的绝好时机。而许多业绩比她好的营销经理却大多是缄默不语，经过公司领导点名或下面营销经理一致推举才被动地发表见解与主张。

有一次，该公司另一个省级分公司的总经理突然提出了辞职，给公司来了个措手不及，最要命的是这个分公司总经理还带走了一批人，使整个省级的市场状况一落千丈。此时，王琦挺身而出，勇挑重担和风险，不仅为公司保住了全省的市场，还为公司将损失降低到了最小限度，而公司也深深地为王琦的行为所感动，更多的则是感激。

王琦是个真正的营销人，她懂得如何经营自己的人生，经营自己的职业生涯，同时也更善于运用营销人挺身而出这种能够改变自己命运的方法。

王琦的工作经验告诉所有职场女性，身在职场，无论我们现在居于什么样的职位，都要以积极的态度，以饱满的、丰富的激情对待工作，并把公司利益放在第一位，一旦公司有紧急状况出现时，也一定要第一个站出来，而不要害怕承担风险和责任。只有这样，我们积极工作的热情才不会冷却，思想的火花才能不断地爆发，潜力不断地被挖掘出来，也会得到不断前进的机会。

的确，敢于站出来、表现自己还是一个人负责任的表现。任何一个女人，当跨进职场的那一刻，就必须要以所在的公司、单位的利益为重，必须为自己的行为负责。一个人责任心如何，决定着她在工作中的态度，决定着工作的好坏与成败。

白领女性们，你若想有一番作为、若想获得器重和信任，就要为自己的工作负起责任，要敢于负责、乐于负责、善于负责。当工作中出现问题的时候，一定要挺身而出，这样，既能表现自己，还能体现出你敢于担当的责任心。

当然，表现自己，还必须要注意，我们的“表现”一定是要能奏效的，否则，不但不能让领导、同事对我们刮目相看，还等于给自己制造了一个负面形象。

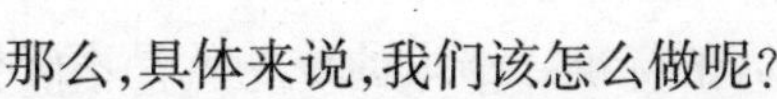

那么，具体来说，我们该怎么做呢？

1.积累自己的知识和经验，提升职业素质

机会总是会降临在那些有准备、有能力的人身上的，也就是说，如果你想表现自己，乃至要做到“力挽狂澜”的话，就需要做到努力积累自己的知识和经验。要知道，人都是学而知之的，而不是生而知之的。没有博学，就没有见识，没有总结和反思，也就没有非凡的洞察力和思辨力。

2.捕捉表现时机，挺身而出

工作中，很多时候，一些人因为不择时机地表现自己，不但没有为公司和集体解决危机，反倒落下他人“自不量力”的口舌。实际上，最佳表现自己的时机是，遇到困难时挺身而出。这样，可以达到一鸣惊人的目的。

3.勇敢的用智慧“亮出你自己”

一个优秀的职场女性，除了要有良好的成绩外，还必须做到职场能力的不断提升和职位的晋升。然而，要做到这点，在于你要懂得表现自己，不要指望你的领导和老板会细心记住你的每一个工作成绩，因此，晋升的关键很多时候就在于是否能够在关键时刻勇于“亮出你自己”。

4.记得把功劳归结为团队

如果遇到老板的赞赏，你一定不要忘记把功劳归诸团队的共同努力。

总之，身处职场，女人们一定要有“野心”，不要放弃表现自己的机会，更不要害怕担当和承担后果，要知道，畏首畏尾，只能一事无成！

智慧女人善用女性特权

对于女人来说，生活的艰辛在于单打独斗地在社会中“找钱”。如果你渴望成功，渴望拥有优质的生活，那么，千万别忘了利用女性的一些特殊的优势，比如温柔、含蓄、语言、理智等等。曾经有位著名的女企业家说过：“对

于成功，男人有男人的标准，女人有女人的标准。最大的成功就是不管做什么，男人要做到男人的极致，女人也要做到女人的极致。记得自己是女人，这就是你的标准，你的属性。”的确，懂得利用女性特权的职场女人们，往往更容易获得成功。

齐慧毕业于一所普通的本科院校，但毕业只有5年的她就已经成功登上了经理宝座。她经常穿着一身粉红衬衣、飘逸长裙，举手投足无不透着浓浓的女人味，说话轻言细语，如果她不开口，很难看出她已经是一名经理。她说：“女人只要对自己的优势有充分的认识，她就能成功。有人说，女人要想成功就不能太把自己当女人，我有不同意见。女人的优势就是亲和力强、沟通能力强，同时她在应对能力和承受压力等方面，也有很坚韧的优势。”

其实以前的齐慧总是很刚烈，她有着不亚于男性的冲劲和魄力。有一次她正在值班，卖场打电话说你赶紧来吧，客户为一件事情打起来了，要动刀子了。她立马冲到现场，一下把闹事那人的脖领揪住了，大吼你干什么！客户对她说，看你外表温柔，怎么像一只母老虎？

客户不满的语气，给了齐惠很大的震动，她开始思考这几年来自己的工作。

争强好胜的齐惠，从以前找工作开始，就给自己定下了明确的奋斗目标：销售—主管—经理，她用了5年的时间顺利实现自己的理想。而自己付出了什么？得到了什么？付出了比一般人多几倍的努力，得到的却是“母老虎”的名号。

现在齐慧的人生有了重要转变，她参加了某大学开设的“女性管理者课程”，最大收获就是女性意识在学习过程中的回归。“在上课之前我是很刚性的，所以当时我们班的同学觉得我可能有点钢铁的味道。但我到了这个班以后发觉，女性管理者自有很多她们自己的优越性。你应该把你女人的优势发挥到极致。”

很快，齐惠改变了自己的工作方式，处理事情不再像以前那样用男人铁一样的手腕，而更多顺从自己的想法，女人的亲和力、沟通能力自然而然地

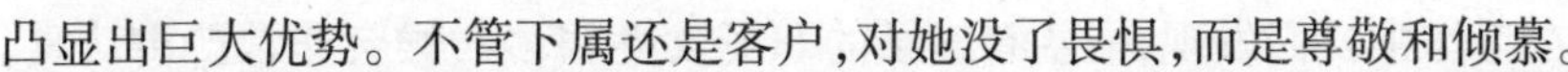

凸显出巨大优势。不管下属还是客户，对她没了畏惧，而是尊敬和倾慕。

看完这则案例，可能很多职场女性应该反思一下，为什么你总是那么疲惫却处理不好工作？为什么你的那些同事都不愿意与你交往？为什么他们都不愿意助你一臂之力？

为此，你必须明白，拥有良好的人脉关系是你通向成功的一条捷径。你或许从没有去过好莱坞，但你绝不会不知道好莱坞最流行的一句话——“成功，不在于你知道什么或做什么，而在于你认识谁。”美国石油大王约翰洛克菲勒也说过：“与人相处的本领是最强大的本领。”

当然，除了要利用性别优势积累良好的人际关系，你还可以发挥以下优势。

1.温柔

和言细语，谦顺温柔，是女性特有的语言风格。

女性大方自然、光明磊落地与异性交往的过程中，口语表达可充分发挥属于自己性别的语言特色，自然展现自己的语言风采，能产生震撼人心的巨大魅力。

2.细腻

相对来说，无论是在工作还是生活中，男人和女人的思维方式和处理问题的方式都不同，男性更善于在工作中制定大的战略，他们非常清楚终点目标的位置；而女性则更细腻，她们也希望能兼顾到生活与工作的各个方面。因此。作为职场女性，你需要吸收一些男性的优点：先确认首要目标，将焦点集中在首要目标，完成后再逐步进行其他事情。理清工作中的轻重缓急，有助于提升工作绩效，引领你快速达到目标。

3.配合团队作业

女性通常因考虑太多，同时因习惯处在自我保护的外衣下，排斥与别人分享资源，喜爱自行其是，因而无法共同达到团队目标。男性则比较能配合团队领导人的指令，拿出最佳本领，协助主管完成任务。

4.展现幽默与笑容

在工作中我们发现，一些有气场的职场女性很多时候会非常严肃认真、不苟言笑，而实际上，这样会给人一种无法沟通的错觉。与人沟通的第一步，需要做到展现你的笑容。在这点上，男性则更善于通过幽默来缓和气氛，让别人接受自己的看法。有人甚至认为女人天生就缺乏幽默细胞。其实不然，女性同样具有幽默潜能。

防人之心不可无，学会看穿“小人心”

现代社会，竞争越来越激烈，在这样的大环境下，并不是每个人都愿意采取公平竞争的方式方法。职场中，有那么一些人，在与人交往的时候，心怀鬼胎、作风不正、行事诡诈，冷不防就会那些对有损他们利益的人要点手段，让人防不胜防。对于这样的人，我们做不到处处提防，但可以退避三舍。

职场中的女人们，你要记住，无论在工作还是生活中，你可以保证自己做人做事光明磊落，但不能保证别人也是如此。对于那些行事诡诈之人，只有远离他们，才能让自己有效地减少危险。

可能很多刚踏入职场的女性都会遇到这样的问题：那些前辈们一个个都对自己礼貌有加，为了能加深与前辈们的关系，你会主动将自己的一些小秘密与他们分享。你满以为自己已经在职场交到真正的朋友，可是，升职、加薪都与你无缘。你以为自己不够努力或者是运气不好，即使你心存疑虑，但还是一直努力地工作着……但事实上，你根本没想到，就是那些你所谓的“朋友”和“前辈”绊了你一脚。大多数在职场栽跟头的人都是因为没有避开这些“小人”的暗算。

我们来看看娜娜辛酸的职场经历。

娜娜是一个单纯漂亮的女孩子，曾就读于一所比较出名的美术学校。毕业后，她被一家艺术设计公司聘用，具体工作是给舞台礼服设计花样图案。但她的老板却是个抠门的人，每天都会看着办公室的员工们干活，看见谁偷懒，就会严格扣除工资，而他给娜娜的工资每月只有一千七，除掉房租勉强只够吃饭。因此，娜娜并不能像其他女孩一样可以大手大脚地花钱，即使想约朋友，也是把他们带回家里来，然后亲自下厨弄菜招待。

娜娜刚来公司的时候，认识了一个比她稍长一点的姐姐，因为从同一个学校毕业，而且那个同事比她资深，算是个小领导，平时在公司也算对娜娜照顾，所以娜娜就死心塌地对人家好。

有一天，那位女同事因为和男友分手，心情不好，看到娜娜在工作，便不分青红皂白地把娜娜骂了一通，娜娜虽然也生气，但知道原因后，从那同事的角度想想后，也就原谅了那个同事。次日，她还是满面微笑地招呼那位同事，就当作什么也没发生过。

而那女同事看见娜娜没有生气，反倒觉得奇怪："我这么对她，她居然没有一点记恨的表现，肯定是装的！"于是，这个女同事竟心生恨意，准备先下手为强，将娜娜赶出公司。终于，她等到了机会。

不久两人去外地出差，客户选中了娜娜设计的几个方案，却没有挑中那同事设计的任何一个方案。娜娜好心把样稿让一部分给那同事做，没想到对方不念好，更对娜娜记恨在心。

第三天，娜娜被公司一个电话提前召回，等待她的是放在桌子上的辞退通知信。她流着眼泪读信，感觉自己是不明不白被辞退的。后来，有个心眼好的同事告诉她，原来是那位女同事在老板那儿说了坏话，说娜娜在外出差不好好干活，设计的图案一幅没被选中，还抽空溜出去玩。老板当场大怒，下令把娜娜立刻开除，其他人怎么劝也没用。

这时，娜娜才知道原来自己是被陷害了，还是被自己一直信任的人，她真是哭笑不得，她也不想解释太多，就收拾东西离开了公司。

娜娜的那位女同事，可以说简直是一个现代版的"以小人之心度君子之腹"的"小人"，这样的"小人"生活中自然不少。其实，娜娜落得如此悲惨的下场，也与她自己交友不慎有莫大的关系，她错就错在太善良，对人不留一手，把“饿狼”当知己，到头来还被“饿狼”咬了一口。在与那位同事共事的过程中，娜娜早该看出来她是个嫉贤妒能、心术不正的小人，这种人，你越是对她掏心掏肺，她越是不念你的好，反而认为你是假好心。职场如战场，在面对竞争和利益的时候，你不懂得保护自己，不懂得趋利避害，你的路将会走得很辛苦，就像娜娜那样，试图委曲求全、夹缝里求生存依然会被人排挤。

可能很多女人会产生疑问，那该如何对付这些“小人”呢？其实，基本的方法自然还是要以防范为主，当然，这要视具体情况而定。

(1)如果他是你的朋友或者同事，那么，你最好的方法就是避开他。见面时，如果他有意亲近你，那么，你可以给自己找个借口离开现场；对于同一个工作任务，最好不和他一起做。

(2)如果他的地位低于你，比如，他是你的下属，你要注意三点：其一，让其接受独立的工作；其二，时刻留意，不要让他越级与上级领导接触；其三，对他的表情保持严肃，不带笑容。

总之，与这样的人交往，要有防范之心。他们一般都工于心计，和别人交往时，往往把自己真实的一面隐藏起来。交往中遇到这样的人，切记不要让他们完全掌握你的秘密和底细，更不要为他们所利用，或一不小心陷入他们的圈套之中。

第11章

修炼职场气场，工作中展现特有女性魅力

在这个处处充满竞争、利用关系的社会中，那种自怨自艾、柔弱无助的女人已很少见了，女人们开始逐渐走出家庭、进入职场，追求自己的人生价值。然而，并不是所有的女人都能成功驰骋于职场、和男性拼杀，其中，主要原因之一就是因为她们依然陷在自己所设定的性别劣势中。而事实上，只要你自信起来，大胆地表现自己，提出自己的建设性意见，你就能逐渐修炼职场气场，让和你共事的男人们对你刮目相看。

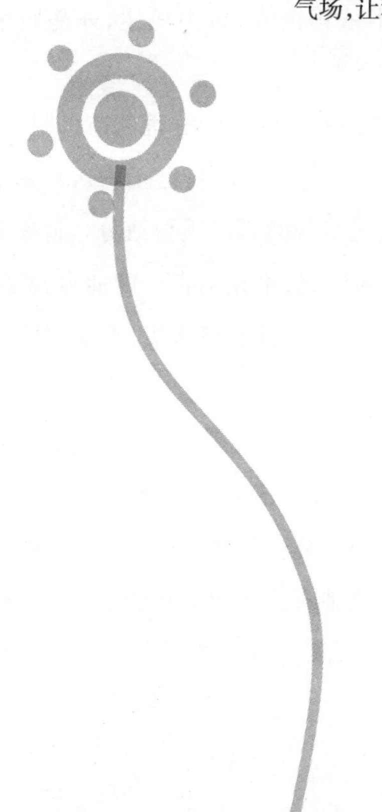

自信的女人更具迷人风采

长期以来,似乎女人的名字就是弱者。有时候,我们似乎不得不承认这点,比如,女人似乎总是需要有力量的男人为自己遮风挡雨;封建社会,女人必须遵从“三从四德”;即使到了现在这个男女平等、女人同样也接受高等教育、与男性一起拼杀在职场的现代社会,我们还是不能否定中国几千年男尊女卑的封建残余思想的存在,使得“男女平等”往往也只是一句无奈的口号,同工不同酬的现象比比皆是,女性在工作中的能力也并未被真正的认可。正因为此,要成为一个自强自立的女性所要付出的艰辛也更多。作为一个女人,要想真正立足于职场并在职场闯出自己的一片天地,你首先一定要自信,全面认识自己,相信自己,相信自己的能耐,相信自己是最棒的!只有有了自信才能自立,而不依赖他人,自力更生,才能自强不息。

自信,是一种对自己素质、能力作积极评价的稳定的心理状态,即相信自己有能力实现自己既定目标的心理倾向,是建立在对自己正确认知基础上的、对自己实力的正确估计和积极肯定,是自我意识的重要成分。自卑主要表现在认知上不欣赏自己,看不到自己的优点,不相信自己的能力,甚至贬低自己,以至于面对别人的肯定和赞扬时也可能不知所措,不能坦然接受;行为退缩,因为害怕犯错误或遭遇失败而不敢做事,与人交往时显得被动等。

曾有这样一个小故事:有一个女孩名叫芳,长相平平,在美女如云的班级里,她只是一棵不起眼的小草儿;成绩平平,无法让视分数如宝的老师青睐;除了会写几首浪漫小诗给自己看外,没其他特别突出的技能,不会唱歌,也不会跳舞。芳心里很寂寞,没有男孩追,没有同学和她做朋友。

有一天清晨，她拉开门，惊讶地发现门口摆着一束娇艳欲滴的红玫瑰，旁边还有一张小小的卡片。她迅速地将花和卡片拿到自己的房间，轻轻地打开卡片。上面有几行字，是这样写的：

其实一直以来我都想对你说一声：我喜欢你。却没有勇气，因为你的一切让我深感自卑。你那平静如水的眼神，你优美的文笔，你高雅的气质，让我很难忘记。所以，我只能默默地看着你——一个喜欢你的男生

芳的心怦怦直跳，没想到自己还有那么多的优点，自己原来并不是一个毫不起眼的人啊。从那以后，芳开始主动和同学交谈，成绩也渐渐上升，慢慢地，老师和同学都很喜欢她。高中毕业以后，她考上了大学，凭着那份自信，她在学校中尽情发挥自己的才能，赢得许多男生的追求。最后，大学毕业后找了一份很满意的工作，并且找了一个深爱她的丈夫。

芳一直有一个心愿，就是找出那个给她送花的人，想感谢他让她重新找回了自信，要不是那朵花，现在或许一切都是希望和等待。有一天，无意间，她听到她爸妈的谈话。她妈说："当年你想的招儿还真有用，一朵玫瑰花就改变了她的生活。"

芳不禁愕然，怪不得那字看起来很熟悉，但一朵玫瑰花的作用真那么大吗？不，是自信转变了芳的生活。

我们不难发现，在相貌上不如意的女人更容易自卑，这种自卑是一个恶性循环的过程。自卑的女人黯淡无光不愿意抬起头来表现自己，即使有出众的能力也会被埋没，而这又加剧了她的自卑情绪。

作为一个女人，魅力的源泉就是自信，只有自信才能让你在工作中充满激情与斗志，因此，每一个女人都要把自信当成修炼职场气场的首要任务。然而，要想让自己自信起来，必须做到以下几点。

1.在做事前积极准备

只有自己心里已经有了对场面的掌控和了解，大致知道会发生什么，以及怎么应对，才不会紧张，也不会表现出不自信。比如你要出席一个场合，可以先试着了解这个场合中会出现哪些人，而这些人大致有什么特点，怎么

和他们接触，聊什么样的话题他们更感兴趣等等，当你准备了这些的时候，你会心中坦然，不会慌张。

2.注意自己的仪表

树立自信的外表，走路正视前方，说话正视别人的眼睛。注意锻炼，保持健美的身材和健康的身体以及积极的心理状态。什么场合穿什么样的服装也是有讲究的。在比较正式的场合你穿得很随意，看看周围的人你就会感觉不自在，这样的不自在就会让你感觉紧张，总去想别人怎么笑我穿成这个样子，所以也就没有了心情去和别人交流。相反一个很随意的场合你穿很得正式，反而显得你有些做作。总之，要适合场合，适合自己的身份。

3.承认失败

不要对自己要求得过于完美。人都有缺点，都有不足的地方，也都有错的时候，说错一句话，也不是什么杀头的罪，不用那么大惊小怪。有时主动承认，比如说在一个很正式的场合你需要说话，可以照实说出自己的感受：我很紧张，紧张得我现在不知道说什么好。或者说我很激动，激动得我有点语无伦次，这些反而会增强别人对你的好感。

4.广交朋友

在人生的道路上，谁也缺不了朋友。朋友的关心会让你觉得内心温暖，他们的赞美和鼓励会让你信心十足，朋友间的交流会在不经意间给你面对生活的灵感，同时，有个自信十足的好朋友也会把你带向自信的氛围中。

但其实，自信更是一种自我的心理暗示。在遇到事情，面对问题的时候，在心里告诉自己：我可以做得很好，别人不比我强多少。一个能统筹事务的女人，才能以一副安然的姿态面对工作中的人和事，才能倍加自信，也才更具魅力！

靠自己的能力与学识养活自己

嫁有钱人、做“全职太太”、相夫教子，这曾经被很多女性定位为人生成功的一种目标。但是，“包二奶”现象的层出不穷，让聪明的女人们逐渐认识到，自己坚守的成功法则正在裂变，自己掌握的幸福正在变得不确定、不稳定。关于成功的价值观需要重新定义。的确，现代女性对“成功”的理解已经发生了巨大的变化，她们不再把“成功”的希望寄托在丈夫和子女身上，而是更加看重自身的“成功”。

成功女性有稳定的收入，有令人羡慕的社会地位，有幸福美满的家庭，享有真正意义上的男女平等。所以，实现事业和家庭双赢的“成功”，已经成为大多数有理想、有抱负、有能力的现代女性的不懈追求。

古人云：“女子无才便是德。”然而，现今社会，女性和男性一样，接受高等教育，有自己的学识并掌握了各种技能，早已是巾帼不让须眉。在风云变幻的职场，现代女性也拥有可以和男性对弈的资本。因此，任何一个女人，都有接受与男性平等工作的权利。为此，女人要相信自己，你完全可以靠自己的能力和学识养活自己。

菲菲是个漂亮的女孩，她的梦想就是嫁个有钱人，为此，她选择了现在的工作——汽车销售员，目的就是能接触成功男士。每天工作的时候，她都心猿意马，工作业绩自然也不怎么样。因此，月底的时候，她基本上是全公司薪水最少的人。看到微薄的薪水，菲菲也觉得很委屈，她想，还不如换个工作，这工作太没前途了。

一天，菲菲向她的父亲“提交”了这一想法，没想到，父亲什么都没说，只是给她讲了个故事：

在古老的欧洲，有一个人在他死的时候，发现自己来到一个美妙而又能

享受一切的地方。他刚踏进那片乐土，就有个看似侍者模样的人走过来问他："先生，您有什么需要吗？在这里您可以拥有一切您想要的。所有美味佳肴，所有可能的娱乐以及各式各样的消遣，其中不乏妙龄美女，都可以让您尽情享用。"

这个人听了以后，感到有些惊奇，但非常高兴，他暗自窃喜：这不正是我在人世间的梦想嘛！一整天他都在品尝佳肴美食，同时尽享美色的滋味。然而，有一天，他却对这一切感到索然无味了，于是他就对侍者说："我对这一切感到很厌烦，我需要做一些事情。你可以给我找一份工作做吗？"

他没想到，他所得到的回答却是摇头："很抱歉，我的先生，这是我们这里唯一不能为您做的。这里没有工作可以给您。"

这个人非常沮丧，愤怒地挥动着手说："这真是太糟糕了！那我干脆就留在地狱好了！"

"您以为，您在什么地方呢？"那位侍者温和地说。

讲完这个故事，父亲接着说："菲菲，这则很富幽默感的寓言，就是要告诉我们：失去工作就等于失去快乐。但是令人遗憾的是，有些人却要在失业之后才能体会到这一点，这真不幸！我也不知道为什么在你的人生价值观中，嫁有钱人就是你的梦想。但我必须得告诉你，你有大学文凭，有工作的能力，为什么还要靠男人呢？当有一天，你真的不需要工作的时候，你才能体会工作带给你的快乐。"

听完父亲的这些话，菲菲若有所思。

现实生活中，也许有很大一部分女性都和案例中的菲菲一样，在她们的眼里，嫁个有钱人就不用每天面对繁琐的工作。但你想过吗，当有一天，你真的失去工作、伸手找男人要钱的时候，你是不是多了一份顾虑呢？

这世间，女人的美丽有千万种：纯真善良、温婉可人的女子是美的；端庄秀丽、稳重大方的女子也是美的；披上婚纱，成为新娘的女人是美的；初为人母，相夫教子的女人也是美的……然而，这一切还不够，必须有一份工作，女

人才算完美。

1.工作能带给女人独立与自信

一个没有工作、事业的女人，是没有收入的，这样的女人，即使她们拥有美丽的容颜和姣好的身材，也会觉得内心空虚、没有自我。相反，拥有一份工作的女人，即使收入不高，也会每天过得充实快乐，在待人接物上也会自信、大方。

2.工作还可以带给女人成就感和满足感

工作是最好的美容术，因为女人的心态是永葆青春的重要因素。“我工作，我快乐，所以才年轻。”一个女人只要能找到自己喜欢的事情做，就会觉得快乐、年轻。

总之，21世纪的今天，女人绝不能再满足于做一棵“藤”的命运，不能再缠绕和依靠着别的东西生活，而要为自己而活，掌握自己的命运，去热烈地爱，去努力地奋斗，去积极地争取，去勇敢地选择，去快乐地生活！

每个女人都要为自己的命运负责。女人要为自己而活，活出生命中的灿烂和精彩，生命才会因此而美丽、芬芳。

有独立事业的女人男人更青睐

对现代女性来讲，工作已经成了生活中不可或缺的部分，但什么样的女性更受欢迎，却并非人人皆知。在男性眼里，他们绝对会欣赏有独立事业的女人。为什么呢？首先，有独立事业的女人在经济上是独立的，能让男性轻松不少。老舍说过一句话：两个帮手彼此帮忙是上等婚姻。这句话对结婚多年的人来说，的确是真知灼见。就是说，夫妻一定要相互帮忙，而不是说一个人是另一个人的负担。尤其是在如今这种社会条件下，男人的生活压力非常大，妻子一定要当一个好帮手。其次，有独立事业的女人往往是自信

的、有魅力的，在男人们的眼里，她们有自己独立的思想，有独立处理事务的能力。

可能在很多女人眼里，工作状态下的男人是迷人的，其实，反过来何尝不也是如此呢？一个专注于自己事业的女人在男人眼里也是美丽的。这就是那些职业女性身边总是不乏异性的原因。

《大都市》杂志前任主编海伦·格莉·布朗出身贫苦，没有上过大学，从小秘书开始做起。除了工作勤奋之外，海伦认为，她当初吸引未婚夫大卫·布朗的主要原因是她有自己的事业和特立独行的性格，而不是她有多漂亮。她奉劝年轻姑娘们，假如想要吸引一个优秀的男人给自己提供生活来源，首先自己要有给自己提供生活来源的能力。活得独立自主和满足是与女人事业的独立自主分不开的。"就算你是单身，你仍然可以享受生活，你的生活仍然可以过得很棒。要是你结婚了，可别什么都靠着那个男人或者只做个贤妻良母。不要利用男人来得到你想从生活中得到的东西——你应该自己去争取。"她在书中这样写道。

有记者采访海伦时问她是如何看待"钻石是女孩最好的朋友"这种观念的，她回答说："你可以嫁给有钱人从而得到大颗钻石，你也可以嫁给穷小子从而只得到小颗钻石，但是最好的钻石还是你自己买给自己的。"

海伦 37 岁那年遇到大卫·布朗，成功打败众多好莱坞美女，把自己嫁给这位金牌制作人。如今，他们已经一起度过了金婚纪念日，而且从来没有受到婚外情和绯闻的困扰。

可见，在女性权利和能力逐渐被认识的今天，男人和女人都同时认识到男女之间的关系应该是平等的、独立的。如果一个女人依附于男人而存在，那么，对于男性来说，无论是经济上还是心理上，都有一定的压力。而同时，经济学里有一个悖论：当一个女人有能力养自己的时候，全世界的男人都会特别乐意养你；但如果你没有养自己的能力，那非常抱歉，所有的人都会躲着你。所以老子说过一句话："天之道，损有余而补不足。人之道则不然，损不足以奉有余。"如果你本来拥有得少，它会从你手里再拿走一些；如果你本来拥有得多，它便会给你更多。资本运作是这样，感情与婚姻也是这样。一个在大学教国际货币的老师曾经说过这样一句话："在这个世界上任何问题归根结底都是货币问题。"一个女人要做到的是：尽量不要让钱来打扰你的感情生活。想要能做到这一点，就需要你手中有一定数量的钱，有足够的经济能力。有钱最大的好处就是你可以从此不必再去考虑钱的问题。举个最简单的例子，爱一个人，你会特别想给他最好的东西，你用自己赚的钱买些礼物送给老公，他拆礼物时那种惊喜的样子你不感动吗？可你总不能给他买一条皮带的同时，又去刷他的信用卡吧？

然而，家庭生活的幸福对女性来说也是非常重要的，因此，在追求成功事业的同时，你最好有个规划。

(1)刚毕业阶段，你要对自己有个清醒、正确的认识。要知道，在职业生涯之初，若对自己的职场定位找不到明确的方向，那么，你在以后的人生目标中也会出现很多混乱。

(2)在25岁之前要进入职业正轨中，找准方向。即使这份工作薪水不高，但你的积累迟早会让你有所收获。

(3)在28岁之前，事业定型。你需要达到这样的标准：你已经具备同行业中的竞争力；有一定的职场地位；不再是操作层面的工作，而是深入性的工作。

(4)在30岁之前完成生育。这是女性最佳的生育年龄，越晚生育，对身体的危害越大。

(5)30岁以后，你要重整旗鼓，重新走入职场。这个时候，因为你的能力和素质，你在职场是不可或缺的，仍然有很大的市场；并且年龄不是很大，还有很多精力投入工作。

(6)无论怎样，都不要当一个"工作狂"。你需要抽出一定的时间享受人生、享受天伦之乐。其实只要规划清楚，职业生涯剩下的就是朝着一个方向努力了，而不是花时间做选择。现代女性要有自己的理想和事业，虽然不是每个女人都能成为"女强人"，都能成就一番大事业，但你至少可以从事业中

获得人格的独立！

自立的女人能能够给男人一种美丽距离

自古以来，“夫为妻纲”，女人不为自己而存在，而是作为丈夫的附属品存在，夫喜则喜，夫悲则悲，丈夫有成就，则倍感欣慰，丈夫落魄，则悲天悯人。这种女人是没有自我的，也是悲哀的，将一生都依赖在男人的身上的女人，会让男人感到窒息。其实，女人必须要学会自立，有自己的工作、事业，你才能有精神上的独立。

舒婷在《致橡树》中这样写道“我必须是你近旁的一株木棉，作为树的形象和你站在一起。”只有证明了自己，才能得到他人的尊重和肯定，是一个人生存的根本动力所在。女性展示自己能力的目的，其实不在于争取主权，而是不想成为别人的负债与拖累。

然而，生活中，总有这样一些女人，无论是在恋爱还是婚姻中，她们都把精力放在男人身上而忘记自己还有一份值得倾注热血的事业，其实，她们只是被自己头脑中的假象所迷惑。一个真正吸引异性的女人必须是自立的，只有这样，才能给彼此空间，彼此之间的感情才能长盛不衰。

李晶是一个依而不靠的女人。大学毕业后，她在公司里做文案设计，过着白领优越而小资的生活。但在28岁那年，她对服装的喜爱到了无法割舍的程度，于是从自己设计自己做，到开了家小型公司专为女性设计服装。

公司成立之初，由于各种渠道不畅通，四处碰壁是经常的，那种无人诉说的难处和痛处只有她知道。她总是在一个个月朗风清的夜晚独自垂泪，但第二天她依然要微笑着面对一切。那时，从进布料、设计、制作到加工、销售的全过程都是她自己完成。有时进原料没有工人，她就自己扛。她说，女人要想做成事情，就不能自怜、自哀、自怨，也不能依赖和娇气。

她把每一次喜怒哀乐都当作人生的一种赐予、一种感受、一种历练和一种经验。女人有大女人和小女人之分，在外面要做个大女人，对人对事要宽容；在家则可以是个小女人，但对丈夫，应该是依而不靠。外表温婉的她靠着这种内心的坚强与耐力，走上了宽广的罗马大道。就在她创业的那几年内，她结识了现在的丈夫，她说："他之所以看上我，也许因为我是个自立的女人吧。我们都有自己的事业，我们在忙的时候，从不打扰对方。"

她的老公有自己的事业，对妻子既欣赏又爱恋。她说自己的事业和爱情是双轨，她既可以与他并行，也可以为了需要放慢自己的脚步，有时来了机会，她还会多前进几步。她和老公这种时而前、时而后、时而并行的生活，让她过得非常舒服。

李晶的经历告诉所有的女人，一定要自立，做你自己，即使有了心爱的男人也要有自己的空间，有自己的独处时间，有独自旅游的安排。如此才不会迷失，才能活出有质量的人生。

在这个处处充满竞争的社会中，那种生性柔弱、凡事求助男人的女人已经逐渐失去男人的青睐。的确，女人不要认为男人是自己的主宰，也不要依附于男人而生存。女人学会自我拯救和自我完善永远是最重要的。渴盼男人赐予你幸福，那永远是被动而不安全的。

自立的女人是能够让男人悦目的，也是被男人所欣赏的。在所有的男人中，都渴望自己的女友或妻子成为与自己同进退、心有灵犀的红颜知己，只可惜这样的女人少之又少，这不仅是男人的悲哀，也是女人的悲哀。

那么，作为女人来说，你该如何做到自立呢？

1.经济上自立

女人，千万别想着依靠男人，就算自己赚不了多少钱，赚的钱给自己花总是足够了，永远别要男人来养活自己。因为久而久之，男人也会麻木，女人同时也失去了男人的尊重。

2.情感上自立

女人精神上的自立是对自己的确认，当女人的精神世界被别人支配时，

这个女人就十分悲哀。女人可以在自己的精神世界里建立起一个美好的王国。

总之,女人一定要明白,男人只可以当做心灵的港湾,而不是一切,因为聪明的女人知道距离才是美丽的永恒。

有主见,别什么事都顺从男人

自古以来,女人似乎都作为男人的附属品而存在,即使到了开放的现代社会,女人开始走出家庭、走入职场,但依然还是有很多女人没有根除对男人百依百顺的行为习惯,她们依然依附于男人的思维,男人说什么就做什么。但聪明的女人们,你必须要明白,你们是现代女性,要有着新一代女性的独特思维模式,大胆地去实现自己的理想,去发表自己对某事某物某景某态的评论,这是修炼职场气场的重要的一课。

的确,当你进入职场、从事着自己喜欢的一份工作时,你必然是希望做出一番业绩、实现自己的价值的。但如果你没有主见,凡事听从男同事、领导的指挥,那么,你永远也只能与成功有缘无分。

著名的女打击乐独奏家伊芙琳·格兰妮之所以能成功,正是由于她是个有主见的女人。

伊芙琳·格兰妮生长在苏格兰东北部的一个农场,从八岁时她就开始学习钢琴,并渐渐地显露出了她在这方面的天赋。随着年龄的增长,她对音乐的热情与日俱增,并选择了音乐作为自己一生的追求。但不幸的是,她的听力却在渐渐地下降,医生们断定是由于难以康复的神经损伤造成的,而且断定到 12 岁,她将彻底耳聋。尽管这样,她对音乐的热爱却从未停止过。

父母和老师开始劝阻伊芙琳·格兰妮,希望她不要再浪费时间。但是,伊芙琳·格兰妮只听自己的话,她没有停止对音乐的追求。

她的理想是成为打击乐独奏家，虽然当时并没有这么一类音乐家。为了演奏，她学会了用不同的方法“聆听”其他人演奏的音乐。她只穿着长袜演奏，这样她就能通过她的身体和想象感觉到每个音符的振动，她几乎用她所有的感官来感受着她的整个声音世界。

她决心成为一名音乐家，而不是一名耳聋的音乐家，于是她向伦敦著名的皇家音乐学院提出了申请。因为以前从来没有一个耳聋的学生提出过申请，所以一些老师反对接收她入学。但是她的演奏征服了所有的老师，她顺利地入了学，并在毕业时荣获了学院的最高荣誉奖。当她从这所学校毕业后，真正地成为了一名打击乐独奏家。她的音乐传遍了全世界，感染了无数的音乐爱好者。

至今，她作为独奏家已经有很长的时间了，因为她很早就下了决心，不由于医生诊断她完全变聋而放弃追求，因为医生的诊断并不会令她放弃热情和信心。

正如伊芙琳·格兰妮所说：“最初时我就已经决定，一定要实现自己的音乐梦想，不被任何人的意见所左右。”事实也证明，她成功了。女人一定要有主见，不要被他人的论断束缚脚步，而应向着自己心灵所指的地方，勇敢地向前走去。

因此，职场的女人们，不要再依赖男人了，你应该做你自己的“独立女神”；你的所有决定不管是对是错，后果都由你自己负责。如果你是个依赖性强的女人，那么，从现在起，你必须做出以下改变。

1.不要再随波逐流

女人要有主见就不能凡事都随大流，碰到挫折便畏缩不前，盲目地听从别人的意见。这样就失去了“自我”，失去了个性，成为别人的尾巴，听别人摆布。也不能为了满足他人的爱好，而不惜天天戴着精心制作的假面具，违背自己的人格，失去了做人的主体而成为奴隶。这样的生活有什么意义，有何价值呢？

如果你想在职场做出一番成绩，就必须全面、正确地认识客观事物，通

过由表及里、由此及彼、去粗取精的加工过程，抓住事物发展的规律，结合自身的条件，制定符合实际的理想和奋斗目标，在实施中根据客观事物的发展变化修正理想和目标，使人生幸福之路永远长青。

2.要学会独立思考

聪明的女人都有独立思考的习惯，她们不会人云亦云，而是会用自己的大脑去思考。而相反，即使你貌若天仙，却给人一种没大脑的印象时，你的魅力也会顷刻间荡然无存。

3.有主见并不是固执己见

女人要有主见，不是坚持错误，更不是不听别人的意见。恰相反，坚持主见就是要虚心地听取并接受正确的意见，有则改之，无则加勉。善于把个人意见讲给别人听，取得别人的认同、支持和帮助。从实践中来再到实践中去，不断地升华个人的主见，使得个人主见不断地完善和发展。

总之，好女人一定要有主见，因为女人只有有了自己的思想和决断，才能够摆脱别人思想的束缚，获得事业、爱情以及人生的成功。

提议有见地，令男人对你刮目相看

古往今来，人们对那些能担当重任、力挽狂澜的“英雄”，都心存敬意。而事实上，当今职场，女人也可以当“英雄”。她们不再是男人幕后的支持者，她们也不再是命令的执行者，她们敢作敢当，她们把工作当成自己发挥自身价值的途径，她们并不怎么善于言辞；但到关键时刻，当大家都束手无策时，她们却主动站出来，提出自己很有见地的建议，为大家解除困惑，她们的表现让男人们刮目相看。

小秦毕业于一所不太知名的大学，在面试的时候，没有任何一家大公司愿意向她伸出橄榄枝，于是，她来到了现在这家小公司。

这家公司成立时间不长，客户管理基础比较薄弱。一次和信息部开会时，她提出尽快做一个CRM——客户关系管理系统，得到不少销售经理的支持。但信息部的经理却以工作忙、项目多为由拒绝了。公司老板也觉得人手少、开发成本高，没有表态。事实上，小秦明白，老板是觉得自己是个弱不禁风的刚毕业的女学生而不敢采纳自己的意见，于是，她决定要证明自己。

事后，小秦继续和信息部门的一些员工沟通说："请你们给我三个月的时间，我一定会让你们看到成绩。"信息部也觉得客户数据管理太乱，万一数据外泄，他们也得担责任。于是他们和小秦合作，最终，在几方的努力下，公司的CRM顺利出炉了。整个公司的销售业绩也有了很大改观，为此，信息部的经理在老板面前还夸小秦"多面手"。

经过这次后，公司新员工小秦在其他同事尤其是老板心里，留下了很好的印象，老板连续把一些重大项目的开发工作交给了小秦。

小秦这种表现自己工作能力的方式可谓是以一种间接、自然的方式，让领导接受了自己的意见。

当然，向领导表达我们与众不同的见解时，除了要像小秦一样敢说以外，还必须要注意，我们的见解一定是有见地的。否则，不仅不能起到让对方刮目相看的效果，还容易让对方以为我们是为了出风头。

有的女性在与男性沟通、表达自己的想法时，总是说些无意义的话。所谓无意义的话，就是用来填补讲话中间空白时所说的话，可能是"嗯"、"哦"等语气词，也可能是真正的词汇，像"明白我的意思吧"、"你看"等，但并没有什么实际意义。当这些无意义的话充斥在讲话中间时，讲话就会显得不甚连贯，听上去讲话的人也显得犹豫不决。在短暂的停顿期间，任何用来填补空白的絮叨话，都是无意义的话。

所以，作为职场女性，不要人云亦云，要学会发出自己的声音。而这都需要你的勇气。那么，可能有些女性会产生疑问：该怎样表达自己的建议呢？为此，你需要掌握以下三个原则。

1.积极开腔，表达能力

必要时，我们可以揽一些责任上身，顺便亮出你自己的能力："我之前做过类似的项目，如果需要我可以提供协助。"这样的表达，不仅能传达出自己的信心，也能自己出自己在解决该问题上的经验。

2.找准时机，不到关键时刻不出手

这里的时机，指的是已经确定其他人都不敢承担而我们却有能力力挽狂澜的时候。试想，如果我们并不能解决危机而强出头，那只会让领导对我们产生一种没有自知之明的印象。

3.表达建议要在肯定其他同事的基础上

真正聪敏的女人，在提出建设性的意见时，首先要肯定之前发言者的讲话内容，然后从"帮助他人成功"的角度，委婉地说出自己的建议。比如，"我觉得他的这个提案非常棒，能起到开源节流的作用，为了让这个想法实施得更好，我也有些初步意见，请大家参考指正。"如此一来，大家觉得你在为提案人出谋划策，也会让收到反馈的同仁心存感激而印象深刻。

总之，身处职场，作为员工，女人也要发挥自己的工作价值。当工作出现问题或者企业出现危机时，如果能够主动请缨，那么，这便是一种绝佳的表现自己的时机，不仅能获得领导对我们能力的认可，更能获得同事的信任。

成功的女性更吸引男人

在生活中，我们不难发现一个奇怪的现象：很多事业有成的女人，人到中年，却依然未结婚生子，但她们身边却不乏追求者。那这些女人为什么能吸引男性呢？很简单，不一定是她们的容貌，不一定是她们的物质财富，而是她们对事业的热情、认真工作的态度和追求精神上的独立让男性着迷。

心理学家分析认为，女人往往更感性，无论是对待人生、事业还是感情。

其实，这是女人的优点，也是女人的缺点。生活中，我们不难发现，一些女人一开始就把自己摆在了感情"乞讨者"的地位上，男人怎样，她就怎样，这正是很多女人到头来失去幸福的原因。试想一下，你已经失去自我，别人又怎么会爱你？男人往往就是这样：你越是对他爱理不理，他才越会重视你；而你过于看重他，为了他牺牲自己的一切，当时他是被你的行为感动，但是时间久了他会发现，你已经不是那个你，他甚至开始认为你只是他的一个附属，对于这样的女人，他是毫无兴趣的……从这一点上说，你首先就输了。

感情最在乎尊重和平等的。毋庸置疑的是，那些事业有成的女人，通常是不会依附于男人而存在的，至少在经济上。这一点，是很多男人欣赏女人的一点，他们多半不会爱上一个整天黏人甚至放弃自我的女人。男人在乎爱情的默契、宽容和理解，毕竟，在男人的眼里爱情并不能代表人生的全部。

有主见的女人是可爱的人，可爱存在于人的骨子里，可爱的女人，往往更能获得爱情和幸福。男人喜欢女人的温柔和贤惠，但更喜欢女人的有主见。

乔伊是个美国华裔，但她生长在一个说中文的家庭里，因此，为了适应美国的生活和学习，她不得不努力学习英文。而当英文成为她的母语后，她又开始想象自己能嫁给一个中国男人，而就在她 37 岁的时候，她的愿望实现了。

大学毕业后的乔伊并没有留在美国，而是随着父亲来到中国，她认为，中国的经济飞速发展，有着大好的创业前景，于是，她发挥自己的专业优势，开始创立自己的服装品牌。乔伊是聪明的，创业后五年，她的品牌就入驻了各大城市的商场中。

事业成功后的她才意识到自己该成家了，"乔伊，你瞧，你这么高调，权力和财富兼备，你的护照上打着那么多国家的签证章印，哪个中国男人敢娶你呀？"她的朋友开玩笑说。

但乔伊发现，自己身边不乏追求者。她问父亲为什么。她的父亲告诉她："因为你充满干劲、努力、聪明，这是很多中国男孩眼中的梦中情人的形象。"

而现在，她与她的丈夫大卫结婚已经四年了。"我的人生如此美好犹如恩赐，其中最重要的就是与大卫的婚姻。但事情往往有着另一面。我完全可以一直单身，就像许多其他拥有伟大事业的成功女性一样。毕竟，我与 Dave 相识时已经 37 岁了；我无意过多地谈论我的恋爱过程，我只想说，我不是那种前 20 年都在与女士们打牌聊天的人。"

案例中的乔伊就是个成功的女人。可能很多人认为，在我们的周围，有许多成功的女性朋友都是单身，但这并不代表成功女性缺少追求者。相反，乔伊的经历告诉我们，成功的女人身上往往有着更多的特点。

首先，她们更独立。

独立是女人的美德，正如独立是男人的美德一样，独立的女人好比黑夜里的郁金香，默默地散发着属于自己的一缕芬芳。独立的女人是美丽的，是可爱的。

成功的女人往往比其他女孩子更独立、坚强，她们了解自己需要什么样的爱人，她们对生命有更多的主动权，能掌握自己的人生。

其次，她们更有脱俗的气质。

她们不卑不亢，没有轻佻女人的奴颜媚骨，也没有一般市井泼妇的尖酸泼辣，有的只是平淡如菊的心境。独立的女人是男人的良师益友，亦是男人心头一颗永远的朱砂痣。

再者，她们更有头脑。

她们遇事冷静，遇到危机不会和一般的小女人一样吓得脸色苍白、不知所措甚至痛哭流涕，往男人的肩膀下钻；她们更不会用眼泪作为捍卫自己的武器。她们是有头脑的，当问题发生的时候，她们用智慧、用个性魅力征服危难。更难得的是，她们懂得在什么时候安慰男人，并且把男人的面子照顾得很好，赢得他真心的喜爱。

最后，她们更懂得把握与男人相处的度。

男人当然喜欢女人的温柔，因为女人的温柔能给男人的心灵取暖。然而，温柔有时候似乎又是一种没有原则的爱。成功的女性不会把所有的情感和爱都放在男人身上，她们对于男人，只是心怀善意，她们聪明乐观，更不会让感情取代事业和生活。而这一点，正是男人们欣赏的。

第12章

慧心魅语，能说会道的女人前程似锦

我们都知道，说话是一门艺术。说出的话如何既能让别人听起来舒服、轻松、愉快，又能达到自己的目的，是现如今与人交往的最重要的一种手段。说好话，说对话，同时也是一个人的文化素养和礼节修养的体现。当越来越多的女性走进社会，说话的方式更能体现出女性特有的魅力。因此，学会如何得体说话，成为很多女人们在职场站稳脚跟、谋取良好前途的重要环节。那么，你是否也是个能说会道的女人呢？

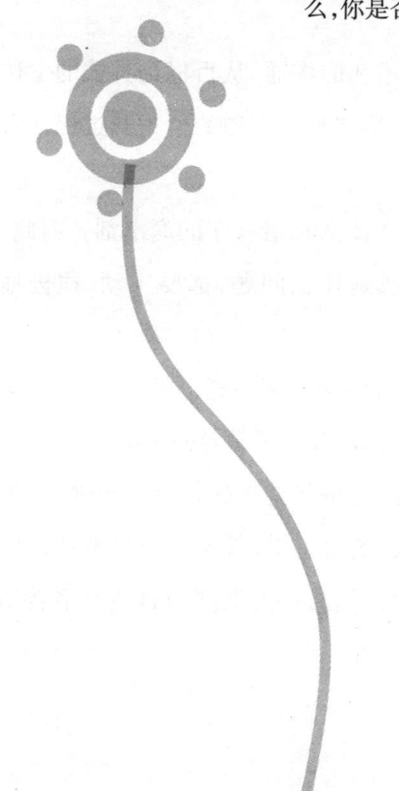

主动沟通，展现积极的情绪感染他人

21世纪是一个合作的时代，合作已成为人类生存的手段。因为科学知识向纵深方向发展，社会分工越来越精细，谁都不可能再成为百科全书式的人物，每个人都要借助他人的智慧完成自己人生的超越，于是这个世界充满了竞争与挑战，也充满了合作与快乐。团队工作模式，也正是女人的优势。当然，一个团队并不是几个或者许多人简单地集合在一起，而是一个有组织、有管理、有共同目标的结合。你只要将自己很好地融入团队，努力发挥自己对团队有用的一面，就可以获得机会。团队是你个人的成功之源，当你离开了团队，无疑成了无源之水，无本之木。这就要求你融入你所在的团队，在团队所有成员的共同协作下，最大限度地发挥自己的智慧，成为一名成功者，与团队一起共创优异的成绩！

好的团队肯定要经常交流，需要无时不在的沟通，从目标到具体的工作细节，甚至到人际关系等等，都在沟通的内容之列。沟通的行为和过程在团队建设中相当重要。

沟通是传达、是倾听、是协调，也是一个团队和谐有序的润滑剂。因此，职场女性们，无论工作还是人际关系上遇到什么问题，都要主动、积极地沟通。

王云一直是个本本分分的员工，领导对她的印象一直也很好，几次开会还当着众员工的面表扬她，但后来一件事，彻底改变了领导的想法。

王云身体一直不是很好，但尽管这样，还是坚持工作。有一天晚上，她得了急性肠炎，一直拉肚子，第二天早上还是很难受，就给领导打电话说肚子不舒服，和他请个假，领导当时也说："行，休息一天吧。"很自然对话就结束了。

第三天上班，因为单位事情很多，王云就留下来加班。尽管前两天王云的急性肠炎已经好一点，看到事多，王云也就硬撑着接了一些工作，一阵子忙完以后，王云到隔壁办公室，同事告诉她说："前天你走后，领导对我们说你拉肚子是装的。"王云一听，心里很委屈，自己从来没有迟到早退，也不会动不动就请假，如今领导怎么能这么想？就因为拉肚子请个假，整出这么个误会，王云觉得一定要向领导解释清楚。

但王云一直没找到机会，有一天，她的急性肠炎又犯了，疼得厉害，她捂着个肚子去找领导请假，她敲门进去，就对领导说："经理，我头疼，能准我一上午的假吗？"领导一看很奇怪，就回答说："你怎么捂着肚子说头疼？"

"我上次捂着肚子说肚子疼，你误会我，说我装；那这次，大家建议我换个方法，说头疼，你肯定会相信。"王云腼腆地把话说完了。说完这些，领导扑哧一声笑了，答应了王云的请假，还让她回去好好休息。

就这样，一场误会解开了。

案例中的女员工王云是聪明的，她的这种情况，如果按照常规方法去和领导解释，恐怕只会越描越黑；一旦王云找领导解释，还会让领导觉得王云是一个爱打听小道消息的人，对王云的误会就会更深。而王云采用幽默的做法和语言，虽然领导知道了这些，然而最终一笑了之，一场误会解开了。

当然，身处职场，除了误会，需要与他人沟通的问题还有很多，但无论什么问题，都不能畏首畏尾；积极一点，让对方感受到你的诚恳、友好。具体说来，你需要做到以下几点。

1.不要私下抱怨

女人往往比男人更容易情绪化，因此，她们在工作中遇到问题时，喜欢向同事倾诉，最后可能全公司的人都知道你的挫折，导致的结果是你的问题没有结果，却让众人对你失去信任。事实上，你要清楚，任何抱怨和焦虑对于问题的解决毫无益处。

2.鼓起勇气，当面沟通

问题的类型多种多样，解决问题的方法也是多种多样，但最直接、最有

效的莫过于当面沟通。很多女人却因为懦弱而不敢当面对质，结果却导致问题变得更加复杂起来。因此，在当面沟通之前，你最好调整好自己的心态，千万不要找各种借口推脱，一定要克服困难，战胜自己，想方设法当面表明心迹。

3.找个好时机

聪明的女人懂得选择良好的时间与人沟通。一般来说，当人们心情愉快、神经放松时，胸怀也就较为宽广，此时表白，往往能得到对方的认同。

4.不要期望与每个人做朋友

女人们往往比男人们更感性，在工作中，她们常常幻想能与所有人成为朋友，当她的同事表示出无意与她成为朋友时，她会表现得很受伤。实际上，男人们却不是这样，他们的反应常是无所谓，今天在会议中处于竞争对立的立场，明天却一起去唱卡拉 OK，公私泾渭分明，两者无关，也不会产生矛盾。

所以，女人需要认真对待你身边的每一个人，尤其是团队中的成员，这会帮你赢得团队的信任，让生活充满热情，让工作更有效率。

做忠实的聆听者，会“说”更要会“听”

古人云：“听君一席话，胜读十年书。”在现代交际中，倾听的作用尤为重要。倾听，是人们建立和保持关系的一项最基本的沟通技巧，也是一种心理策略。英国管理学家威尔德说：“人际沟通始于聆听，终于回答。”没有积极的倾听，就没有有效的沟通。

然而，现代职场，大多数女人依然只顾发挥自己的优势——说话，而不在意别人所说的话。她们更喜欢谈论自己的事情，而没有耐心听别人谈论他们的事情；或总在没有完全“听懂”别人的前提下，就对别人盲目下判断，

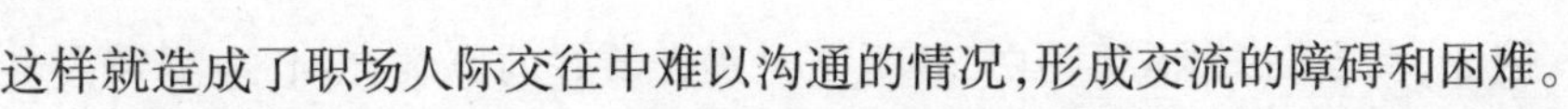

这样就造成了职场人际交往中难以沟通的情况，形成交流的障碍和困难。

实际上，每一个女人，要想获得良好的职场人际关系，首先要学会倾听他人的声音。

杨微是部门新上任的主管。公司按例每月要开个中高层会议，商议一些事宜。可能这样的会议早已经屡见不鲜，大多数领导已经把这种会议当成一种走形式。杨微第一次参加这样的会议，不免准备充分，带上了纸笔。和她一起参加的，也有一些和她一起上任的新主管，看着杨微正襟危坐的样子，不禁都笑了。

这次主持会议的是董事长的得力助手，商讨的是公司的一些人事变动问题。其实，这类问题的讨论也已经不是第一次了，无非是各个部门之间的一些主管、小领导之间职位的变更，大家都听厌了，只等通知就是；可是杨微坐在后排，居然把这些人事变更的名字都记下了，而这些却被主持会议的董事长助手看在眼里了，散会后，他让杨微留了下来。

“为什么会上大家都无所谓，你却记下了这些名字呢？”

“因为，我觉得工作中一定要细心。我刚上任，以后肯定会麻烦这些前辈和领导，记下他们的名字才不会出错。”杨微如实回答。

“小姑娘真的很细心啊！我们现在工作的状况是，很多人都倚老卖老，董事长让我每次开会，我多是硬着头皮去的，那帮人不把我放在眼里啊，我是有苦说不出啊！”说完，他长叹了一口气。

“这种会议的确不好开啊，毕竟与会的都是一些老将。不知当说不当说，其实，如果您尝试一些新的会议模式，倒是能激发大家的兴趣，比如……”董事长助手听完后，觉得十分有理，就采取了杨微的建议，果然，每月的例会有生机了，而在助手的大力推荐下，杨微很快升到了部门经理的职位。

的确，任何一个人，都是希望能够得到尊重和支持的，因此对于愿意认真倾听自己说话的人，人们一般也会对其产生好感。杨微就是这样获得董事长助手的器重的。董事长助手这个职位看似不重要，却能和董事长直接对话，这就是为什么他能帮助杨微成功升职。

因此，女人们，你需要明白，倾听是对别人最好的尊敬；专心地听别人讲话，是你所能给予别人最有效、也是最好的赞美。不管说话者是上司、下属，倾听的功效都是同样的。当然，你还必须掌握倾听的艺术。

1.注意言行，传达你的兴趣

人们都希望自己的言语能被他人重视，因此，在对方表达观点时，你需要表现出你的兴趣，并积极配合对方的言论。比如，你可以注视着对方，偶尔点点头表示赞同，不要不停地看表，还可以通过提问的方式来表达你不明白的地方。这样会让他认为你在关注他的话，他的表达欲会被激发出来，从而向你提供更多的信息，你在此沟通过程中也能准确、完整地得到他想传播的信息。

2.适时反馈

沟通是双向的，只顾倾听，只是满足了对方倾诉的愿望，而他还有被回馈的愿望，这才表明你用心了，真正考虑到了他的感受。你可以这样做：对方发表演讲，你应该积极鼓掌，大声喝彩；如果对方相邀去吃饭，你要主动地相陪。在茶饭间的闲聊，你不妨使用这样的话语："能够听到您的人生经验是我最大的幸福！"这些话会成为和对方沟通的最好的润滑剂。

3.肯定对方的感受和想法

无论在倾听的时候，还是在反馈意见的时候，你都要肯定对方的感受，这是互赠情谊的基础。即使对方谈的都是一些老调，也要做倾听状，时而给予共鸣或由衷的赞美，而不应有一丝不耐烦的神态。

4.适时进行鼓励和表示理解

谈话者往往都希望自己的经历得到理解和支持，因此在谈话中加入一些简短的语言，如"对的"、"是这样"、"你说得对"等，或以点头微笑来表示理解，都能鼓励谈话者继续说下去，并引起共鸣。当然，仍然要以聆听为主，要面向说话者，用眼睛与谈话人的眼睛做沟通，或者用手势来配合谈话者的身体辅助语言。

总之，身处职场，女人们，只有学会做同事、下属、领导忠实的听众，才能

实现有效的沟通，拉近彼此间的距离。

言辞委婉，令双方都乐意接受

身处职场，每一个女人，每天都要与同事、领导、下属打交道，然而，每个人的个性、认识不同，对同一件事的看法和意见自然也不同。而很多时候，即使彼此意见不一，也绝不要和对方争论，就算你认为自己很有道理也不要这么做，因为那对你没好处。结果要么是你输掉这场争论，要么就是你失去一些跟你站在同一战线上的人。但是，你还是需要用一些办法阻止他们产生一些草率的念头，避免最后出现会给你职业带来不良影响的交锋。此时，就考验了你说话的能力。

可能很多职场女性都没意识到，女性在与人沟通的时候，有个天然优势，那就是委婉。对此，你不妨把这一优势也带到职场交流中，你可以不直陈交谈目的，而是转弯抹角，正话反说，要么就寓意象征、委婉迂回。从某种意义上说，这些特征是女性语言诱人的地方。

那么，具体说来，职场白领女性们该如何正确地表达你的相反意见，同时还能避免跟同事彻底翻脸，把话说到对方心里，让其欣然接受呢？

对此，你可以依据下面五个步骤进行沟通。

第一步：让对方把话说完。

当你发现与同事意见相左或者认为他提出的方法不当时，你不要急着打断对方，更不应该与之争论，而应该先听对方把话说完，这不仅是对对方的一种尊重，更能让对方清楚地表达完自己的意见。否则，他会认为："你还没听明白我说什么，为什么就反对，难道你对我有意见？"这样的话，你们会得到一方获胜一方失败的结果，那这样的争论完全就是浪费时间。

第二步：善意的保留。

其实你也清楚，对方的话并不是一无是处，既然这样，那么，你就应该保留一些善意的意见，从情感上认同对方。当他认为你与他已经站在统一战线上的时候，对你的意见也就更容易接受了。

刘莲学的是市场营销，毕业后顺利进入一家外贸公司当业务助理。刘莲的上司是40多岁的业务主管老张，有着丰富的营销经验，由于资历较老，老张总是显得傲气十足，甚至有些骄横跋扈。他经常炫耀自己的辉煌业绩并用鄙夷的口气训斥他人，丝毫不把别人放在眼里。而实际上，很多时候，老张的那些主张与经验已经过时了。同部门的其他同事背地里总是抱怨老张自高自大、目中无人，但毕竟老张是老员工，大家也没什么办法，只能尽量远离他。

刘莲来到单位后也没少遭到老张的训斥。但是刘莲暗自琢磨：老张之所以能居功自傲、盛气凌人，是因为他在商场摸爬滚打多年，经验极为丰富，才拥有骄傲的"资本"。尽管他平时在工作上有些做法不对，但要想说服他，并非易事，直接反驳不可取。于是她主动邀请老张吃饭，并且一向不喝酒的她还以晚辈的身份敬了老张。饭桌上，她大力称赞老张多年营销的功绩，并表示一定以老张为榜样，努力向他学习业务。老张听到这些话心里十分高兴，拍着刘莲的肩膀说："小姑娘，你倒是挺谦虚，不过你要学的真的很多，以后有什么不明白的多问我，我保证把你培养出来！"刘莲听到此话便向其虚心请教拓展业务的方法。而后来，聪明的刘莲在和老张学习经验的时候顺便道出了一些自己的看法，老张这才发现，原来自己的很多观点已经过时了，于是，他在心里对刘莲表示佩服。

这个案例中，老张属于职场老手，"居功自傲型"，很难看到自己的不足。而这类人的心理需要很简单，就是希望别人把他当作"功臣"来尊重和敬仰。由于这类人在单位已经工作多年并取得一定成绩，直接反驳自然是不可取的。而刘莲就是个聪明的职场女白领，她认识到了这一点并摸准了老张的心理，于是她选择了向老张请教。这充分满足了老张的自尊心；而后她又表达了向老张学习的决心，将之奉为榜样，在请教的过程中指出自己的

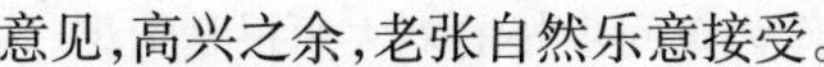

意见,高兴之余,老张自然乐意接受。

第三步:找出共同点。

你需要让对方明白的一点是,无论你们提出了什么样的意见与方案,你们的共同目的都在于帮助公司解决问题。因此,你们需要把焦点放在如何得出正确的结论上,而不是具体的看法上。

第四步:强调重点。

你可以向对方表达你已经想到了一个解决方案,但还在想象阶段,你可以寻求对方的意见。

第五步:同心协力,解决问题。

这需要双方真诚,而不是互相绕来绕去,把焦点放入对细节无休止的讨论中,要把问题放在目标。

谦逊表达,让他人愿意主动帮助你

人生在世,没有谁活在自己的世界里,社会是一个集体,学会说话、办事,少不了求人。同样,任何一个身处职场的女人,也不可能靠单打独斗取得成功,为此,女人必须要舍得下面子。如果你总以一副不肯低头的气势求人,恐怕是没有人愿意答应你的请求的。实际上,女人因其性别关系,有自己独特的处事方式。一般来说,没有人会拒绝一个谦逊、和气的女人的求助,尤其当对方是男性时,你求助成功的可能性更大。

说话谦逊,才会让人听起来更悦耳舒服。职场女性要想成功获得他人的帮助,就必须掌握这一说话技巧!

上世纪九十年代,某国有工厂某车间接到国库券认购任务。这是一个上百号工人的大厂子,因此,有几百名工人认购了不同的数额,但工厂偏偏有几个不愿认购的“老顽固”。这几个拥有 30 年左右工龄的老工人,任凭车

间主任磨破了嘴皮，依然不肯认购，这让作为车间主任的刘大姐很是为难。

“不是说要自愿吗？我不自愿！”

前后已经开了三次动员会，依然毫无结果。下班时，刘大姐把这几位老工人送到车间门口，轻声说：“我现在很为难，请大家帮个忙。”

奇怪的是，原先态度强硬的几个人听了这句话，竟纷纷表示：“主任，我们不会让你为难。”说完，大家立即转身回去签名认购。

很快，国库券的认购任务就完成了。

本案例中，刘大姐只不过是说了一句表明自己难处的话，没想到更有说服力。

的确，作为一个女人，在工作中，难免有很多自己无法办到的事，假如你是一个下属，希望能升职加薪；假如你是还为工作发愁，希望能找到一份如意的工作；假如你急需用钱，你希望领导批准预支工资……你办不到的事，你就需要去求人。然而，提到求人帮助，一些强势的职场女性就皱起了眉头，有些甚至连好话都不会说，她们依然放不下平时工作中盛气凌人的架势，这样的态度，谁会帮助你呢？

当然，求人帮助有多种多样的方式，其中很大部分是由口头提出的。人们不难发现，同样的请求内容，不同的人，用不同的方法和语言表达出来，得到的结果常常是不一样的。那么，怎样开口才显真诚呢？

1.求人语言要做到诚恳

所谓诚恳是指要让被请求者感到你是发自内心地求助于他，从而重视你的请求。这是求人成功的先决条件。

2.求人语言要做到礼貌

所谓礼貌是指尽量选用被请求者乐意接受的称呼。举个简单的例子，在问路、请求让座时，这一点就显得非常重要。问路时，称对方为“老头”、“小孩子”，那你肯定一无所获；若改用“老人家”、“小朋友”等，效果就会好些。同样，如果你向一个资质较老的前辈求教，那么，你最好称呼其“×老师”、“×老”、“前辈”等；而如果你不分尊卑，直呼其“老王”、“某某”，那么，估

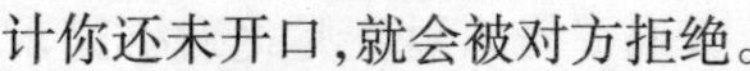

计你还未开口，就会被对方拒绝。

3.不强加于人

不强加于人是指不用命令、祈使的语气，而多用委婉、征询的口气，例如，尽可能地使用“麻烦……”、“劳驾……”、“可以……吗”这类句式，即使对相识者也不妨这样。

4.求人时，语言一定要简明扼要

不需要刻意雕琢言语、故意咬文嚼字，要尽量抛弃那些造作的、文绉绉的词汇；而要有真意、不粉饰、少做作，表现朴素、自然，以平易近人的语言把话说得自然、通畅。

世界著名演讲艺术家弗尔特说：“你应该时常说话，但不必说得太长，少叙述故事，除了真正贴切而简短之外，不讲为妙。”

简明扼要的表达能力是实现一语中的、妙语如珠，赢得他人侧耳聆听的基础。同时，还要忌讳说话含糊其辞。语言表达必须准确，说话前要谨慎思考，避免过于犀利或不文雅的言语。

5.避开忌讳

每个人因个性和生活经历不同，对某些言辞和举动有所顾忌，因此千万不要去冒犯。《孙子兵法》上讲：“知己知彼，百战不殆。”这句话同样适用于求人的技巧。当你有求于人的时候，首先不妨对那个人的嗜好、性情、学识和经历等做一番侦察，然后从容前往，将会得到意想不到的效果。

人生在世，既有风雨也有晴天，所以谁都需要别人的“搀扶”。如果你是个聪明的女人，你就要懂得示弱，善于向周围的同事、领导伸出求助之手，要大胆开口，但同时要做到求而不卑、求而不倚！

学会赞美他人，职场女人要“嘴甜”

我们知道，人人都长着一双爱听赞美之言的耳朵，任何人都无法拒绝赞

美，即使是那些仁人志士与君子。正如卢梭所说："贤人哲士是绝对不追求运气的，然而对赞誉和激励却不能无动于衷。"在日常交往中，人人需要赞美，也喜欢被赞美。真诚的赞美不但会使被赞美者产生心理上的愉悦，还可以促进人际关系的和谐。

因此，身处职场的女人们，也应该认识到赞美的力量，工作中需要赞美，是认可别人工作能力和劳动成果、肯定别人价值的表现。可见，如果你想搞好与他人之间的关系，就需要多去发现别人的优点、成绩，而不能只顾自己的功劳。但与你打交道的人是众多的，有领导、下属、同事等，不同的人所能接受的赞美的语言和赞美的方式是不同的，赞美别人时如不审时度势，不知道因人而异，即使你是真诚的，也会变好事为坏事。相反，因人而异，突出个性，有特点的赞美比一般化的赞美能收到更好的效果。

为此，聪明的女人们，在工作中赞美他人的时候，要把握以下要点。

1.赞美领导要不卑不亢

具有一定地位的领导，也需要别人的赞扬，因为这是对他能力和地位的一种肯定。

在赞美领导时不要一味地奉承，更不能丧失自己的人格。在职场中，有一些女人，在称赞老板时低三下四、奴颜婢膝，认为凡是老板说的都是正确的，凡是老板的意见都要赞成，凡是老板的行动都要赞美，动不动就用"老板的决策真是英明"之类的词语加以赞扬，这样就把正义的赞美歪曲为拍马溜须、阿谀逢迎。像这种奴性十足的奉承不仅老板不愿接受，其他同事看起来也会感到幼稚、可笑。

要做到不卑不亢地赞美领导，需要我们做到心底无私，实话实说，并做到积于平常、发于一时。

2.赞美下属要知冷知暖

有人认为，下属赞美领导天经地义，领导为什么也要赞美下属呢？领导赞美下属，可以使领导与下属的距离拉近，使双方能够融洽相处，同时也能能调动下属的工作积极性。如果你是领导，在赞美下属时，也要注意自己的表达方式，有一些女领导不能说口才不好，也不能说没有称赞下属的话，但却经常犯常识性的错误，就是把口头表扬作为经常性的廉价奖赏，不冷不暖地随便抛给下属，而在下属看来，这种赞美可有可无，甚至还会起到相反的作用。

放下“架子”、平易近人是下属称赞领导的前提条件。领导要想让下属感到你的平易近人，不妨从工作之外入手。比如，当下属生病的时候，你可以去医院看望，并说：“身体是工作的本钱。小刘，你作为单位的骨干，身体垮了可不行，平时要注意加强营养。”一句话透出领导的赞扬、赏识和爱护。

3.赞美同事要从细节入手

作为职场女人，你在赞美同事时，并不一定要从工作入手，只要你细心观察，就能发现同事值得赞美的地方。

公司秘书小马去理发店剪掉了自己的长发，可是剪完以后，她很不满意，和自己想象的效果完全不一样，她几乎和理发师当场吵起来。当她极其不安地到了公司的时候，前辈杨姐眼前一亮，赞美她极其清爽和简洁，经杨姐这么一说，大家也表示赞同，小马的怨气一股脑儿全消了，心情变得大好，随后几天的工作都非常顺利。

从这个故事中，我们应当有所启发，身处职场，赞美别人，要心思细腻，有时候哪怕是赞美别人微不足道的一个细节，也会起到意想不到的效果。

聪明的女人们，在日常工作中，你们不妨根据交流对象的性别、性格和职位高低等各个方面来使用赞美语言。对待不苟言笑、内向的同事，赞美要点到即止；对待性格活泼外向的同事就不要吝啬赞美的词汇；对待异性，赞美的时候要注意不能引起不必要的误会；对待年长的同事不能口无遮拦等。

妙语连珠，轻松化解各种尴尬

身处职场，任何一个女人都免不了要与周围的同事和领导相处，因此，学会为人处世以及说话都很重要。然而，我们却发现，有一些女人，她们在公司、单位里的人缘很好，当别人提及她们时，总是用“善解人意”来评价她们，那么，这些女人为什么能获得这样高的评价呢？因为她们总是能在他人遭遇尴尬时，第一个站出来为他人解围，几句巧妙的话就能解除现场尴尬气氛。

我们先来看看下面的案例。

阿芬是一个广告公司的女职员，她没什么大能耐，就是会说话，还很具备幽默细胞，说出来的话总是让周围的人觉得很动听，因此，人缘关系很好，就连领导都喜欢她。

有一次，公司出了点状况，主任召开紧急会议，大家手忙脚乱来到会议室，谁也不敢说话，而领导也是夹着公文匆匆忙忙赶进来，大家觉得肯定少不了一顿批。前几天，阿芬还和领导以及同事们在一起讨论存在方式的问题，有人开玩笑说，我们的存在方式就是为公司努力，为自己加油！领导当时听了很高兴。可没想到几天工夫，就有人要为公司这次出的问题负责，甚至要走人了。

领导进来了，突然，他一不小心撞到了门口架子上的花瓶，哐当一声，花瓶碎了，大家更害怕了，领导这次要大发脾气了。

正当大家都低头盘算的时候，阿芬来了一句：“你们看，这就是这只花瓶的存在方式！”领导一听，当场笑了，说了一句：“阿芬啊，还是你脑子快，那你看，这次的事情怎么解决？看你能不能救大家一命，证明你的存在方式？”大家一看领导已经笑了，也都轻松了很多。接下来，阿芬把自己的解决方案说了一遍，领导听了，连连点头。公司没一个人为此事受牵连。

本案例中，女职员阿芬的确脑子快，在大家处于沉默尴尬的时候，说出一句缓解气氛的话。原本领导可能要拿谁开刀，在听到这句幽默的话后，思维也开始理智起来，想到解决问题才是关键，事情也就自然过渡到常规方式上。

美国一位心理学家说过："幽默是一种最有趣、最有感染力、最具有普遍意义的传递艺术。"幽默是缓解紧张气氛的灭火剂。同时，幽默也是打破沉默的助燃剂，死气沉沉的气氛能因为一句话而变得轻松活跃起来。

当然，真正会说话的职场女性不仅能为他人解除尴尬，还善于妙语连珠为自己寻找台阶。

有一位年轻的女白领，她很有能力，年纪轻轻就当上了经理。有人对这位女经理颇为反感，一次在公司职员聚会上，突然问女经理："女士，你刚才那么得意，是不是因为当了公司总经理？"这位女经理立刻回答说："是的，我得意是因为我当了公司经理。这样我就可以实现从前的梦想，亲一亲董事长的夫人的芳容。"当时公司的高层领导包括董事长夫人都在场，都为她宽广的胸怀和机智的头脑感到欣慰，一个个都笑了。

这种类似的情况在我们工作中真是层出不穷。作为职场女性，当你遇到这种情况时，你是怒发冲冠，还是保持沉默、自个儿生闷气？这些都不是聪明人的做法，而幽默处理是值得我们学习并推广的。因为这样做，不仅打败了敌人，也争取了朋友。

的确，职场女性与各种人打交道的机会比较多，有时难免还会碰到比较尴尬的事情，而如果追究别人，又显得自己没有水准，所以你必须练就化解尴尬的绝门独技。而幽默是帮助我们化解尴尬的一种方法。

1.微笑拒绝回答私人问题

如果被人问到不想回答的私人问题或让你不舒服的问题，可以微笑地跟对方说："这个问题我没办法回答。"既不会让对方难堪，又能守住你的底线。

2.拐弯抹角回绝

比如，当对方向你敬酒时候，不要直接说“我不喝酒”扫大家的兴，不如幽默地说：“我比较擅长为大家倒酒。”

3.先报上自己大名

忘记对方的名字，那就向对方介绍自己的名字或拿出名片，对方也会顺势报上自己的大名并拿出名片，免除了叫不出对方姓名的窘境。

4.不当“八卦”传声筒

当一群人聊起某人的“八卦”时，不要随便应声附和，因为只要说出口的话，必定会传到当事人耳中。最好的方法就是不表明自己的立场，只要说：“你说的事我不太清楚。”

5.下达“送客令”

如果你觉得时间差不多了，该结束谈话或送客，但对方似乎还没有起身离开的意思，可以说“不好意思，我得打个电话，时间可能有点久”，或是“今天真的很谢谢你来”。或不经意地看自己的手表，让对方知道该走了。

6.让对方觉得他很重要

如果向前辈请教，可以说：“因为我很信任您，所以想找您商量。”让对方感到自己备受尊敬。

语言强势一点，让自己势在必得

作为职场的一分子，女人常被人们认为是“弱势群体”，但由于需要担当工作中的任务、与人竞争等，即使你是个细声细语的女人，也要让自己变得强势起来，尤其是在语言上，只有这样，才具有权威和说服力，才能势在必得。

英国前首相撒切尔夫人具有令世人称道的仪表和风度。她是二十世纪后期世界上最具魅力的政治人物之一。而她引人入胜的演讲风格，更为她树立了很高的威信。她在上任后的第一次讲话中这样说道：

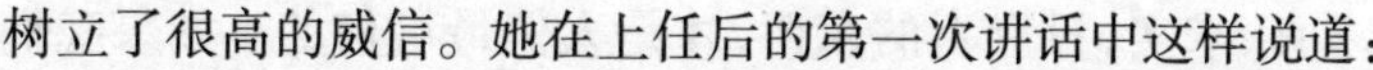

“我是继伟人之后担任保守党领袖的，这使我觉得自己很渺小。在我之前的领袖，都是赫赫有名的伟人。如：我们的领袖温斯顿·丘吉尔把英国的名字推上了自由世界历史的顶峰；安东尼·伊登为我们确立了可以建立起极大财富和民主的目标；哈罗德·麦克米伦使很多凌云壮志变成了每个公民伸手可及的现实；亚历克·道格拉斯霍姆赢得了我们大家的爱戴和敬佩；爱德华·希思成功地为我们赢得了1970年大选的胜利，并于1973年英明地使我们加入了欧洲经济共同体。”

在这段讲话中，撒切尔夫人列举了现代史上英国历任首相的功绩，以此来表明自己的任重道远和豪情壮志。1979年撒切尔夫人在大选中获胜，成为英国第一任女首相。

职场中，无论你是不是处于领导者的位置，在某些场合，你都必须要让自己的语言变得强势起来，才能让他人信服于你。

职场女人巧说强势语，要求你说话言之有物、言之成理，能充分地表情达意，侃侃而谈。当然，如何用自己的语言来赢得足够的威信也是一个语言艺术的问题，在说话时你需要做到以下几点。

1.语言干脆，当机立断

即使你是个女人，在日常工作中你也应该树立自己的威信。对于自己权限范围内可以决定的事，要当机立断，明确“拍板”。比如，车间工人上班经常迟到早退，不听调配，对于这种违反纪律的行为就应果断决定“停止工作，等岗留用”；如果下属向你请示某动员会议的布置及议程，你认为没有问题，就可以用鼓励的委婉语调表达：“知道了，你看着办就行了。”这种表述既给了下属支持与鼓励，也给了下属行动的权力。

2.多用事实说话，制造“权威”

人们通常认为女人是感性的动物，因此，他们总认为女人喜欢描述、夸张事情。如果你希望自己的话能起到作用，那么，你最好在日常工作中用事实说话。“百闻不如一见”，事实胜于雄辩。如果从心理学的角度来分析，人

们的心理趋向是求真、求实，只有真的东西，才是人们最可信的。如果我们不是“权威”，就要善于制造“权威”。要使别人心服口服地接受你的观点、意见，要让事实说话，尊重客观事实，使人信服。

3.注意表达

你若想在同事中树立威信，除了要注意自己的态度和说话的方式外，也需要注意表达方法。

(1)说话要言简意赅、长话短说。句子说得短一些，不仅说起来轻松，听起来省力，吸引力也强。

(2)说话一定要有条理，要吐字清晰、语速适当。在说话时要坚定而自信，力度要适中，注视着对方的眼睛，这样才能显示出自己是充满自信和颇有能力的。如果讲话时眼睛不敢正视，会使同事觉得你意志薄弱，容易支配。

4.尽量最后表态

在与同事谈话时，应该让对方充分地把意见、态度表明，自己再说话。让对方先谈，这时主动权在你这一边，可以从对方的说话中选择弱点追问下去，以帮助对方认识问题，再谈自己的看法，这样易于让对方接受。在对方讲话时自己可思考问题，最后决断，后发制人，更能让对方认可你的说话能力从而信任你。

5.注意态度，不可目中无人

要在同事、下属间树立威信，在讲话中时刻注意其他人尚未发现的问题。言谈举止中要有个人魅力，处处起表率作用。而且还要根据不同对象和不同环境发挥自己的讲话技巧，切忌态度高傲，目中无人。

作为职场女性，你想做到势在必得，就要懂得运用语言艺术树立威信，以获得同事、下属的支持，只有这样，才能方便你更好地开展工作！

第13章

积聚职场人气，女人如何与同事和睦相处

现代社会，每一个女人一旦踏进职场，就要和同事、领导打交道。那些善于处理职场人际关系的女人，总是能在职场如鱼得水。然而，总是有不少女人为此感到苦恼，不知道怎么和同事、领导打交道，总是被一些潜在的职场规则弄得身疲历尽。

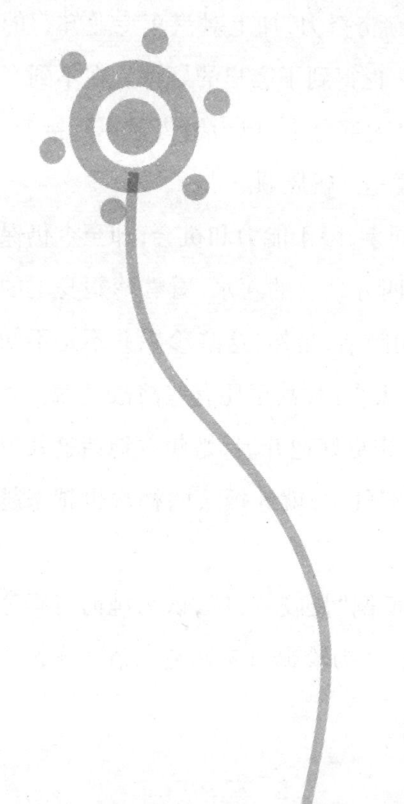

距离产生美,同事间亲密也该有“间”

中国人常说:“距离产生美”,这句话也同样适用于现代职场。那种不即不离,不远不近的同事关系,被认为是最难得和最理想的应酬哲学。有人把人际交往的距离准则比作“刺猬理论”,这是一个很简单的道理,特别是在同事之间,因为理念、文化、性格等各个方面的差异,必然就会造成亲疏之分。

刺猬理论告诉处于职场中的女人们,与同事相处,既亲近,也要保持好距离:终日正襟危坐、说话太过严谨都不好,这会给人造成一种不可亲近的印象,自然会与你疏远;而太近乎、太“知无不言,言无不尽”了也不好,容易让别人说闲话,也容易让上司误解,认为你是在搞“小圈子”,动机不良。说来说去,还是君子之交淡如水为好。

珍妮从事汽车销售工作。由于工作勤奋努力,加上对汽车专业知识的熟悉,她总是能为客户提供最优质的服务,也得到了客户的好评。在不到半年的时间里,她的销售额就超过了公司绝大部分人,成为销售冠军。接着,又在短短的几年间,步步高升,事业可以说是一帆风顺。

而当初和珍妮一起进公司的几位女同事,限于能力和机会,却至今仍保持着多年前的原状。她们拿着不足珍妮四分之一的薪水,看着珍妮身上的衣服越来越名贵,难免会在背后说上几句闲话,当然,这些珍妮并不是不知道。因此在与大家相处之时,珍妮总觉不太自然,甚至还有些战战兢兢。为了拉近和她们的关系,也为了使日后的工作更好地开展,她频频地请这几位同事吃饭,而且说话也比过去更加小心、客气了,就连饭菜的档次也越来越高了。

岂料,这些女同事并未领珍妮的情,反倒“反咬一口”,认为她简直得意忘形,太“招摇”了,甚至越发不平衡起来,认为珍妮原来就是靠请客吃饭这种卑鄙的手段换来今日的成就的。珍妮最终落了个“赔了夫人又折兵”,气得几乎吐血。

痛定思痛之后,她决定卸掉包袱,轻装上阵,仅以平常心淡然面对平常事,一切竟然又应付自如了。公事上,珍妮秉着公正的原则来对待这些同事,奖罚分明,说一不二。私底下,仍然与她们保持一定距离,投机的就当作朋友一般看待;不能合拍的,也不再刻意去改善了。很奇怪的是,这些人再看到珍妮时,明显变得恭敬多了。

孟子说过:“人有不为也,而后可以有为。”珍妮的职场经验告诉所有职场的女人们,只有和同事们保持合适的距离,才能成为一个真正受同事欢迎的人。不论职位高低,每个人都有自己的工作范围和责任。所以在权力上,聪明的女人都不喧宾夺主,但也永远不会说:“这不是我分内事”之类的话。因为过分泾渭分明只会搞坏同事间的关系;而过分泾渭不分,也不利于同事圈这一特定范围。

相对来说,女性是感性的动物,她们在与人交往的时候,往往更喜欢群居,更喜欢亲密的人际关系。工作中,女同事间的矛盾总是多于其他群体。因此,聪明的职场女性,你若想在事业上获得成功,就不要感情用事,应该与同事保持一定的距离。

身处职场,与同事相处,你该把握好度的问题,具体来说,可以从以下几个方面着手。

1.真诚地对待每个人

有些女人可能经常会感到:周围的同事,不知如何与之相处。不能太过殷勤,又不能冷漠视之。你甚至时时怀疑有同事会对你不怀好意。那怎么办呢?

其实,你不必有太多顾虑,一切本着真诚的原则即可:当他需要你真诚的意见时,你决不可胡乱吹捧,做无意义的赞叹;而当他陷入工作中的困境时,你的援助之手会让他对你倍加感激,若你冷眼旁观,他也会记住你的冷漠;当同事无意中冒犯了你,一时忘记道歉,你也应该宽容一点,真心真意原

谅他，日后一旦他有求于你，还要毫不犹豫地帮助他。

2.与合拍者不可过于亲密

每个人都愿意和与自己情投意合的人相处，女人们更是如此。但事实上，任何人都有自己不为人知的一面。和对方过于亲密，很可能会触及对方不愿被人触及的一面，犯了其大忌，很多形影不离的办公室女闺蜜就因为“放纵”自己的行为而导致友谊分崩离析；而同时，和对方过于亲密，一旦涉及升职、加薪上的矛盾，更会闹得不可开交。而避免的办法只有一个，那就是保持适当的距离！

3.公私分明、不搞“小圈子”

在办公室中，似乎总有一些人，有事没事总聚在一起，家长里短，而这也常常是流言蜚语和是非的源头。而过来人都知道，公私分明是重要的，不搞“小圈子”也是他们的经验。诚然，你可能与某个同事格外投缘，对此，你们私下里可以多联系，但这并不代表你可以公私不分、搞“小圈子”。职场女性最忌公私不分，要知道，这样的女人永远做不了大事，何况任何领导都讨厌这类人，认为她们不值得信赖。

鼓励和赞美你的同事，拉近心理距离

走入职场，我们周围每天充斥着的都是繁琐的文件和事务，我们面临着越来越大的压力。我们开始对我们原本热爱的工作失去了热情，我们的情绪会变得焦虑和抑郁，我们会变得烦躁，经常想些不愉快的事情，对能完成的简单工作也会觉得复杂和难度增大！而在这个时候，如果有人能站出来告诉我们：不要灰心，加油，你是最棒的！你是否感受到了新的能量？

我们发现，办公室中充当这一角色的一般都是女性，她们赞美和鼓励的话似乎更能起到这一作用，这是基于男女之间的相互吸引和相互欣赏这一

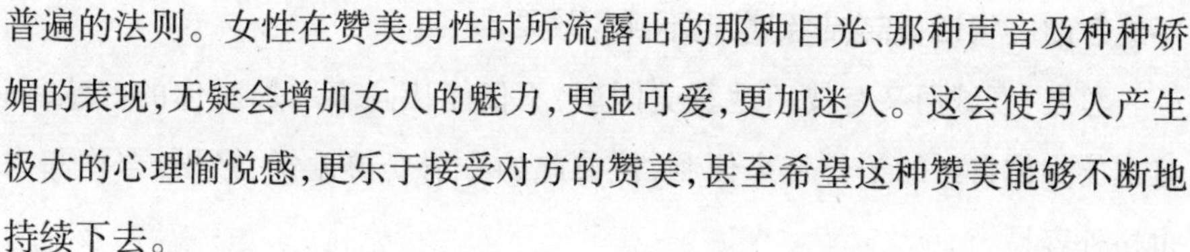

普遍的法则。女性在赞美男性时所流露出的那种目光、那种声音及种种娇媚的表现，无疑会增加女人的魅力，更显可爱，更加迷人。这会使男人产生极大的心理愉悦感，更乐于接受对方的赞美，甚至希望这种赞美能够不断地持续下去。

渴望受人赞美是人的本性，简单的几句赞美有时能产生很大的效果，不但使人感到温馨与振奋，而且能够解决难题，甚至可以改变人的一生。称赞是一种做人的技巧，也是一种对他人的友善和礼貌的表现。

作为一名职场女性，你应该认识到，赞美他人，不仅能拉近同事间的距离，更能起到鼓舞对方的作用。

一位著名企业家说过："促使人们自身能力发展到极限的最好办法，就是赞赏和鼓励……我喜欢的就是真诚、慷慨地赞美别人。"如果你真心诚意地想搞好与同事们的关系，就不要光想着自己的成就、功劳，别人是不理会这些的；而是需要去发现别人的优点、长处、成绩。不是虚情假意地逢迎，而是真诚、慷慨地去赞美。

当然，职场女性在赞美和鼓舞同事时，也不能没有原则地"拍马屁"，你需要注意以下几点。

1.发自内心、真诚赞美

任何赞美，只有建立在真诚的基础上，才会真实可信，否则会给人虚假和牵强的感觉。比如，如果你的女同事身材矮小肥胖，你却用"纤细瘦长"这个词来夸赞她，必然会被对方认为是嘲笑、讥讽或者是不怀好意。

2.不能用千篇一律的语言赞美每一个同事

在赞美同事的时候要根据其性别、性格和职位高低等各个方面来使用赞美语言。

赞美和肯定同事，即使与工作无关，也能加深你们彼此之间的关系。作为职场女性的你，可以发挥女性心思细腻的优势，找出对方最值得赞赏的地方，如果这一点是被其他人忽视的地方，那么，对方对你的细心肯定会感激不尽。比如她（他）的穿衣品味、爱好兴趣、工作态度、办事效率等等，哪怕是

不经意的一句话，都会起到意想不到的效果。

总之，真诚而又有技巧地赞美同事，不仅能让同事增加对你的好感，而且也能为你自己的工作带来便利，使彼此的心情变得愉悦、轻松，合作起来也格外容易。

热心帮助有需要的同事，展现你的关心

在工作中我们可以发现，有一些女同事，她们在工作中往往能如鱼得水。也许我们会惊叹，她们的好人缘来自哪里？其实很简单，她们懂得发挥自己的性别优势，用真情与关怀打动同事。因为希望得到别人的关心和注意是人的一种正常需要。

女性具有与男性截然不同的性格特征。女性大多天性善良，而且比较细腻温柔。女性是天生的感性动物，她的表面看上去很平静，但内心却并非沉默，她们渴望着别人的关怀与问候，但她们更善于用女性的柔情关心他人，获得他人好感。

“投我以木瓜，报之以琼琚。”自己既然受了别人的关心，也会同样关心别人，这样相互之间就容易有一种友好、亲密的关系了。

陈婷婷是一家大公司的小主管，负责采购方面的一些小事宜。有一次，公司采购部的车出了问题，而刚好总经理专用车司机刘师傅的轿车停在附近，出于方便，刘师傅准备载她一程，于是她第一次坐刘师傅开的轿车。当时正值上下班高峰时间，路上交通拥挤，而陈婷婷还赶时间，刘师傅也着急得不得了。这时，陈婷婷开口安慰刘师傅道：“刘师傅，这么多年，你每天都要在这样的交通状况下负责总经理的出行，真是很辛苦啊。”想不到这句衷心的关心之语，使刘师傅非常高兴。因为他已经做经理司机十年了，十年来，连总经理都没跟他说过一句“辛苦了”。刘师傅感动得不得了。后来，刘

师傅对当时的情景念念不忘，经常在私下里主动帮陈婷婷的忙。再后来陈婷婷升到采购部经理的时候，他还时常地夸奖陈婷婷，说总经理慧眼识英才等。

故事中的陈婷婷，之所以会与刘师傅结下良好的关系，就在于其简单的一句关心的话："辛苦了。"的确，工作中，我们每个人都在为自己的工作忙碌着、辛苦着，我们的工作需要得到别人的肯定。肯定别人的工作，有时候简单的"辛苦了"三个字便是最好的关心。

因此，职场女人们，你若想拥有好人缘，就需要真心关怀身边的同事，真正做到发自内心地体会别人的感受，久而久之，对方一定会被你打动。

具体来说，需要你做到以下几点。

1.要主动与同事交往

人际关系只有在相互联系中才会发生变化，才会逐渐密切起来。交往水平高，人际关系就越容易密切，反之亦然。因此，在紧张的工作生活之余，不妨主动地找同事谈心，讨论某些问题，交换一些意见，互相传递信息，这些可以加深对对方的了解。

2.以好感为起点，让彼此之间的"心理场"更稳固

与人交往，找出共同话题，建立好感并不是什么难事，但要让彼此之间的关系更深一层次，就要靠你的社交水平了。女性一般都比较细腻，因此发现共同点是不太难的，这只是谈话的初级阶段所需要的，你要做的是巩固、加深彼此间的关系。

比如，你可以记住对方"特别的日子"（如结婚纪念日、生日等），然后在这个日子送上一份祝福；还可以经常约对方出来见面，因为见面时间长不如见面次数多，你给对方留下的好印象将会因见面次数的累加而逐渐累加起来。

3.多关心对方，哪怕再小的事

要知道，认同感的产生，表明你已经赢得了对方的好感。通常情况下，如果你将这种好感搁浅，你们会返回到陌生人的状态，因此，你不妨多关心

对方，这种关系自然会深化。

比如，你可以经常赞美对方的变化，从小处赞美，哪怕是个小小的饰品，稍有变化地赞美她几句，会让她感觉很愉快。表示对别人关心的方法很多，其中记住对方曾经说过的话，然后向对方表示“您曾说过……”，是相当好的一种方法。另外，记住她的爱好，并时常表示一下，也会让她欣喜万分。

另外，生活中常会有意外发生，如果同事突然碰到不测之事，要及时、真心地安慰他们，对他们多些探望，多些陪伴，多些帮助。

当然，真心关怀同事的方法还有很多，身处职场的女人们，只要你做个有心人，没有搞不好的人际关系，没有留不住的朋友！

和谐相处，不要与同事起冲突

任何一个女人，当她跨入职场的那一刻，就必须要和同事们一起为共同的目标、为企业的业绩而奋斗。因此，可以说，同事是她们在工作时间内彼此相互交往、接触最多的人。但在实际工作中，女人们往往是感性的，在遇到因人事升迁、酬劳多少等利益关系产生分歧或者因处事风格不同而产生矛盾等情况时，她们又会产生一些明显的负面情绪，把这种负面情绪带到工作中，有些性格急躁的女人就会与同事起冲突。

实际上，同事关系有相互依存的特点，相互之间需要谦敬、包容、礼让，因为任何工作都须通力合作，如若情感不相容，气氛不和谐，协调就成空话。

因此，任何一个女人都要明白，若你想在事业上有所成，以健康适当的情绪、语言、举止和善意的态度，在同事间创造和谐的关系，是一个关键。

有个女人曾经向朋友抱怨“A 真讨厌，从心底不喜欢他”。

朋友问她：“你喜欢榴莲吗？”

“榴莲臭臭的，闻到就想吐。”

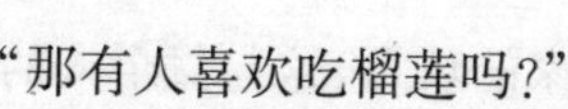

“那有人喜欢吃榴莲吗？”

“当然有，否则怎么会有卖的？”

“那你不喜欢榴莲是榴莲的错吗？”

“……”

“那你不喜欢A，是A的错吗？”

这只是一个小故事，但是很多时候，我们讨厌一个人真的不是对方的错。只要某个人在音色、语速方面与我们有较大的差异，就会让你内心升起不舒服的感觉；而如果这个人在衣着风格方面，与你一贯欣赏的不符，你就会多了个讨厌他的理由；如果他的观念。处事方法与你大相径庭，你大概一辈子都不希望与他处事。而正是因为这些不喜欢，便可能造成你与他正面交锋时矛盾与冲突的产生。

实际上，每个人都有自己的性情和处事风格，当其他人的处事方法不符合你的观点时，你大概会觉得“他真讨厌”。但讨厌别人并不是别人的错误，而是你自己的事情，只有调整自己的心态和讨厌的人好好处事，对自己和别人才更公平，你的职场生涯才会更顺利。

多数时候，你讨厌的人和你正是“相看两厌”的，不但你讨厌他，他同样讨厌你。在这种情形下，如果谁都不懂得约束自己的情绪，自然越相处越相互讨厌，最后弄到无法收场，成为职场上的敌人。如果你对待和你不同的人都用这样的态度去处事，那就会处处树敌，无法生存。与讨厌的人共事最重要的是调整自己的心态。

因此，女人们，不要再意气用事了，即使你不喜欢这个同事，即使你真的与其在观念上有差异，也要本着一切为了工作的原则，与其和谐相处。为此，你需要做到以下几点。

1.把任务放在第一位

在职场上一起共事，千万不可凭自己的感觉，你喜欢不喜欢一个同事不重要，重要的是要一起完成工作。无论何时将目标任务放在第一位，把个人情绪放在后面，才能让同事关系更和谐，任务更顺利。即使没有任务，你在

职场上的最终目标无非是事业有成就，得到大家的认可，这与每个人的相处都分不开，让“竞争对手”都佩服，才能算成功。理智地提醒自己这一点，你就不容易产生先入为主的讨厌情绪。

2.更尊重对方

与任何同事相处，都要以尊重为前提。而如果你不喜欢对方，那便更要重视“尊重”的作用。因为两个相互讨厌的人，往往观点不一致，如果此时不讲“尊重”，会产生更多分歧，制造更多“敌对”情绪。自己越看不顺眼的人，越应该主动征求对方意见，主动尊重对方，这样可以使两个人之间变得融洽，使对方更尊重你。

3.出现分歧应就事论事

我们在工作中，难免与同事产生意见上的分歧，如果真出现冲突，应理智进行解决，就事论事，不要掺进以往恩怨或者个人情绪，否则会更加复杂。尤其是双方在公事上出现较大分歧，应理智地说出自己这样处理的理由，然后询问对方那样处理的理由，综合考虑后再做出决断，不应意气用事；不应该武断认为对方在针对你；不应该用过于激烈的情绪用词；更不应该进行人格侮辱或人身攻击。如果分歧不能达成一致，不妨做成两种方案，请上司裁断。

比较私人的事，最好不要和其他的人一起处理；进行宴请等活动时，最好不要遗忘对方，给予充分的尊重和热情，礼仪周到才是最好的相处之道。

4 不要在背地里说人坏话

不要在背后议论同事，尤其是自己讨厌的人，更不要说出讨厌他的理由。你们之间的分歧和恩怨更不要对第三方说起。如果别人提起，最好敷衍地说“在公事上有分歧”，而不要用情绪字眼。“背后不道他人是非”是最起码的做人态度。

总之，如果你是个聪明的职场白领女性，遇到事情首先要检讨自己，这是一个人人格高尚的标准，更是与同事处事的准则。不要妄图改变他人的想法，更不要采取不合作的态度共事，不要孤立自己不喜欢的同事，而应该首先调整自己的态度，在尊重的基础上宽容看待对方的行为，才能和所有人

友好相处。

同事关系好，也别谈及自己或他人隐私

身处职场，任何一个女人，都要与同事打交道，而和谐的办公室人际关系也一直是她们所渴望和期盼的，只有同事间友好相处，才会有高效的工作效率、愉快的工作心情。但办公室里，只要有女人存在的地方，就会有源源不断的“语言”，因为女人们似乎总是爱谈论自己和他人的隐私。因此，人们常常开玩笑说：“远离女人，就远离了是非。”这只是句玩笑话，但足见职场女人要想拥有良好的人际关系，就必须要避免谈及他人隐私。

在办公室，你是个会说话的人吗？你是否因为谈及隐私而给自己带来过麻烦呢？我们先来看小李的经历。

小李是个刚从学校毕业进入社会的女孩。天真的她原本以为，现在的工作来之不易，一定要用心和周围的人交往。可是谁知，她一直掏心掏肺地对待的王姐居然是个有叵测居心的人。

当时，她要去的那个部门办公室正好还没有做好人事安排，所以暂时把她安排在综合办公室里。那时，公司里的其他员工都不主动和她在一起，甚至是吃饭也不搭理她，她觉得很孤单。刚刚走出大学校门的她，不知道怎么样和同事相处。综合办公室里有位王姐倒是非常的热情，对小李嘘寒问暖，让小李感觉得温暖，而且小李平时和人交往时就不设防，认为每个人都很好，没有坏心眼。所以，对于王姐的热心帮助，她也觉得很感激，就这样拉近了她们之间的距离。

没过几天，大姐就劝说小李去跑一个直销，这时候，小李才意识到大姐这么和她套近乎是想要让她做直销，小李对直销没有兴趣，多次委婉地拒绝了大姐。但是，大姐通过一些平时的言语和交谈，得知了小李很多私事和她

的想法，而这位大姐恰恰和公司副经理走得很近，就有意无意地把小李的一些情况告诉了领导。因为小李平时说话不注意，什么话都和那位大姐说，以致领导对她的印象特别不好。如今，小李已经工作一年多了，还是在当初的综合办公室，工作毫无起色。

的确，职场是个容易惹是非的地方，作为职场的女人，你在说话、做事上更要处处小心，案例中的小李的经历就给了我们一个教训。

其实，隐私本身也是一个相对而言的概念，一件在一个环境中无伤大雅的小事，换一个环境则有可能非常敏感。作为职业人，我们的年龄、学历、经历、爱情婚姻状况等，有时也属于隐私。具体说来，包括以下几个方面。

1.家庭财产状况

在办公室，什么该说什么不该说，心里必须有谱。即使再有钱，也没必要拿到办公室来炫耀，有些快乐，分享的圈子越小越好。被人妒忌的滋味并不好，因为容易招人算计。无论“露富”还是“哭穷”，在办公室里都显得做作，与其讨人嫌，不如知趣一点，不该说的话不说。

2.薪水问题

很多公司领导不喜欢职员之间打听薪水，因为往往会出现公司内部“同工不同酬”的现象，员工之间的工资也会有不少差别，所以发薪时老板有意单线联系，不公开数额，并叮嘱不让他人知道。谈论工资问题，很容易引起同事间的矛盾，而没有哪个领导喜欢“包打听”的员工。

但有时候，事情往往找上门来，如果你碰上这样的同事，最好早做打算，当他把话题往工资上引时，你要尽早打断他，说公司有纪律不谈薪水；如果不幸他语速很快，没等你拦住就把话都说了，也不要紧，用外交辞令冷处理：“对不起，我不想谈这个问题。”有来无回一次，就不会有下次了。

3.私人生活

每个公司和领导都不希望自己的下属把生活中的问题和情绪带到工作中来。因此，千万别聊私人问题，也别议论公司里的是非短长。你以为议论别人没关系，用不了几个来回就能绕到你自己头上，引火烧身，那时再逃跑

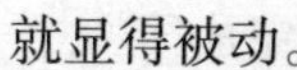

就显得被动。

4.志向问题

在办公场所大谈人生理想显然滑稽，安心做好本职工作就好，即使有雄心壮志，不妨回去和家人、朋友说。如果你说“在公司我的水平至少够副总”或者“35岁时我必须干到部门经理”，那你很容易把自己放在同事的对立面上。

当今社会，作为职场女性的你，不妨理性一点，聪明一点，把姿态放低一点，这也是自我保护的好方法。你的价值体现在做多少事上，在该表现时表现，能人能在做大事上，而不在大话上。

因此，作为一个职场女性，你一定不要在公司范围内谈论私生活，也不要随便对同事谈论自己的过去和隐秘思想，更不要传播别人的隐私！

为人低调，同事面前别好胜争功

在我们工作的周围，不乏这样一些女人，她们在事业上取得成就，她们总是出色地完成上级安排的任务，替上级解决问题；她们总是尽全力配合同事的工作，对同事提出的帮助要求，从不找任何借口推托或延迟；她们更懂得低调为人，从不在同事面前好胜争功。而同样，也有一些女人，她们对待功过锱铢必较，在功劳面前，当仁不让；在过错面前，则总是找借口推脱。如果是你，你更愿意与哪种女人共事？毫无疑问应该是前者吧。

的确，谦虚低调永远是为人处世的最佳信条。即便你的专业技术很过硬，即便老板非常赏识你，这些就能够成为你炫耀的资本了吗？再有能耐，在职场生涯中也应该小心谨慎，强中自有强中手。即便业绩不错的你，得到了老板的嘉奖和一笔丰厚的奖金，也不要到处宣扬，因为，有些办公室同事一边在恭喜你的同时，可能一边也在记恨你，对你咬牙切齿呢！

陈红是某地产集团运营经理，与下属群策群力，历经半年，完成了一个项目。上级过来检查工作，她夸夸其谈，将功劳全扣在自己头上，好像全靠她才完成了如此壮举。上级大喜之余，当然将她好一顿表扬，许诺给她各种奖励。但下属们却不乐意了，他们认为这个项目完成与他们有关，从此跟她离心离德，不管做什么都不再配合她；还有许多人给上级写检举信，揭发她的错误，暗地发誓，不打倒她决不罢休。

现今社会，没有人能靠仅自己的双手、赤手空拳赢得成功，任何一项工作，都需要彼此间的协作。合作是成功的关键。女人们，你要懂得，你是集体的一分子，任何成功，不可能是你一个人的功劳，因此，有好处时要大家分，利益均沾才能齐心。我们再来看下面的案例。

童言是一家出版社的编辑，因为刚出校门不久，没有什么经验，于是她虚心学习，平时在单位里和上上下下的关系都不错，很快就得到了主编的器重，将一本图书的编辑工作全权交给了他。

毕竟是文学专业出身，童言的写作能力还是很不错的，她的这本图书居然在全国图书评选中获了大奖。对于一个新人来说，这真是莫大的荣誉，为此，她感到十分得意，逢人便提自己的努力与成就，同事们当然也向她祝贺。时间慢慢过去，童言发现了一些蹊跷：单位同事，包括她的上司，似乎都在有意无意地与她过意不去，并回避着她。

童言不明白自己哪里做错了，平时什么小事她还是抢着做，对同事、领导也是恭敬有加。苦思冥想后，她才恍然大悟，原来她犯了“独享功劳”的错误。想到这一点后，她也觉得自己做得有点过了，事实上，这本书之所以能得奖，主编的贡献当然很大，但这也离不开其他人，比如同事的帮助。想到这一点以后，第二天，童言就在办公室说：“今天晚上我请客，大家都要来，感谢你们这些天来一直帮我的忙，我是后辈，以后有什么不懂的地方，还要麻烦各位前辈们了！”大家都答应了童言的邀请，自从这件事后，大家似乎又和以前一样热情了。

童言在认识到自己的失误之后做法是正确的，因为身在职场，没有任何人能独自完成一件事。任何一项工作，都有同事以及上司的共同努力，即使你是头功，也少不了同事的帮助。

身处职场的女人们，可能你没有认识到这一点，但如果你长期居功自傲，甚至独揽功劳的话，时间一长，当然会引得别人不舒服，凡是喜欢争功的人都不会受到同事的欢迎，不会获得老板的欣赏，争功的结果就是使自己陷入孤立境地。

把功劳和荣耀送给别人是一个聪明的做法，独自贪功是自私和愚蠢的做法，它会给你带来人际关系上的危机。

为此，面对功劳，你要做到以下几点。

1.感谢他人的协助，不要认为这都是自己的功劳

即便同事的协助有限，上司也没怎么出力，你的感谢也很必要，因为这体现了你谦虚的态度。这其中包括把感谢的话说到位。比如，感谢同仁的协助，说自己只是个代表，功劳不属于自己一个人；口头上的感谢也是一种分享，而且你还可以扩大这种分享的对象，让旁人有受到尊重的感觉；如果你的成绩事实上是众人协助完成的，你可以采取多种方式与人分享，如请大家看一场不错的电影，或者请大家吃一顿饭。别人分享了你的荣耀，也就不为难你。

2.荣耀面前要更加谦卑

人往往一有了荣耀，就会自我膨胀，就可能忘了“我是谁”了。你的同事就会另眼看你，要忍受你的骄傲和气焰，但要不了多久，他们会在工作上有意无意地抵制你，让你碰钉子。因此有了荣耀，要更谦卑。

总之，不好胜争功的女人是智慧的，她们成熟、独立、宽容；而她们最擅长的就是在轻描淡写间应对一切，在不动声色中收买人心。

有了误会要及时解除

常言道，职场是人际关系的主战场。据调查，人们在办公室里，约 60% 以上的时间和精力将用于处理各种复杂的人际关系。一切困惑，所有烦恼，皆来自于上下级关系、客户关系、同事关系……同样，身为职场女性，你也会遇到众多职场烦恼，例如误会。误会，一会让别人误解你的人品，让自己成为大家背后指指点点的对象；二能引起工作上的分歧，造成集体和个人无法估量的损失；三能让你永远与职场升职、加薪无缘；四会让多年志同道合的朋友分道扬镳；五能让如胶似漆的恋人劳燕分飞……所以，任何一个职场女人，都不要随便误解别人，一定要了解情况后再下结论。被别人误解后，也一定要及时寻找机会，解释清楚。让误会少一些，让快乐多一些。

小荣已经毕业六年了，从刚毕业的时候，她就一直在这家公司的客服部门工作，功夫不负有心人，几年的努力换来了一个主管的职位。正因为她是从大学生过来的，从刚踏上社会开始，她始终一个人打拼，也没有人帮助她，所以，她对那些新来的职员都特别好，能帮上的她都义不容辞。

就在小荣当上主管不久后，客服部来了一个新手，那是个很单纯的女孩，刚好还是和小荣一个大学毕业，这下子小荣更加怜惜她。而且，那女生很听话，办事能力也很强，无论是小荣交代做的，没交代做的，她都能做得很好，有不懂的，也不厌其烦地问。小荣仿佛看到了当年的自己，她把那女孩当亲妹妹一样照顾。由于小荣的力荐，上司对女孩的表现也很满意。可是小荣没想到的是，这女孩居然以怨报德，出卖了她。

事情是这样的。经过几个月的相处，小荣对女孩已经是无话不说，那时候直接领导小荣的还有一个上司，这个上司为人还好，就是在业务上能力有点差；小荣对她倒也没什么意见，就是闲聊时和这个女孩随便说了几句。

有一段时间，公司客服部频频接到投诉电话，为了解决这一问题，小荣作为主管，制定了新的客服计划，本来在会议上都已经通过了，但是第二天她的上司却通知她计划取消。当时，小荣很生气，当着全体员工的面通过的事情，怎么说取消就取消呢？她很想向上司发火，说几句顶撞的话。不过她忍住了，她敲开了上司的门，走了进去，很耐心地问："我想知道原因，我觉得这个方案真的不错！"

上司看了她一眼："你是不是翅膀硬了，觉得自己能力已经在我之上了？"小荣一愣，想起了前天对那个女孩说的话。根据她多年的经验，她意识到是自己被出卖了！于是她稳住了自己说："每个人都有自己的特点，在策划上您可能没有我强，但是在管理上，我却没有您有能力！这就是为什么您是领导，我是下属。"这话领导听了，还挺受用。领导看了小荣一眼，叮嘱说："你不要光顾着工作，要小心身边的人。"

小荣是聪明人，当然明白上司这话是什么意思；她同时也知道了，自己的策划被通过了。关于那个女孩，小荣并没有怪罪于她，但她觉得这个女孩还是不够聪明，因为她很快就知道了女孩两面讨好的用心。

案例中的主管小荣和领导之间的误会就是他人挑拨的，而当领导发脾气的时候，幸亏小荣能压住怒火，没有爆发，并及时找出了原因，解开了误会，否则小荣就中了同事的离间计。

其实，在职场中，这类事情早已屡见不鲜。但无论你和同事、领导之间存在什么误会，你都要冷静下来，并积极主动地寻找机会解开误会，否则，就会越拖越被动。而有些女人则因为脸面问题，总觉心中有难处，不好启齿，结果碍于情面，时间越拖越长，误会越陷越深，到最后无限制地蔓延，造成了令人极为苦恼的后果，反倒更加痛苦。所以，有了误会，要迅速解释清楚。

那么，如果你被误会，又该怎样做呢？

1.找出被误解的原因

造成被误解的原因很多：表达信息时没有表达清楚；做事过分小心翼翼，总是沉默不语；与人初次见面，外在形象不佳，也会让他人对你产生不好

的印象。纵然是玩笑话，若造成对方的不快，也会导致意想不到的误解；或者是一句安慰、感激的话，如果对方接受的方式不同，也可能会变成误解……

对此，你必须下一番工夫内查外调，搞清楚对方的误解源于何处，否则任凭你费多少口舌，也不会解释清楚。搞不好，还会越描越黑，弄巧成拙。

2.消除自我委屈情绪

出现误会后，你可能感到委屈，认为自己不被人理解。但你必须要消除这种情绪，因为心中怀有委屈情绪的人，必定不愿开口向对方做解释，这种情况阻碍彼此间的交流。总之，此时，你应该多站在对方的角度上想问题，无论他是气量小、心胸窄，还是不了解真相，不了解你的一番苦心，都不必去计较，只要你真诚地向他表明心迹，那么，误会便会消失。

3 鼓起勇气，当面说清

有些女人是懦弱的，遇到问题不敢当面对质，结果把问题搞得极为复杂。记住，如果有误会需要亲自向对方说明，你千万不要找各种借口推脱，一定要克服困难，战胜自己，想方设法当面表明心迹。

当然，为了不造成这不必要的损失和遗憾，你最好尽量避免误会的产生，不要轻易地误解他人，更不要被别人误解。

第14章

善做领导帮手，深得领导信任前途光明

作为一名职场女性，你也和男性一样拼搏，也许你总能出色地完成工作任务，但每当你盼望着评优、加薪、升职时，这些好事却总是离你远去。这时，你最该思考的是，你在职场的人际关系如何，尤其是和领导的关系如何？无数职场前辈的经验和教训告诉我们：凡跟领导搞不好关系的人，工作起来总是要比其他人艰难一些。因为领导也是人，也会或多或少地把感情因素带到管理中去。因此，你不要天真地以为只要付出努力就能成功了，努力工作并没错，但如果能和领导搞好关系，那么，你工作起来就会事半功倍、如鱼得水。

职场女人聪明点，表达对领导的忠诚

古往今来，我们都强调“忠诚”。古人云，为人臣子，必须“忠”；现代社会，身处企业之中的人，也必须“忠诚”。所谓忠诚，意为尽心竭力，赤诚无私。企业员工的忠诚度是指员工对于企业所表现出来的行为指向和心理归属，即员工对所服务的企业尽心竭力的奉献程度。

而从领导的角度看，他们也希望自己的员工能做到对自己随时听命，对企业鞠躬尽瘁。事实上，任何人都不能容忍或原谅别人对其不忠诚，尤以领导为甚。

因此，如果要想获得领导的信任，就必须要在工作中展现你的忠诚。

张敏毕业后来到一家小公司担任秘书一职，她很感谢现在的公司能给自己提供这样一个工作机会。

一次，她和公司王总及总公司肖副总、马副总驱车出差，不小心和一外地车辆发生小车祸，无人员伤亡。对方一行 3 辆车，有 8 人，事故发生后，对方仗势欺人，就要过来打架，王总作为领导主动去沟通，希望好说好散。但是，对方根本就不理智，几个人上来就把王总打翻在地，肖副总、马副总已经不敢言语了；而张敏这样一个弱不禁风的小女子，当时也不知道哪里来的胆量，居然毫不犹豫地挺身而出，上前勇敢地大声说：“请你们理智一点好不好，车祸是谁都不愿意出的事，既然出了，就要解决问题，何况没有伤亡就是最大的大幸。如果打架能够解决问题，就请你们打我好了，别打他，可能是你们觉得问题太小，请你们把我打死吧！”于是，张敏做出了一副大义凛然的样子。对方又怎么会真的打一个女人呢？此时，张敏的勇敢、幽默已经说服了对方，于是都心平气和了，找来交警处理，对方也向王总真诚道了歉。从此，张敏成为了王总最信任的人。

故事中的这位女主人公张敏，与公司高层领导患难见真情，救他于生命危险中，自然得到了领导的信任和重用。危及生命的时候，才是最患难的时候，更是检验友谊、情感和忠心的时候。聪明的女人们，如果你们也能和张敏一样，懂得表达自己的忠诚，在诸如此类的关键时刻挺身而出，便能很快成为领导的心腹。

然而，我们不得不承认，现代职场中，一些女人只是把工作当成谋取生存机会的一种手段，她们身处办公室，也只是为了每月按时发放的薪水，而对于领导、公司，她们的态度是漠然的，与领导的关系如何，似乎与她们毫无关系，而这样的女人，也永远不可能在职场有所作为。

忠诚，可以说是现代社会的谋职理念，每个组织都需要对组织忠心不二的成员，每个领导也需要对自己、对工作忠心的下属。那么，女人们该如何向领导表达忠诚呢？

1.在领导身处困境时表达忠诚

领导永远是领导，即使是英雄陌路，也希望别人尊重他。当领导深陷困境的时候，别忘了给他尊严和面子。即使他们需要帮助，他们一般也不会主动开口，因为他们觉得这样会显示出自己能力不如下属，会觉得失了面子。对此，你不妨放低姿态，告诉领导你的解决方法曾经是他传授的，这样，领导也会宽慰很多，并感激你的细心，自然会把你当成知心人。

2.以行动，证明自己足以被信任

真正表达忠心的方式依然是行动，要成为领导的心腹和知己，最最重要的一点就是要有实力，用实力说话是职场永恒的成功法则。否则，你空有一颗忠心，却不能为领导解决任何问题，也不会得到领导的信任和重用。

3.为领导鞍前马后也须保持一定距离

这里的一定距离，指的是接触频率的问题，平日交往，既不要过多、也不宜过少，应该把握在你们双方都感觉恰如其分的范围内。毕竟，一个女下属，与上司过于亲密，会招来很多闲言碎语。而同时，距离太近，也会产生一些负面效应：第一是打扰领导工作和休息；第二是扭曲自己的人格，也会让

你的同事反感你，有套近乎之嫌。当然，也不能与领导交往频率过低，因为沟通太少，信息不通畅，容易引起误解。

领导就是带领大家共同实现目标的那个人，要实现目标就需要智慧，不仅需要懂得领导的智慧，更需要解决问题的智慧。每一个领导，都希望自己的部下能忠诚于自己，而忠诚于自己；并不是说完成分内的工作就能体现出来。聪明的女人们，你们需要主动表达自己的忠诚。如果你既懂得随时听候领导的指示，在领导需要你的时候及时出现，又有工作能力为领导排忧解难，你肯定能够和领导成为事业搭档，还能够成为领导的左膀右臂。

低调谦逊，主动向领导请教

生活中，不乏这样一些女人，她们谦虚待人，总是以一种学习的态度向周围的人尤其是领导请教，她们获得的不仅是领导的经验，更是领导的赏识。这就是她们不断取得进步的秘诀。

古人云："三人行必有我师。"身处职场，每一个女人，都应该向领导学习，他们可能存在某些不足，但他们的成功，一定是因为他们具备你还没有的特质。发现并学习这些特质，你就能吸收到各种对自己成长有益的养分，使自己少走很多弯路，使自己不断汲取前进的知识和技能，最大限度地激发自我潜力；除此之外，最为重要的是，虚心向领导请教，还能表现出你对领导的敬重，你的请教更能满足其指点他人的心理。而你获得的，就是领导的认同和器重。

周大姐是公司里资历较老的员工，她对专业技能的掌握程度可谓无人能及。不过，正因为是老员工，在单位干了几十年，她的年龄也不小了，对于新事物的理解和接受难免有点力不从心。特别是电脑、互联网的介入，令周大姐越来越感觉到自己需要学习的地方太多了。这方面，她最敬佩的就是她的顶头上司刘主任，刘主任虽然和自己年龄相仿，却是个新潮人。有些时候，对于电脑里出现的单词，周大姐都要向刘主任问一问是什么意思、怎么发音，自己再鼓弄半天。

对此，刘主任经常对周大姐说："老周，这些你不必太在意，有事我们会帮你解决的。"

周大姐却总是这样说："不行啊，该我会的东西一定要弄明白，我虽然老了，但我还不想被淘汰。"

刘主任对周大姐的这种态度很钦佩，还特意表扬了她的这种学习精神。

的确，不懂就问，这不仅是一种良好的工作态度，更是取得领导信任和器重的一把利器。

每一个领导都渴望被人尊重；而向领导请教，就能很好地满足他们的虚荣心，同时自己又能获得他们的好感，一举两得，利人利己，何乐而不为呢？这不是逢迎拍马，也不是领导有多高明，自己有多愚蠢，这是职场的策略。

当然，现代职场，每个女人选择工作的目的各有不同，有的是为了得到一份获得物质的机会，有的是为了发挥自己的某些个人价值，也有的想以此作为跳板，以便未来有更好的发展，找到更好的工作或者开办自己的事业。但如果你目前还是下属，就必须认清一个形势：作为下属，你应该积极地向上司学习，要知道，不断进步才是下属在上司手下做事的必要条件。上司工作出色，能力强，你可以充分地向上司学习，上司的今天可能也就是你目标中的明天。虚心向领导请教，收获的也不仅仅是知识，更是领导的赏识。

而如果你是个职场女性，那么这一点对于你来说，就更为重要。刚进入公司，就是自我成长而努力学习的阶段。所谓"近水楼台先得月"，你绝不要放过向身边的领导学习待人接物以及工作技巧的机会，如果你能够经常以积极、谦虚的态度来请教上级，他也必然乐于慷慨相助。

同时，作为职场女性，你不要人云亦云，要学会发出自己的声音，而这都

需要你的勇气。那么,可能有些女性会产生疑问:该怎样向上级请教呢？为此,你需要掌握以下三个原则。

1.始终相信领导正确

向领导学习,不是因为他是领导,而是因为他优秀。领导之所以能成为领导,一定有他的过人之处。在一个单位中,领导往往是最大的风险承担者,除了要应对外界的竞争,他们还要打理方方面面的关系。可以说,身为领导所面临的压力是普通员工所无法想象的,从这个角度上说,领导都是最优秀的。单凭这一点,就值得每个职场女性去学习和效仿。

2.关心绩效

任何一个领导,都是单位利益的代表,关心绩效,会体现出你对单位利益的关心,更容易赢得好感。

3.多倾听

在对方倾诉的时候,尽量不要打断对方说话,人的大脑思维是紧紧跟着他的诉说走的,因此,要用脑而不是用耳听。

4.不要漠视领导对你的期望

如果你还没有得到晋升,那要么就是上司想继续考察你,要么就是你做得还不够。尽一切可能把自己的本职工作做好,不要找任何原因推托、抱怨。

5.主动请教

要知道,身处繁忙事务中的领导不可能做到关注每个下属的动态;而同时,你主动沟通,也体现了你积极上进的工作和学习态度。一般情况下,领导都乐于向你传授经验和教训的。

身处职场的女人们,不妨问一问自己:为什么你不是领导？人活一生并非活在一个封闭的空间里,最优秀的人不是那些能力高强的人,而是那些既能力高强也懂得人际关系和协作艺术的人。与领导沟通,向领导学习,那么你做事会更尽心尽力,你也更会得到领导的欣赏!

敢于谏言，让领导对你刮目相看

在工作中，由于受到一些认识方面的局限等其他原因，即使是领导，也未必能做出正确的决策。这些决策，有些是不切实际的，有些对公司整体的利益发展并无益处，有些甚至是完全错误的。因此，任何一个职场女性，为了避免一些不正确的决策的产生，关键时刻不可唯唯诺诺，你有责任也有义务对领导提出意见。然而，可能很多女人会产生疑问，我做了很多前期工作，花费了很多时间和精力，但在真正劝谏的时候，却发现，原来领导并没有听进去，更别说采纳我的意见了。

其实，聪明的女人都明白，这主要是方法和技巧的问题，只有掌握正确的、领导可以接受的方式和技巧，你的言语才会奏效。因此，作为下属的你，如果能做到有技巧地谏言，领导就会坦然接受你的建议，那么，不仅能防止领导做出错误的决策，还能体现出你的工作能力，因此而获得领导的赏识。

《后汉书》中记载了一位擅长言辞的媳妇巧妙批评婆婆的故事：丈夫乐羊子外出求学，七年不归，家里日子艰辛，已久未尝过荤腥。乐羊子的母亲，见别人家的鸡进入她家院子，就偷偷地宰了吃。

对婆婆的这种行为，乐羊子妻十分难过，她不但不动筷子同婆婆一起吃这偷来的鸡，而且直掉眼泪。

婆婆问她为什么，她回答说："自伤居贫，使食有它肉。"意思是说，怪我自家穷，没有能力把婆婆侍奉好，因而使饭桌上有了别人家里的肉。

在封建社会里，儿媳对婆婆是不能直截了当地批评的，乐羊子妻委婉地以自责的方式提出批评，诱发婆婆的廉耻之心，结果使婆婆惭愧得无地自容，只好端着煮好的鸡到失主家认错赔礼。

其实，这个故事也可以应用到职场，那么，聪明的女人们，你是否也懂得如何向领导谏言呢？

的确，向领导谏言能体现下属对领导的忠心，但并不是所有领导都愿意听下属的直言进谏。直接的反对言辞会让他感受到自己的威严受到了威胁和质疑，领导一旦产生了这样的想法，即使你费尽口舌，也不能让领导听进去，还会让领导很反感。因此，很多职场女性在向领导谏言时总是顾虑重重。其实，向领导提意见，共同致力于团队的发展，是作为下属的义务，但要掌握一定的技巧，对此，在进谏的时候，你应该掌握以下技巧。

1.知己知彼，方能百战百胜

对于领导的脾气、性格和处事方式等，你都要做个全方位的了解，如果领导是个开明的人，你就不必浪费时间、大费周章，你大可以直接说明，这样的领导一般都对直言进谏的下属有好感。而如果领导比较固执，你最好准备几套方案，此套不行施彼套，同时，一定切记，不能与之正面对决，迂回处理，他更能接受。

2.注意说话态度，要注意分寸

女性是善于与人沟通的，而与领导沟通，你需要注意说话的态度和敬语的运用，恰到好处地表达出你的意思。由于你的坦率和诚意，即使对方不完全赞同你的观点，也不会影响到他对你个人的看法。

始终不要忘记，和你说话的是你的领导而不是下属，对之，要尊重更要诚恳，言语不可过多或过少，更不要因为得理而飞扬跋扈，不把领导放在眼里，那样，即使领导认可你的意见也不会采纳；而相反，语言谦恭，即使对方不完全赞同你的观点，也不会影响到他对你个人的看法。

3.领导需要的是建议而不是意见

你在对领导提意见的时候，不要只说“不行”，要“怎么做”。对领导提出更好的解决方案，他才会放弃自己原有的想法。

4.不要否定你的领导

在你提出意见前，一定要肯定领导，这样，他接受起来也就容易多了。

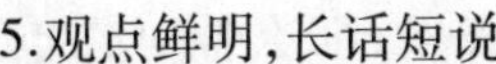

5.观点鲜明，长话短说

领导的时间是宝贵的，他们更喜欢下属用简短的话语表达观点。即使是为了指出他的失误，你也绝不可废话连篇，而要有一定的准备，有充分的理由，然后一气呵成表达自己的想法和意见。如果你能在一分钟内说完你的意见，他就会觉得很愉快，如果他觉得“有理”，也比较容易接受。这样，即使他不同意你的意见，你也不会因此而浪费他太多的时间，他反而会为此欣赏你。

总之，聪明的女人们，你应该掌握向领导谏言这一表达忠心的方式，但这更需要你注意一些技巧，注意给领导留面子，这样才能够和领导很好的交流，也才会让领导赏识你！

善帮领导“打圆场”，让领导感激你

我们都知道，相对于男性来说，女性更细腻，她们往往更能捕捉到人际交往中气氛的转变，因此，女性一般更贴心，更懂得兼顾交际场合所有人的情绪。而作为一名职场女性的你，如果也能把这种优势运用到职场交际中，那么，你工作起来势必顺风顺水。

身处职场，每个女人每天都要与周围的同事、领导打交道，如何办事、说话很重要。而作为领导，也必须面对各种人际关系。他们处理各种人际关系的时候，也会因经验或能力的不足而面临尴尬的局面，或与客户争吵，或被他的上司批评，或被同级嘲笑……面对各种压力，他们也有控制不住局面需要人帮助的时候。但是在自己的下属面前，他们又要保持一定的尊严，所以他们很少主动开口要求下属给自己提供帮助。因此，聪明的女人们，遇到这种情况，应该自觉地帮领导寻找一个台阶，帮领导“打圆场”，以尽快让领导摆脱难堪的局面。这样，你的领导一定会心存感激，相反，如果

领导遇到困境而你熟视无睹，一副与己无关的样子，那么他对你也不会关注。

小茜是某科技公司总经理办公室的秘书，她有个好朋友叫小妍，是办公室的档案管理员。两人关系很要好，又在一处工作，可以说是主任的左膀右臂。

有一天上午，她与小妍从外面办完事回来，刚进办公室，办公室主任就大骂小妍："你这个管档案的是怎么管理的？赶紧把××文件给我找出来！"见小妍想分辩，主任的火气更大了，根本不给她说话的余地："废物！饭桶！养你有什么用！"

从小到大，小妍娇生惯养，什么时候挨过这样的辱骂？这些辱骂让她很受委屈，她哭着冲进了洗手间。小茜在小妍之前负责过档案管理，所以，她一边找文件，一边问主任："发生了什么事？"

原来，就在十多分钟之前，公司老总来电话，让人马上把上周与日本方面签的几份投资意向书送过去。当时办公室只有主任一个人在，他平时不管文件档案这类具体工作，所以找了一阵也没找到，因此老总在电话里大发雷霆："你这个主任究竟是怎么当的！连文件放在什么地方都不知道，你一天到晚到底在干什么！"

小茜赶紧把那几份文件找了出来递给主任。主任将文件送完回来后，脸色更加难看了，原来他到老总办公室后，老总的气虽然消了不少，但是仍然把主任数落了一通。当小茜把给他沏的茶递给他时，他没好气地说："这水怎么那么烫？你这个秘书是怎么当的？"见主任又把气往自己身上撒，小茜感到莫名其妙。她知道这个时候不能惹主任，便躲得远远的。

本案例中，办公室主任为什么会把本来撒在小妍身上的气转给小茜呢？因为正当主任需要帮忙的时候，秘书小茜在旁袖手旁观，甚至可以说是置之不理。秘书作为助手，应该随时关注自己上司的工作，以便在他需要自己帮助的时候给予帮助。如果小茜换一种方式处理这件事，比如，小茜找出老总所需要的文件后，不是交给主任，而是自己送到老总那里去，那么即使主任的脾气再大也不至于再朝小茜发火了，那小茜就主动给了主任一个体面的下台阶的机会。

作为下属，辅助领导完成工作任务是天经地义的事，但要想让工作开展得更顺利和愉快，还是要学会和领导搞好关系。当领导陷入尴尬境地的时候，你要帮领导寻找到台阶，这样不仅能让领导平静正常地继续工作，让领导尽快恢复正常工作的状态，而且能缓和气氛。最重要的是，领导会因此感激你，把你视为贴心的工作搭档。

学会帮领导"找台阶"、"打圆场"，你需要做到以下几点。

1.揣摩领导的心思，了解领导的意图

很多时候，即使领导需要帮助，也不会直白地表达出来，需要下属细心揣摩。原因有很多，但最普遍的情况是，领导碍于面子，不便随意表态，但倾向性意见不难猜测，这时你应该揣摩，不能强迫领导明确表态；与领导相处，最为重要的是那份"心领神会"，形成默契。有些事领导还没说，你就已经做好了，领导当然会对你赞赏有加。凡事等领导发话你才做，便为时已晚，他在心里已经给你打了低分。

2.审时度势，学会打"圆场"

工作中，如果你在领导身边工作，更要学会见机行事，当领导陷入尴尬境地需要有人"圆场"时，切不可置之不理，毕竟很多场合，领导不方便开口求助。

3 给领导"台阶"，切记要保住领导面子

对于领导来说，面子是最重要的，给领导找台阶，也就是为了此目的，切不可本末倒置。

主动汇报工作，做让领导放心的下属

聪明的女人们，身处职场，你应该能发现，任何一个领导都不喜欢下属跳出自己的视线之外，更不希望下属玩小动作。他们都希望全程掌握下属的工作状况，但日理万机的他们不可能做到事无巨细。此时，哪个下属能主动做到向领导汇报工作，可以表现出自己对工作的责任心、工作的努力程度，并可以获得领导的指正，不断修正方向，减少失误。

因此，作为一个下属，你若想要赢得上司的信任，就必须学会主动汇报工作。

小何毕业后在一家外贸公司工作，如今的她已经是这家公司的部门经理了，她之所以升职如此快，是因为她一直很懂得与领导沟通工作。最近，由于事情多、很忙，她就忘记了对领导汇报工作。

有一天，她在开会时批评下属说："你们现在好像一天都很忙啊，好像都不汇报工作了。"可是会后她听见员工们说："何总光会说我们，她自己好像也有十天半个月没有去总经理办公室了吧。"这话倒提醒了小何，她想这段时间工作是很忙，但是也没有忙到没有时间去向上司汇报工作情况的程度，怪不得总经理这些天好像都对自己好像有意见似的。如果每天、甚至每两天抽出一个小时的时间走进上司的办公室，向他汇报自己的工作，可能就不会是这样的情况了！

想到这里，小何立即安排秘书为自己做份详细的工作记录，第二天她走进上司的办公室，对老总说："总经理，这是我近来的工作进度，请您审查。"上司对他流露出微笑："有进步啊！"小何也报以微笑。

从案例中我们发现，在与领导沟通时，主动的态度十分重要。主动汇报工作，与领导及时交流，不仅能及时更正错误或不当的工作方法，还能让领

导放心。

而实际上，职场中，有些女下属是胆小的。她们往往慑于周围人际关系的压力，唯恐领导责备自己，害怕见到领导，不主动上报工作，也失去了展示才华的机会，更重要的是，也失去了上司的信任。

当然，向领导汇报工作的详尽程度是不同的：对那些只重结果的上司，切忌喋喋不休地详述过程；而对那些看操作细节的领导，你则最好事无巨细都报告清楚，就能精准得分。

那么，在向领导汇报工作的时候，该注意些什么呢？

1.表达服从

古往今来，上下级之间，下级服从下级，这是天经地义的事；虽然也有过很多下级冲撞上级的事迹，但他们都为此付出了代价。当今职场，这一规则更是不可动摇。因此，职场的女人们，在汇报工作的时候，你一定要注意这一点。也就是说，汇报工作，我们要尽量把焦点放在“汇报”上，而不能越权，更不能说越位话。

2.汇报要有重点

工作中，你可能会遇到多件事需要一起汇报的情况，此时，你对每件事都应考虑周全，突出重点，在表达时不可啰嗦絮叨，要力求简洁，毕竟领导的时间是宝贵的。另外，简洁有力的表达会让领导对你产生好感。

3.条理要清晰

给领导汇报前，不妨先做个文字整理工作，用一、二、三、四、五来列点，言简意赅，层次分明，用最精练的语言，较准确地表达自己的汇报意图。

4.把握领导倾向性意见

在汇报工作前懂得揣摩领导意图，领悟到领导更倾向于哪一种解决方案。因此，你也可以把某一种方法放在前面先说，然后再把其他建议也一并给领导汇报，供领导决策参考。

5.多提解决的方法

汇报工作最重要的是提出解决问题的方案而不是简单地提出问题。要

记住，汇报问题的实质是求得领导对你的方案的批准，而不是问你的上司如何解决这个问题，否则事事都让上司拿主意，要下属还有什么意义呢？你去找领导汇报工作时要预备多套方案，并将它的利弊了然于胸，必要时向领导阐述明白，并提出自己的主张，然后争取领导批准你的主张，这是汇报的最标准版本。假如你进行的总是这样的汇报，相信你离晋升已经不遥远了。

7.关键地方多请示

要善于在关键处多向领导请示，征求他的意见和看法，把领导的意志融入正专注的事情。关键处多请示是下属主动争取领导的好办法，也是下属做好工作的重要保证。何为关键处？即为“关键事情”、“关键地方”、“关键时刻”、“关键原因”、“关键方式”。

作为职场女性，若你能抓住上司的心理，从以上几个方面向上司汇报工作，那么，便能让上司满意你的表现。

拉开距离，维护领导的威严

任何一个聪明的职场女人都知道，与上司的关系如何，直接关系到自己的职场命运。因此，无论你从事什么样的职业，当自己跨入职场的那一刻，就要找准自己的位置。作为下属，不管上司怎么看你，你都要把自己放在公司骨干的位置上，这样说话时才有忠心感。

与领导保持适度的距离，这是符合人际交往的刺猬效应。这一效应的原理是：职场中的人在工作上只有保持适当的距离，才能取得良好的工作效果。“刺猬效应”强调的是管理和人际交往中的“心理距离”。作为领导，他们更希望通过距离来树立自己的权威。

莉莉是个很讨人喜欢的人，在办公室的人缘关系很好，工作能力也很强。但和很多二十几岁的女孩子一样，她也有个缺点，喜欢聊些八卦问题。以前在学校的时候，她就喜欢挖别人的隐私，因此，有朋友说她可以去“狗仔队”了。刚参加工作的她倒还没显示出这一缺点，因此，某些同事还对她掏心窝子似的说话。

莉莉所在的部门经理珍妮是个30岁的女强人，但还没对象。对于公司这个新来的勤快小姑娘，珍妮从刚开始就很有好感，有时中午吃饭也邀她一起。在一起吃饭，自然也免不了聊天。莉莉很骄傲地谈到自己的男朋友，谈完以后，就顺便问珍妮：“经理，我看您平时工作那么努力，可得注意自己的身体，女人一到30岁，不注意保养，可是很容易老的。”听到莉莉这么说，珍妮的脸色马上变了，这不是在说自己老吗？但她也没说什么。可莉莉一点也不知趣，还继续问：“我觉得，您真该找个男朋友，女人再强，还是要嫁人的呀，不然真的成‘剩女’了。”正说着，珍妮的电话响了，珍妮马上对莉莉使了个颜色，就离席去接电话了。莉莉分明看到珍妮的电话显示的是董事长，既然是董事长，珍妮为什么要避开自己呢？越想越不对劲，于是，莉莉准备直接问珍妮。

当珍妮回来后，她问：“刚刚是您男朋友打的电话？”珍妮没想到莉莉会直接这么问，就遮遮掩掩地回答：“没有，一个普通朋友。”看到珍妮的态度，莉莉心里已经有答案了。

第二天，办公室传得沸沸扬扬，“原来珍妮经理是董事长的情人”。大家将信将疑的时候，莉莉说：“你们还别不信，这可是我听到的最确切的消息。”莉莉说得激动，却没发现，珍妮就站在自己的身后，在同事的眼色下，她回头看到了脸色铁青的珍妮，莉莉忙说：“对不起！”余下就不知道该说什么了！她以为珍妮会骂自己，但珍妮却没有。

第三天，珍妮不动声色地宣布：“我是来向大家宣布一个消息的。刚才总经理开会时说我们要在两个月内裁员两名，我一直在想，我们大家都挺努力的，裁谁好呢？我看就裁那些一天无所事事的吧，毕竟，公司不能拿闲钱去养那些没有能力、只会磨嘴皮子的人呢。”莉莉发现大家的目光竟然都一

起对准了她，她什么话也说不出来了。很快，莉莉就被辞退了，她悔不当初。笑料背后，吃亏的还是自己。

我们发现，故事中的下属莉莉犯的最大的错误在于，她自以为自己和上司珍妮关系不错，就口无遮拦，连领导的隐私也探寻；不仅如此，她还将领导的隐私公之于众。当她被辞退后，她才明白，不管在哪里，打探领导的私生活，并以此博取大家的笑声，在职场是致命的错误。

的确，人与人之间虽然需要沟通，但亦需要距离。与领导相处，你千万要记住，一定要理智，如果对方是男性，那么保持距离不仅能为其树立权威，还能免除很多流言蜚语；而如果对方是女性，那么不要以为曾经聊了几句就把领导当成了闺蜜而不顾分寸，过多的相处也会让你与对方产生矛盾的机会加大。

另外一个方面，如果你与职场中的某位领导关系过于亲近，也可能卷入其他职场斗争中。有一些女下属，甚至对于自己已经卷进了领导间的斗争而不明就里。所以，聪明的职场女人会选择最佳的方法与领导交流——不越雷池半步。

那么，具体来说，我们该怎样与领导相处呢？

对于此，我们该注意下几点。

1.与领导交谈多以工作为中心

正所谓"静坐常思己过，闲谈莫论人非"，尽职尽责，做好自己的本职工作，才会避免一些职场的是是非非。和领导交谈，多以工作为中心，可以表现你的尽忠职守，又可有效回避一些不应谈及的问题，当然，如果领导主动提出和你谈一些个人私事，倒也无伤大雅，这说明他信任你。

2.谨慎言辞

"言多必失"，爱说话的女人们，更是常常因为说话而为自己招来麻烦。因为有时候，即使你无意中的一句话，可能就击中领导的软肋，揭了别人的"疮疤"，公开了别人的缺点，尤其是在公共场合，这会让领导失了面子和尊严，而对方也会对你产生恨意。

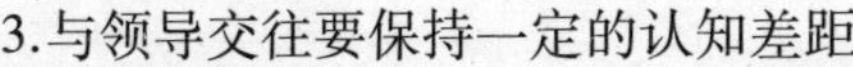

3.与领导交往要保持一定的认知差距

可能你常常犯这样一个错误，就是把自己的想法强加给领导，以为领导的想法与自己一致，实际情况并不如此。领导毕竟是领导，他们有着丰富的工作经验和阅历，再加上他们所处的位置，造成了他们考虑问题的方式与你的不同，领导更喜欢从第三者的角度看问题，力求看问题公正、客观。因此，你在与领导交往时一定不要自以为是，以为自己所想就是领导所想，这样做只能适得其反。

总之，职场中，上司就是上司，员工就是员工。聪明的女人说话绝不能口无遮拦，只有摆正自己的位置才能在职场游刃有余。

第15章

始终把握事业方向，女性“跳槽”需谨慎

很多职场女性都遇到过这种情况：工作几年下来，业务熟悉，技能纯熟，但是薪水不变职位不变，自己感觉进入了职业发展的瓶颈期，不甘于原地踏步，此时，她们会遇到困惑，是不是该“跳槽”？“跳槽”未必是坏事，但是没有经过认真思考就决定的“跳槽”恐怕就不是好事了。所以说，如果你决定“跳槽”，就要着手进行准备，确定自己职业发展的方向，经常关注各种媒体的招聘广告，努力与目标单位建立联系，并在各目标职位之间进行比较和选择，发现自己的市场价值。当然，所有这一切都要在秘密中进行。

一份稳定的职业为女人提供生活保障

我们都知道,人在自己不具备创业条件时,需要为别人打工来取得基本的生活保障,并有所积蓄,以便为将来自己创业或选择自己所喜欢的职业奠定物质基础。因此,我们可以发现,身处职场,有两类完全不同的女人,她们的生活状况是完全不一样的。第一种女人,她们毕业以后就根据自己的专业找了一份工作,拿着一份稳定的薪水,她们对现下的工作和生活方式都很满意,于是,她们勤勤恳恳,几年下来,一直在做最初的工作,也小有积蓄;第二种女人,她们满腔抱负,她们总是这山看着那山高,一旦发现有比现在更好的工作,便毫不犹豫地"跳槽",几年下来,除了简历上众多的短期工作经历外,她们毫无收获。上面的这两种女人,你更愿意做哪种呢?很明显,女人一向都是渴望稳定的,对于职业也是如此,稳定的职业是女人生活的定心力。那些不断"跳槽"的女人就像水中的浮萍,她们固然一直在寻找最满意的工作,但代价却是时间。而这就是为什么一些眼高手低的女性几年工作换来的却是无存款、无经验。

工作的压力太重,压得你喘不过气;工作的环境太差,得不到好的待遇;特长难以发挥,实现不了自身价值……这一切都预示着:你不再需要这份工作。

经上海的一家报社报道:上海市的一项调查显示,30 岁以下的年轻员工在一个工作单位的连续工作时间平均只有约 1 年半,31~40 岁的职员也只有 2 年 3 个月。如今社会,"跳槽"之频繁实在让人瞠目结舌,甚至,这一现象在渴望稳定的女性中也屡见不鲜,女性"跳槽"似乎更为普遍,更好的待遇、更好的工作环境、喜新厌旧的性格都致使这些知识女性频繁"跳槽"。诚然,跳槽可能带来的是机遇,但频繁"跳槽"就会成为你简历上的败笔。

小妍毕业于一所著名的大学，学的是中文专业，在校时就有才女之称。4年前，她在家人的劝说下，进入某图书馆工作，但干了3个月，年轻活泼的她就感到浑身不对劲，上班一杯茶，一张报纸，帮领导打印材料，或接电话。经过再三考虑，她不顾家人、亲友的反对，毅然辞职，应聘到一家房产开发公司当秘书。开始时她干得还比较顺心，但后来在一次单独和经理出差途中，这位有妇之夫开门见山地许以重金，要求小妍做他的"金丝鸟"，小妍一口回绝了。

隔日，她就递上一封辞职报告，炒了老板的"鱿鱼"。接着她又到另一家房地产公司打工，说是做办公室工作，但老板一会儿要她帮交手机费，一会儿又要她帮接送小孩到幼儿园……小妍感觉自己简直成了勤务员。一气之下，她又"跳槽"了。就这样，在不到两年的时间里，她换了八九个工作单位。但令她头疼的事情出现了，马上要和男朋友结婚的她，账户居然连一分钱的存款还没有。她想，至今还被父母养着的自己总不能以后还被丈夫养着吧。

可能小妍的情况在很多刚入职场的年轻女性身上都发生过。因为频繁"跳槽"导致工作几年来依然如刚毕业时一般没有工作经验、没有积蓄，生活也没有定心力，永远奔波于招聘会、找工作。

的确，要寻觅一份理想的工作并非易事。于是，先就业后择业的观念在年轻女性中更为突出。她们求职择业，不再像过去一样追求一步到位，而是寄希望于积累工作经验以后，等自我价值得到较大的提升后，再找一份理想的工作。"跳槽"并没有错，但一味地"跳槽"却并非明智之举，因为频繁"跳槽"有着很多弊端。

（1）"跳槽"到一个新环境，你需要付出得更多。你需要适应新的工作环境，并重新建立人际关系。而其实，人的一生中，30%靠能力，70%靠人脉，而"跳槽"带来的直接结果是人际关系不稳定。一个人的力量是有限的，况且你在生活中会难免遇到各式各样的问题，这时你的朋友就是你跨过一道道坎的利器。

（2）频繁"跳槽"是你人生简历上的败笔，你找工作会因此而更难，用人

单位也会顾虑到你的信用问题。

(3)经常“跳槽”会让你形成一种惯性,一旦工作不快,便有“跳槽”的想法,甚至没有任何理由也想“跳槽”,似乎一切问题都可以用“跳槽”来解决,永远缺乏克服困难的勇气和决心。

(4)机遇很多,但由于工作换得太频繁,往往也很难把握得住机遇。

(5)能成为“万金油”,但是不能成为“顶梁柱”。社会需要什么样的人才呢?我们不知道,大家各执一词。但至少要在一个领域很精通,这是首要的条件,然后再向纵横发展。一个人精力有限,所以要集中精力。找好自己的人生目标,这才是首要大事。

所以,聪明的女人们,即使工作不顺,也先别忙着“跳槽”,最首要的是搞清楚自己到底适合做什么。始终不能忘记,只有稳定的职业才是女人生活的定心力!

不值得留恋的工作岗位就别耗尽精力

女性在职场中的成就,常被认为无法与男性的功绩相提并论。其实,原因不是男女专业能力高下有别,而是思维方式多有差异。相对来说,女性是胆小、怯懦、娇羞的,这一点,在职业选择上也是如此。印象中,女性的就业观是稳定压倒一切,求稳是她们求职择业的首选。因此,很多时候,即使当前的工作对于她们来说并不合适,但出于各个方面的原因,她们依然不愿意“跳槽”。而最终结果是,她们被一份不热衷的工作而折磨得筋疲力尽。因此,如果你现在的工作已经不值得留恋,那么,就不要再耗费精力了。

我们先来听听地产公司的小伊对于自己工作的感受:

我当初是听了父母的意见才进入这家以房地产中介为主要经营项目的网络公司实习的。

我大学是学资产评估的，但我发现网络公司的经营方式并不适合我的专业所长，他们追求的所谓概念性的理念以及网络交易本身都不能给我的专业提供更多实际尝试的机会。更多的时候，为了交易的达成，他们对房源本身并不做太多的评估，只是一味地买空卖空，而我这个所谓的评估人员，不过是一个幌子，用来提升一下公司在这个领域里的含金量罢了。

我得承认，老板还是比较重视我这个新人的，但当我向他坦言自己的困惑时，他就和我勾勒未来的蓝图。这种对未来美好的描绘开始的时候是促进了我对公司的期冀，让我有更多的热情投入到工作当中去，但时间一长我就发现，老板的梦有些是多么不切实际。看着许多同学在其他有实力的房地产公司干得有声有色时，我对目前的状况感到非常迷茫，好像跌入了一个空头陷阱一般，久而久之我就产生了“跳槽”的愿望。但有时候想想老板对自己确实很好，就在跳与不跳之间徘徊不定。

可能很多职场女性遇到了和小伊类似的情况，实际上，她们在选择职业时，就应该综合考虑自己的专业特色、个人兴趣以及目前的工作会不会为自己带来更多的发展。而小伊所学的专业，是“越老越吃香”的专业，是严谨、严肃，需要大量的实践并在过程中不断学习、积累经验才能逐步提升的，如果目前的工作与个人的职业发展方向背道而驰，确实应该重新考量自己的需求。职业生涯是自我价值实现的过程，身处职场的你，如果也遇到了领导用真诚和一些不切实际的繁荣画面留住你的情况，心存感激的同时还是要保持头脑的冷静，知道是冤枉路，就别在路上兜得太久。

的确，每个职场女性都深知“跳槽”特别是换行是不可取的行为。有时候因为短期的事业发展瓶颈，进入一个平台期，这时候一般都在酝酿下一个发展机会，如果不能忍受短期的寂寞，往往会错失机会。那么什么情况下你需要“跳槽”、应该“跳槽”呢？

(1)老板给你的薪酬太少，甚至少到你已经无法支付日常生活开支，并且，他从来没有给你加薪的意思。

(2)你的工作一点稳定性也没有，你甚至担心明天会失业，工作给你的

家庭带来了很大的压力，那么不如寻找一份稍微稳定的职业。

(3)自己觉得对这工作一点也不喜欢，简直是受罪，上班之前怕上班，上班之后等下班，下班之后一身轻，那么一定不要委屈自己，否则会造成精神疾病。

(4)你现在的工作环境让你窒息，因为你的同事很不友好，或者都是一些“小人”，或者常常闲言碎语，需要合作的地方阳奉阴违，甚至还需要“站队”，那么这个地方的企业文化很有问题，可能不适合一个进取的人长期滞留。

(5)你的老板似乎永远看不到你的成绩，无论你的表现如何出色，你立下的功劳如何大，他从来没有“高看”的意思，没有奖赏的表示，那么你一定要想办法离开这种不论功过、不论赏罚的地方。

(6)表面上看，你的公司相安无事，但实际上，你却发现，公司的待遇、福利等都比同类单位的同仁们差很多，那么，你就要思考，是不是老板太过苛刻或者是公司出现问题而老板为了安定人心不加吐露。记住，不能等到报刊上公布了某某单位倒闭以后再去求职。

(7) 你的领导和老板对待你，一点尊重也没有，对你动辄呼来唤去，那么，你就是老板生财路上的一粒石子而已，不值得久留。

(8) 你的老板把你当成了工作的机器，你需要每天加班、出差，你已经无法享受和亲人们在一起的天伦之乐了。要注意寻求能够平衡工作与生活的工作。

(9) 你的工作做得很出色，但是没有任何晋升、发展的机会，也不可能赢得什么社会尊重，一辈子都将这样度过，而你又不甘心，那么可以考虑“跳槽”了。

职场女人们，如果出现以上几种情况，那么，你已经不再适合在这个公司待下去了。当然，“跳槽”也是存在风险的，但如果此时你不“跳槽”，那么，只会荒废掉更多的精力！

一定的年纪之后，女人“跳槽”要谨慎

我们都知道，人的职业生命是有限的，时间的浪费是最可怕的，因此，无论是谁，频繁“跳槽”有时候看上去很美，其实不利于职业的拓展，也不利于在业界树立好的口碑。而同时，“跳槽”也是存在风险的，很容易“刚出狼窝又入虎穴”。而“跳槽”难的问题，主要发生在这一群年近三十，有一定社会经验和工作能力，却未在现有公司担任要职也并没有什么发展空间的女人身上。若是男人，恐怕早就另谋高就，追寻全新的发展空间去了，女人，却要顾虑更多。

那么，到了一定年龄的职场女性们在“跳槽”的问题上有哪些难点呢？

难点一：改变了家庭的生活状态，跳槽心理负担过重。

张女士的先生有自己的公司，为了让先生腾出时间来工作，她在结婚后选择了一份完全无法实现自身价值的工作。到孩子两岁的时候，她想孩子大一些，她终于可以为自己的事业发展考虑一下了。本以为“跳槽”就可以拥有自己的新生活，但是真的“跳槽”之后，先生就开始抱怨说她应该找一份轻松的工作，应该兼顾家庭，她自己也觉得太忙打乱了原来的家庭气氛和秩序，工作也感觉很累。

有些女性在孩子的出生以及丈夫事业的发展逼迫下，不得不放弃自己在事业上的抱负，“跳槽”可能造成原本家庭生活的失衡。

难点二：年龄危机使得选择难度加大，“跳槽”决策顾虑重重。

左小姐是一位海归，在国外时，她担任的是市场经理一职。原本高学历、有海外背景的她应该很好找工作，但实际上她发现，对方挑自己，自己也变得挑剔起来。经营产品不好的企业她不想去，老板不好的她不想去，企业文化和自己不适应的她不想去。她常常感觉步履沉重，迟疑不前，结果找了

7个月的工作还是没有结果。

如果说毕业时的自己还是“冲劲十足”的“毛丫头”，那么成了大龄女之后就会明显感觉到社会给自己的机会少了，未来的道路变得窄了，抉择变得越来越困难了，经常陷入一种高不成低不就的状态中，从而陷入“跳槽”难的恶性循环。

难点三：角色转变是跳槽的一个动力，也是一个障碍。

林女士，一直是一个总经理助理的角色，但是新的职位是小企业的总经理。当她面对“跳槽”这个字眼的时候，她突然非常恐惧，因为在外人眼中，她是个女强人，干练果断，可是在她的心里，似乎永远在追随着什么。成为高层管理人，她知道得到什么，也知道失去什么，她难以平衡“得”与“失”。

跳槽是一场“和自己的斗争”，对于一直以来习惯扮演的角色必须放弃而重新扮演全新的角色，这会造成女性恐慌，不断地问自己：“我能行么?”问到最后却产生了“我大概不行”的错觉而干脆放弃。

难点四：能力有限，却也不那么好控制。

陈小姐，大学毕业之后换了多份工作，没有一份做得长，也并没有积累到什么工作经验。于是，找工作“跳槽”的时候，她也只是投一些助理、办事员之类的底层职位，仍然被各大企业看轻，一到裁人减员，她总是名单上的第一个。

这样的简历总是被第一批淘汰的。公司招聘底层职位的时候通常更愿意选择一些刚毕业的应届生，他们薪水成本更低，又是新人，比较好教导、控制。而像陈小姐这样年龄不小却能力有限，若再加上没有结婚生子，公司还将赔上婚假产假，还不如找个新人从头教起。

那么，对于大龄女性“跳槽”难的问题，该怎么解决呢?

其实，尽管女性“跳槽”难点不少，但只要把握一些关键的思路就可以让“跳槽”的道路走得顺利一些。

1.先问自己会失去什么

一些女性“跳槽”之后才发现，新工作在待遇、轻松程度上还不如以前的工作，这是因为在“跳槽”前她们没有考虑清楚：我会失去什么。所以你只要把你能够承受的最大损失想清楚，“跳槽”就不难进行了。

2.不要期望下一个工作是最满意的

这是职场上的规则，你不要认为下一个单位将是你的终生单位。要知道，没有可以长期待下去的单位，没有长期合作的老板，变化、更新是职场的主旋律。所以，“跳槽”的决策主要是要考察下一个单位是不是有助于自己的提高，比如能力上的、知识上的、经验上的，也可以是心理上的、人际关系上的。

3.把眼光放在机会上，而不要过多考虑年龄

很多到了年纪的女性在“跳槽”问题上显得畏首畏尾，也有的认为再不“跳槽”就来不及了，她们更多看重的是年龄，而不是机会。实际上，要考虑这个机会是不是很有风险，是不是适合自己，是不是可以把握，是不是可以持续发展。如果真是一个不错的机会，就要大胆地接受，如果没有把握，就不要轻举妄动。

4.不要把家庭看得过重

从长远来看，这也是为了家庭的幸福。纵然，短期的“跳槽”会打乱你的生活，甚至使你变得忙碌，但是就长期而言，在自我发展的同时能够提高家庭生活质量。所以，想选择能够未来给家庭带来幸福的工作，在“跳槽”前后的时间里，就要忍耐那些暂时的不平衡，争取得到家人的支持。

明确的职业规划让你跳槽更有把握

人活于世，每个人，都有人生的目标。同样，职场女性，你也应该有自己的职业目标，职业目标是引领职业成功的关键。然而，你未来的职业生涯可能并不完全按照你的职业规划去发展，但仍然要拥有一份职业规划。因为

通过职业规划你可以清楚地知道自己目前所在的位置，目前的职业与你的规划有什么样的偏差，它是否对你的职业生涯有帮助，你是否需要做出调整。因此，聪明的职场女人即使要“跳槽”，也会根据自己的职业规划，目标明确了再跳槽。

小张已经是两年来第五次“跳槽”了。在这两年的时间里，她先后从事了性质不同的四份工作：民办学校的教师、教育机构的咨询员、办公器材的销售员、保险的推销员。这四份工作只有教师与她的专业对口，其他都是在招聘单位急需用人她也急需工作的时候达成的，那时单位不考虑她的专业，她也不考虑工作的性质，她只看薪水和招聘单位的承诺，只要薪水满意或者未来的薪水可以达到她的满意，她就做。

就这样，她走马灯似的换了四家单位，换了四种工作。

这一次，小张拿着她的中文简历找到一个猎头，希望猎头能为她翻译成英文的简历。她说她看好了一家各方面都不错的外资企业，薪水尤其诱人，所以想制作一份英文简历试试运气。

这位猎头一看这份简历，发现小张还是她大学毕业时用的简历，只是在工作经历一栏多了几行字，也只有从工作经历里才能看出这不是一个应届毕业生。猎头摇了摇头。

看到猎头的反应，小张其实也明白自己的工作经历没有什么说服力，在叙述工作经历的时候一笔带过，而且把自己的四次“跳槽”进行了排列组合，将四次改成了两次。

单从小张工作的种类上来看，她所从事的职业无疑是丰富的，经历也是复杂的。但是这种经历在质量上很难让人信服，实在是缺乏说服力。为什么会这样呢？因为她没有明确自己的职业目标，不知道自己要做什么，能做什么，最终导致职业失去方向。

小张的“跳槽”经历说明，“跳槽”不能打无准备之仗——不明确目标，无准备的后果只能将自己置于不利境地。为了使“跳槽”变被动为主动，职场女人们，你必须在作好了准备之后才决定。为使自己的“跳槽”更加有效率，

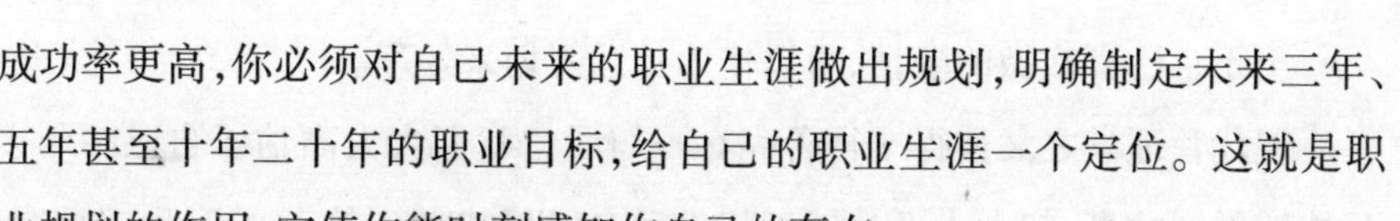

成功率更高，你必须对自己未来的职业生涯做出规划，明确制定未来三年、五年甚至十年二十年的职业目标，给自己的职业生涯一个定位。这就是职业规划的作用，它使你能时刻感知你自己的存在。

所谓的缺乏职业规划，就是指职场人士在步入职场之前或者在职场中时，缺乏对自己能力和发展的明确认识，更没有认清自己所处的职场环境。很多职场女性，她们往往处于这种“不知己不知彼”的状态中，走一步算一步，不知道自己未来的走向如何，更不知道自己可以朝着哪个方向走。不少女人连初始的职业选择都存在着困难，很多女人不知道自己能干什么，适合干什么，喜欢干什么。其结果，必然导致做了一份自己不愿意做的工作，或者是做了一份不适合自己做的工作，可以想见，这样的话肯定前途堪忧。

那么，怎么才算有一个职业规划呢？

每个人都可以给自己的职业生涯进行一个规划，规划分成长期目标和短期目标。长期目标是指自己到达某一个年龄阶段时想到达的目标，而短期目标则是近期自己可以做到的程度。两种目标应该是协调一致的，具有可发展性。

同时，在制定目标之前，你首先要做的就是了解自己。一方面是了解自己的能力和特长，另一方面也是了解自己的性格特点及兴趣爱好，看能否达到一个完美的结合。如果不能，那么应该偏向于哪个角度发展则需要靠自己的理性选择了。

为此，你需要做到以下几点。

1.清楚地知道自己能做什么

知道自己能做什么是基础。而喜欢做的事情却未必就有机会去做，或者说，适合自己做的事情也未必有机会去做。比如，通过职业倾向性测试可以了解自己适合做什么行业，但是现实却未必能给自己这个机会。所以，自己的能力和特长才是进入职场的基础，也是和其他人竞争的实力所在。

2.了解自己的兴趣

至于自己喜欢做的事情，可以作为长远规划来处理。

现代管理学之父彼得·得鲁克有一句话："我们大大高估了自己一年以后能够做到的事，却大大低估了五年以后自己可能做到的事。"因此，职场女性们，究竟跳不"跳槽"，你不妨先问问自己：五年之后、十年之后、二十年之后我的职业目标是什么？要达成这些目标，我还需要补充什么？意向中的那个职位究竟在哪些方面能帮助我提升？了解这些，才能有效避免盲目"跳槽"给你带来的弊端。

好工作好找，好"伯乐"难遇

一般来说，一个人的一生之中都有一次或者几次"跳槽"的经历。当我们在一个单位工作了一段时间后，觉得自己不适合这个单位，或者感到在那里屈才，无用武之地，或者感到与老板同事无法相处等等，就会有"跳槽"的打算。其中，相对来说，工作中的人际关系如何，已经成为职场女性衡量是否跳槽的重要尺度。

许多用人单位反映，女性除却个人能力与素质等因素，还有一些共同的心理障碍。女人容易情绪化，对于新的人际关系的变动也是不易适应的。

因此，我们发现，有这样一群聪明的职场女性，在其他人争相"跳槽"的同时，她们却宁愿当职场"留守族"。而她们之所以做出这样的选择，并不是因为她们没有找到更高薪、更能体现自己技能的工作，而是因为她们习惯了当下的人事关系，尤其是因为她们遇到了一个好领导。

一到年底，看到别人拿着一大笔的年终奖，崔嘉都有在年后"跳槽"的冲动。她所供职的现在这家公司，由于体制原因，比同行业公司的收入要少很多，尤其是各项福利待遇甚至是全行业最低，"工作说到底就是赚钱养家，高薪当然总是更具吸引力"，崔嘉说，以前她经常为"跳槽"的问题而

纠结。

当然，虽然想过“跳槽”，但她从来没有付诸过行动，个中原因就是她很享受现在的工作氛围。“公司的人际关系并不复杂，我和同事关系也都非常好，特别是老板、经理为人也比较厚道。”崔嘉觉得，在这样的环境里工作，心情一直非常舒畅，干得开心比什么都重要。要是换了一家公司，遇到一个不好的老板，那就得不偿失了，因此，她决定在这家公司坚持干下去。

崔嘉的心态真实反映了相当一部分职场女性的心态。与老板、领导的和谐的关系与高薪相比哪个更重要？不同的人因为各自追求和所处环境不同，自然答案也不尽相同。但不可否认，很多聪明的职场女性还是选择了前者，在她们看来，良好的人际环境的吸引力要胜过略高一筹的薪水的吸引力，她们也会被高薪所吸引，但也深知江湖险恶，经过反复的权衡比较，最终选择留守，安安稳稳地待在原单位。况且，付出总有回报，对于工作多年的老人，公司多少都会有更好的福利待遇作为奖励。

世界著名的成功学专家拿破仑·希尔曾经聘用了一位年轻的小姐当助手，替他拆阅、分类及回复他的大部分私人信件。当时，她的工作是听拿破仑·希尔口述，记录信的内容。她的薪水和其他从事相类似工作的人大致相同。

有一天，拿破仑·希尔口述了下面这句格言，并要求她用打字机打印出来：“记住：你唯一的限制就是你自己脑海中所设立的那个限制。”

她把打好的纸张交还给拿破仑·希尔时说：“你的格言使我获得了一个想法，对你、我都很有价值。”

这件事并未在拿破仑·希尔脑中留下特别深刻的印象，但从那天起，拿破仑·希尔可以看得出来，这件事在她脑中留下了极为深刻的印象。她开始在用完晚餐后回到办公室来，并且从事不是她分内而且也没有报酬的工作。她开始把写好的回信送到拿破仑·希尔的办公桌来。

她已经研究过拿破仑·希尔的风格，因此，这些信回复得跟拿破仑·希

尔自己所能写的完全一样好，有时甚至更好。她一直保持着这个习惯，直到拿破仑·希尔的私人秘书辞职为止。当拿破仑·希尔开始找人来补这位男秘书的空缺时，他很自然地想到这位小姐。但在拿破仑·希尔还未正式给她这项职位之前，她已经主动地接收了这项职位。由于她在下班之后，以及没有支领加班费的情况下，对自己加以训练，终于使自己有资格出任拿破仑·希尔的秘书。

不仅如此，这位年轻小姐高效的办事效率引起了其他人的注意，有很多人为她提供更好的职位请她担任。她的薪水也多次得到提高，现在已是她当初时作为普通速记员薪水的4倍。她使自己变得对拿破仑·希尔极有价值，因此，拿破仑·希尔不能失去她做自己的帮手。

本案例中，拿破仑这位女助手就是个聪明的女人，在为拿破仑担任下属的这段时间，她深知自己的上司是个能为自己的人生带来价值的人，于是，即使在高薪面前，她依然能不为所动而重视提升、充实自己。所以，作为一个年轻人，在一开始工作的时候，不必太计较薪水的多少，而一定要注意工作本身给予你的报酬，如技能的培养、经验的积累、品格的提升等。

的确，正如专家所言，成功的职业生涯应该是一个坚持不懈的过程。经记者调查，在职场中，虽然有人频繁“跳槽”，但更多的人则选择了坚持。许多受访者也表示，从事一份工作起码要有三到五年的时间才能认识到自己是否真正适合这个行业。另外，长时间供职于一家企业，企业的归属感更强，单位领导也会给予更多的关照，升职加薪都将水到渠成，因此，很多职场留守族不仅是单位骨干更是领导面前的“香饽饽”。

总之，“跳槽”有风险，离职需谨慎。职场女人们，当你不得不去“跳槽”的时候，希望你做好了自己的“跳槽”计划，而如果你不确定你接下来遇到的是个好领导，那么，你一定要慎重起见！

看准“跳槽”的时机，跳槽别冲动

当今社会中，“跳槽”已经成为职场上一种常见的现象。注意一下你的周围，是不是经常有跳走的同事，或者刚进入格子间的新人？无数过来人都会对我们千叮咛万嘱咐，不要盲目地“跳槽”，也不要频繁地“跳槽”，如此种种，都会使你的信誉大打折扣，搞不好还会使你的职场之路变得坎坷。关于这一道理，恐怕每个职场女性都知道。但即使如此，工作中难免会出现一些不得不让她们“跳槽”的情况，“跳槽”没有错，但聪明的你一定要看准“跳槽”的时机，切不可心血来潮。

“跳槽”时准备充分，就容易成功，准备不够就是撞大运，万一没有撞好，不仅浪费时间，还会耽误职业发展进度。此外，“跳槽”、转行还需要选择适当的时间，同样是你，同样的准备，“跳槽”时间不同，收获也将有很大的差别。那么，如何选择适当的时间“跳槽”、转行呢？

小夏很幸运，毕业后就在一家效益极好的国企工作，是财务部的一名小兵。朝九晚五，有些轻闲，但也非常无聊。她这样描述自己现在的工作状况：“说实话，国企的工作太拴人了，我有一种被深深套牢的感觉。我的同事们年龄偏大，思想保守，每当进入办公室，我就有一种时空逆转，回归20世纪80年代的感觉。他们对年轻人喜爱的事物知之甚少，我无法在午休时找到一个合适的伙伴聊聊SK-Ⅱ、LACOME的化妆品。我变得越来越沉闷，在同学聚会上感到自己因为工作环境的关系变得与时尚脱轨，一副老气横秋的样子。在国企里，新人的等级概念等同于‘杂事桶’，‘老前辈’们把活儿抛丢给我们就OK了。每天面对枯燥的报表、需要大量输入的数据、成堆的报销凭证，我深深地疲惫，也深深地怀疑：难道我的未来就一定在这样毫无生气中葬送吗？外面的世界很精彩，我喜欢写字楼的时髦感

觉，喜欢格子间的优雅，我只是想到外面看看不一样的风景，那种属于年轻人的职场风景。”

小夏的感觉可能在时下的年轻人当中很多见，沉闷凝重的国企文化往往让刚刚毕业的女新秀们无所适从，但这并不应该成为跳槽的关键理由。大型国企用人制度规范，对财务等职位一般变动不大，是一份稳定的工作，这对女性，尤其是只身在异地谋求发展的女性而言，非常重要。国企的大门不像公司的大门，能永远向你敞开：从这样的地方跳出来，之前要做好最充分的打算。如果只是为了写字楼里面的荣耀而盲目地“跳槽”，是不理智的决定。

因此，聪明的职场女人们，即使你有类似于小夏的想法，也不要不看时机心血来潮地“跳槽”。那么，什么是合适的“跳槽”时机呢？

1.培养内线，找到空缺职位。

就公司雇用程序看，除非是流失率非常高的公司、领域，一般大规模招聘机会很少。一般公司出现岗位短缺，内部人员是最早得知信息的。而这时，招聘也主要依靠内部员工介绍。所以，如果你有了目标公司，不如看看有没有人可以推荐自己，那样跳槽的成功率要高很多，因为那时竞争明显少很多。

2.先了解新公司。

对新公司的了解非常重要，求职前，要先了解一下公司的情况：总公司所在地、规模、架构、背景、经营模式、目前的发展状况和未来的发展规划等概况。如无法得到书面资料，也要设法从该公司或其同行中获得情报，包括业绩的表现、活动的规模，以及今后预定拓展的业务等。

另外，应聘企业的文化是什么，也可判断出企业的环境是否公平，如果入职该企业，上升通道中是否有被限制因素，了解这些因素，可避免因为急于找到工作而上当受骗。进入某个公司也不要盲目欢喜，要谨慎地观察、思考，有没有投错公司。

3.拿到自己的报酬后再“跳槽”。

聪明的职场女人不会意气用事，她们不会笨到在本月工资未拿到之前就走人。而如果你的薪水是绩效形式的、与工作业绩有关，比如销售行业，你更应该慎重，毕竟你辛苦了这么长时间，而且，如果你打算继续从事老本行，那么，你的业绩直接关系到你在市场、行业内的身价。

4.“骑驴找马”或“骑马找马”。

你最担心的问题是“跳槽”风险的问题。其实，最保险的方法是先不要急着辞职，先干好本职工作，同时，瞅着机会，一旦有了“跳槽”的可能，就迅速抓住机遇。现在很多职场女性都明白，没有和新东家谈好之前，不露任何的蛛丝马迹。

总之，“跳槽”、转行的时间选择很有学问，聪明的职场女人们，你要仔细研究自己所在行业、职位的“跳槽”、转行时间，选择出适合、适当的时间。这样才能抓住机遇，为提升自己创造良好的契机，达到“跳槽”、转行的预期效果。

“跳槽”跳错，智慧女人如何“脱身”

杰西是个高薪一族，身为一家软件公司的项目经理，她的待遇在同行业是比较高的。原本她可以在自己的岗位上按兵不动、拿着人人羡慕的高薪，但她偏偏“不甘寂寞”，在去年年底高峰“跳槽”月中，她被一家小公司允诺的高薪所打动，一冲动便跳了过去。可当她真正参与工作时才发现，在新工作中自己常常被晾在一边。老板对她的工作总是干涉过多，而自己的想法也很难得到落实，以至平时就显得很清闲。但杰西是喜欢挑战的人，在这个岗位上她更加得不到锻炼和学习。她想离职，可又不甘，不走的话，这样的工作状态又实在受不了。

杰西的这种情况估计在很多职业女性身上都遇到过,“没想到一次盲目的‘跳槽’让我从此步入职业生涯的‘熊市’,难道从此被不利的环境‘套牢’吗?有没有办法‘解套’呢?”

对此,职场顾问为“跳槽”跳错的职场女性支出以下妙招来解套。

1.坚持做满三个月,确定新岗位是否真的不适合

进入新公司,过了“蜜月期”后,各种问题就会一一暴露,或是与上司不和,或是环境不如意,或是低于自己的期望值,这些落差会让人留恋以前的工作,这在心理上叫作“前摄效应”,即前面的工作对后面工作的评价产生了负面作用。这种效应会让当事人觉得自己做错了决定,并想尽快“跳槽”。新公司虽然没有自己预期得那样美好,可是毕竟提供了一个更高的施展平台,坚持三个月后再做决定也不迟。

2.寻找内部“跳槽”机会

如果你确定你在现在的岗位上无法发挥你的优势,那么,不妨直接向老板表达心声,让老板出面为你安排内部“跳槽”,这会让你的“跳槽”更加直接与顺利。

3.理性规划二次“跳槽”

“跳槽”后,如果你发现自己真的无法适应新公司,或者新公司实在糟糕,那么,你也大可不必惊慌,完全可以进行二次“跳槽”。不过这次“跳槽”不能再犯第一次“跳槽”的错误,至少有两点值得注意:第一,别过分重视职位与薪水;第二,别脱离自己擅长的领域。

4.再回到原来的公司

一位35岁的高级女经理遇到了这样的困惑:她所在的行业竞争激烈,之前她在一家二流公司有一份非常舒服的工作,但大约6个月前,她“跳槽”去了业内另一家公司。这个新公司是行业领跑者,职位不错,只不过薪水比以前低一些,然而令其苦恼的是,她所在的部门运营糟糕,似乎不怎么受高层重视,新同事也都不是很友善,这位女经理大失所望。

如今她听说,原来的老板迫切想让他回去。她有点动心,想试探一下原

老板是不是说真的，但这样好像是回去乞求收留。另外，她也不想草率行事。毕竟，要融入一个成功的团队需要时间。

专业人士认为，回到原来的老板手下干活，从来都不是个坏主意。只有合不合适的工作，而没有该不该回的公司。“跳槽”失败，如果可以，选择以前的公司一点问题没有，在以前的公司已经轻车熟路，人往高处走水往低处流，不应该搁不下面子，如果“跳槽”真的毫无意义，那么还是回去的好！

由此看来，职场女性“跳错槽”后不要懊悔不前，要有足够的耐心等待机遇的来临，同时要吸取自己鲁莽“跳槽”的教训，尽快走出短暂的职业低谷。但无论怎样，面对“跳槽”失败，再做新的选择，都要计划周密，长期奋战。

第16章

维护人际，智慧女人懂得积累朋友资源

女人天生是优秀的交际家。现代社会，女人们更是发现了关系在工作、事业上的重要性。而人际关系不会自行获得，需要我们去“开发利用”。因此，每一个女人都要记住，在人际交往中，你不妨多点心机，敏锐地观察每一个人，恰当地与周围的人交流，以此发现可以利用的人际资源，然后适时地去“挖掘”，在社会活动中，你便能如鱼得水，游刃有余。

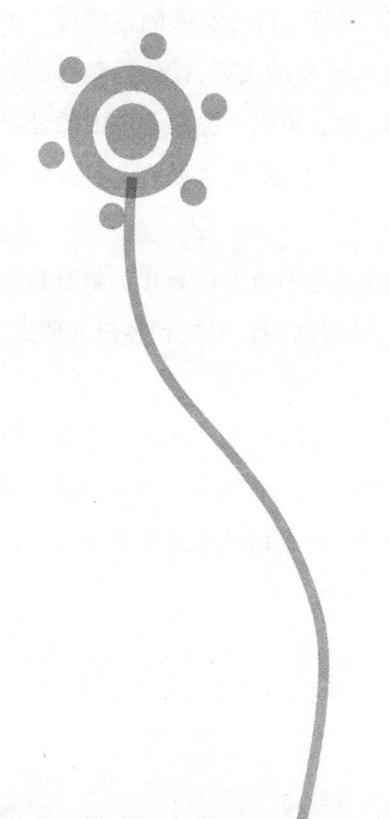

智慧女人懂得维护客户关系

当今职场，随着女人们职业技能的提高以及追求自我价值的意识的增强，女人们不再只是坐在办公室喝茶、看报纸，而是开始和男性一样进行一些挑战性工作，其中就包括和客户交涉，为自己和企业的利益而工作。我们都知道，每个企业的利润和业绩都来源于客户。而客户来源也主要有两个部分：一类是新客户，即利用宣传、促销活动或者销售人员的推销工作而吸引潜在客户来初次合作或购买产品；另一类是原有的客户，已经购买过产品或合作过，并感到满意，没有抱怨和不满，接着合作和购买产品的客户。

很明显，无论哪种类型的客户，都不是那么轻而易举就能"拿下"的。而聪明的女人们都深知维护客户关系对于公司乃至自身业绩的重要性。对此，很多女人会产生疑问，怎样才能维护好和客户的关系，让他们对自己的企业或产品保持足够的信心和好感？为此，你必须引入关系营销中的客户维护策略，真正认识到客户是企业最重要的一部分财产，才是企业长久发展的必由之路。

萧文跟进一个准客户很久了，可是对方就是不肯答应合作。眼看自己长期的努力毫无结果，萧文很不服气，她告诫自己一定要找到客户的弱点，拿下订单。

有一天，萧文还是和往常一样来拜访这位客户，客户方虽然不答应购买，但对前来推销的销售员都很客气，应有的招待一样不少。秘书为萧文倒来茶水，萧文突然发现，这家公司和别家不同，对来访的人并不是使用一次性杯子，而是质感很好的陶瓷茶杯，这让萧文很奇怪。

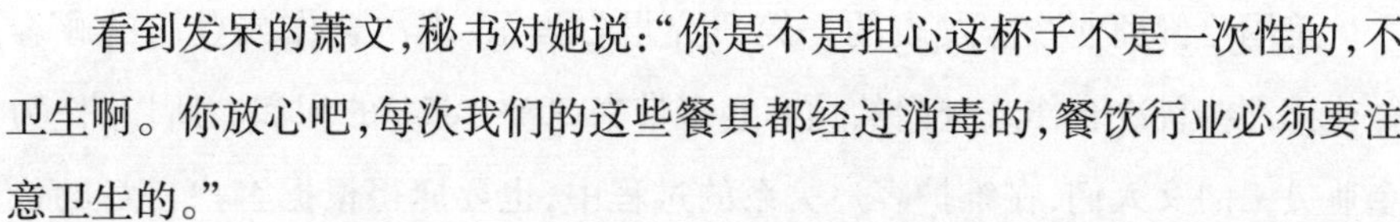

看到发呆的萧文，秘书对她说："你是不是担心这杯子不是一次性的，不卫生啊。你放心吧，每次我们的这些餐具都经过消毒的，餐饮行业必须要注意卫生的。"

"这个我理解，我只是好奇，你们老板很喜欢陶瓷吗，我看见他的办公室里好像也摆了好几套这样的陶瓷茶具。"

"是啊，我们老板对茶道很有研究的，他尤其喜欢这种青花瓷的茶具，常常自己一个人要泡很久的茶。"听完秘书的话，萧文心中暗自窃喜，她终于知道客户的爱好了。

于是，一个星期后，萧文把托人买到的一套上好的青花瓷茶具给客户送了过去，对方看到后，很是高兴。还没等萧文开口，就主动提了合作的事情，萧文的这笔订单就轻松地拿到手了。自打那次后，萧文就时不时地拜访客户，并带上一些茶艺方面的书籍等其他礼品，与客户一起探讨茶艺问题，一来二往，她与客户成为了很好的朋友，对方公司的生意差不多都被萧文揽下了。

从本案例中我们可以看出，销售员萧文之所以能成功打开局面，并与客户合作愉快，得益于她送的"礼"，并把"礼"送到了客户的心坎上，进而与客户建立了良好的关系。

当然，掌握客户的喜好、"送礼"只是维护客户关系的一个方法，要维护好和客户的关系，聪明的女人们，你应该从以下几个方面着手。

1.更多优惠

如提供赠品、更大幅度的折扣等，这不仅是吸引新客户的方法，更是维系与老客户关系的重要手段。而且你要做到经常和顾客沟通交流，保持良好融洽的关系和和睦的气氛。

2.抓住重点顾客

根据 80/20 原则，企业利润的 80%是由 20%的客户创造的。的确，不同的顾客对于企业所起到的作用是不一样的，有的客户带来了较高的利润率，有的客户对于企业具有更长期的战略意义。

美国哈佛商业杂志发表的一篇研究报告表示：多次合作或登门的顾客往往比那些首次合作或登门的顾客会多带来20%~85%的利润。所以，作为企业员工的女人们，在维护客户关系的过程中，也要懂得根据客户自身的价值来对客户进行划分，并密切关注高价值的客户，保证他们可以获得应得的特殊服务和待遇，使他们成为你的忠诚客户。

3 制定系统化的解决方案

你若想拉住客户，就不能仅仅停留在向客户销售产品层面上，而应该体现对客户真正的关系。你可以为客户量身定做一套系统化的解决方案，这样，在客户的购买力提升的前提下，他必当会加大购买规模。

4.即使合作不成，也要和客户保持联系

以销售为例，一些女人认为，既然客户已经拒绝了，就没有继续联系的必要了，实则不然，客户此次不购买，并不代表他永远不需要。与客户保持联系的好处在于，如果他成为你的潜在客户，那么，你也将会做成很多潜在的生意。

因此，被拒绝后，你更应该保持对客户的关心，在继续向客户推销的同时，你更要主动与客户进行一些情感上的沟通。比如，为客户提供一些额外的帮助，他们会对你产生好感，记住你和你所销售的产品的名字，在以后的日子里，还会因为认同你而认可你的产品，这些拒绝你产品的客户就很可能成为你的忠实客户。

5.建立客户档案

建立客户档案有助于对客户实行系统化管理，这需要我们专门收集客户的相关资料，以及客户本身的内外部环境信息资料。它主要有以下几个方面。

(1)关于客户的一些基本资料，比如客户的姓名、地址、电话以及个人性格、爱好等方面，这些都需要你不断地拜访客户才能收集得到，并归档形成。

(2)客户的竞争对手的资料。

(3)一些深入的资料，这些资料主要指的是关于客户的销售活动现状、未来发展方向与潜力、财务状况以及信用状况、存在的不足等。

总之，聪明的女人对于客户关系的维护是相当重视的，而如果你能做好以上几个方面的维护工作，相信客户会为你带来更大的效益。

善挖人脉，开展工作需要人际关系

好莱坞最流行的一句话是："成功，不在于你知道什么或做什么，而在于你认识谁。"这句话适用于每一个女人。如果你想成为一个成功的女人，想要拥有优质的生活，那就做个智慧女人，千万别忘了锻炼女人的力量之源——人脉，"与人相处的本领是最强大的本领。"拥有良好的人脉关系是你通向成功的一条捷径。

美国钢铁大王卡耐基说："专业知识在一个人成功中的作用只占15%，而其余的85%则取决于人际关系。无论你从事什么职业，学会处理人际关系，能够掌握并拥有丰厚的人脉资源，你就在成功路上走了85%的路程，在个人幸福的路上走了99%的路程了。"因此，聪明的女人们，在工作中，如果你懂得挖掘人脉，那么，进行工作时你将会事半功倍。

方女士经营着一家纺织厂，这些纺织品主要是出口，很少内销。在2000年的时候，这家纺织厂还只有十几个工人，生意冷清，但事情很快发生了转变。

有一次，一个越南客商要从这家纺织厂购进价值五万元的布匹，方女士按照对方的要求把这批布匹包装好，并准备运送码头发货。但正在这时，这个越南客商却突然打来电话请求退货，原因是该客商对当地市场估计错误，这批货到越南后将很难销售。

厂里很多干部劝方女士，既然对方这么毫无信用，大可一口拒绝对方，反正合同都已经签了。但经过两天的考虑，方女士却决定答应对方的退货请求，因为对方答应支付包装、运输等一切费用，这批布匹由于是外贸产品，在国内市场同样也可以销售出去，所以方女士等于没有什么损失，也就不会为难这位越南客商，而最大的好处是她这样做等于是帮助了了对方，有助于双方建立良好的合作关系。

果然，这位越南客商很感激方女士，并表示以后在同类产品中将优先考虑方女士的产品，他还不断向自己的朋友夸奖方女士，为方女士介绍了很多的生意。就这样，在不到两年的时间内，方女士的纺织产品风靡越南，她的生意也越做越大。

后来，方女士常说，“眼睛只盯着钱的人做不成大买卖。买卖中也有人情在，抓住了这个人情，买卖也就成功了一半。”

本案例中的这位方女士是非常聪明的，她清楚地认识到人脉对生意的重要性。如果当时她拒绝了越南客商的退货，那么虽然她做成了一笔小生意，却会损失了这个客户包括后来客户推荐的很多新客户。而答应了退货的要求表面上吃了点亏，但她却交到了一个朋友，孰轻孰重，明眼人一看就知道了。

可见，人脉可以定夺个人与事业的江山；人脉可以增强自己事业的合纵连横；人脉可以截长补短、互通有无；人脉可以养兵千日，用于一时；人脉可以见贤思齐，见不贤而内自省……人脉可以铸就“振臂一挥，应者云集”的“大成”人生。一个智慧女人，必须明白人脉有以下五大秘诀。

(1) 人脉资源要以职业、事业的发展为第一考量。

(2) 人脉资源要兼顾物质、精神与生活的需要。

对于这两点，我们要兼顾，不能只顾事业的发展或者物质财富，有些人虽然对你的工作、事业没有帮助，但总是能在困惑时帮你打开心扉，这样的人，你也应该珍惜。

另外，你不要因为对方不能为你带来名利就疏远对方。有些朋友，即使他们性格粗糙、不拘小节，却真心为人，真心待你，他们会成为你成长的一面镜子。你还应该有一两个善于倾听的伙伴，他们是你倾诉的对象，成功时他们与你一起分享，挫折时他们与你一起分忧。你甚至还应该有几个“损友”，即使看上去他们总是“与你为敌”，但一旦你需要帮助的时候，他们总是挺身而出。

(3)拜冷庙、烧冷灶，交落难英雄

(4)友情投资宜走长线。友谊之花，须经年累月培养，做人做事不可急功近利。那些善于“放长线”的女人，才能钓大鱼。你若希望获得一个四通八达的人脉，那么，你就需要在日常生活中进行浇灌、维护。为此，你最好将人脉资源的经营管理纳入到你长期和短期的职业规划中，逐步养成经营人脉的习惯。

(5)亮出你的价值。现代社会，每个人都希望能结交比自己更优秀、成功的人。如果你想结交更多的朋友，就要展现出你自己的价值，展现出你身上独特的魅力，用你的思想与智慧去赢得人心。告诉别人你能为他带来什么价值非常重要。

女人的魅力并不是外表带来的，而是智慧与内在的显现，一个智慧女人懂得编织好自己的人际关系网，她们会在平时不断地积累，时刻吸收新鲜的资讯，多读书、读好书，充实自己的头脑，让自己在不同的人面前展示出不同的才华，她们的人脉资源就会更宽、更广、更立体，离成功也就越来越近！

拓展你的朋友圈，赢得更多客源

当今社会，人脉资源越丰富，寻找客户的门路也就更多；你的人脉档次越高，钱就来得越快。因此，在日常生活或工作中，应多结交朋友，善于发现、善于交往，你会赢得更多客户。

汽车销售员小林是个与众不同的女人，她对漂亮衣服、包包、购物不感兴趣，倒和男人们一样，是个马达爱好者，很喜欢摩托、汽车等。她参加了一个越野车俱乐部，周末的时候，她就和这些会员们一起开车到郊外兜风。

小林虽然喜欢开车，但对于汽车销售，却不是那么在行。这不，刚入职不久的她就遇到问题了，上哪里找客源呢？总不能天天待在店里等着客户上门吧，天下可没有掉馅饼的事。

这天，一脸沮丧的她找到朋友，向朋友倒了一肚子的苦水，结果还没等她说完，朋友说："你傻呀！你自己这是占据有利资源却不利用啊！"

"这话怎么说？"

"你在越野俱乐部有那么多朋友，大家都是'马达'一族，你怎么不找他们帮忙呢？"

"是啊，我怎么忘了这点，即使他们自己不买车，也或多或少有需要买车的朋友。可是我怎么开口呢？我觉得不好意思啊。"

"怎么不好意思，如果他们需要车，那么在你那里买和在其他地方买，不是一样吗？再说，如果你的服务态度好、售后完善，对方还会为你介绍客户呢！那么，你的生意就会源源不断了……"

本案例中，汽车销售员小林虽然是汽车俱乐部的会员，却不知道利用资源，为寻找客源而烦恼，在朋友的提点后，她才认识到这点。

潜在顾客从何处来？他们会主动上门吗？有时候可能是这样，如对于一家零售店的推销员而言。但是，对于保险、复印机、美容护肤品和大百科全书的推销人员来讲，等顾客上门，则几乎什么都卖不出去。这些推销人员必须走出去，主动寻找顾客。然而，寻找客源并不能盲目，聪明的女人们往往会利用她们善于交际的优势，多结交朋友，把工作做在平时，这样，有越来越多的朋友，你也就赢得了越来越多的客户。

当然，人与人之间的关系，一般需要经历从相遇、相识到相知这三个过程，即使是陌生人，也可能就是你的下一个朋友。然而，如何结交陌生人，处理好与陌生人之间的关系，无疑就成了考验女人人际交往能力高低的主要方面。下面有几个重要的交往原则。

1.真诚

任何时候，把自己包裹起来，永远交不到朋友。如果你渴望别人对你打开心扉，就要以诚待人，让对方产生心理安全感，而不是一味自我防卫。当然，我们不得不认识到，这样做也会冒一定的风险。

2.主动

积极主动人会带给他人热情的感觉，当然，职场女人要做到主动，还需要一定的勇气与胆量，需要克服很多不良的心理状态，比如自卑。你要尝试着走进陌生的生活圈子，鼓足勇气张嘴，那就是第一步。与人搭讪首先要友好，即使心里没底，也要自然地笑一下，也许这一笑就可以开始你们的谈话。

3.交互

人与人之间，情感都是互补的，你希望获得别人的尊重，你就要尊重别人，你的真诚也会换来他人的真诚，同样欺骗也会换来欺骗。因此，与人交往应以良好的动机出发。

人们常说，眼睛是心灵的窗户，我们可以通过眼神读出许多有关对方的信息，同时，对方也能如此。假若你眼神迷离、不敢正视他人，那么这表明你是心虚的、胆怯的；而大大方方地正视别人，则会传达出你是诚实的这一信息。因此，在学习和工作中要经常提醒自己面带微笑，交流时要正视别人，

眼光温和，聚精会神、专心致志地倾听。这种练习不但能增强你的亲和力，而且能为你赢得别人的信任，强化你的自信心。

4.平等

所有好的人际关系都要建立在双方平等的基础上，只有平等，才能让双方体会到自由与无拘无束的感觉。如果你感觉自我压抑，就无法建立起高质量的人际关系。

5.注意仪表

仪表体现的是一个人的精神风貌，邋里邋遢、不修边幅的外表会大大降低你在他人心中的形象，而大方、得体的仪表能够得到别人的夸奖和好评，也能提高你的自信心。女性在生活中往往比男人们更加注重外表，她们天生在意自己的外表。比如，人们往往会对那些身着一袭长裙的姑娘多留意几分，她们的举手投足都显得亮丽、迷人。因此，对于女性来说，从仪表上也能看出你的精神风貌。女性要特别要注意学会从头到脚扮靓自己，保持发型美观，衣着整洁、大方。当你的仪表得到别人的夸赞时，你的自信心一定会油然而生。

最后，还要指出，想要和陌生人加深关系，还必须在人际关系的实践中去寻找，逃避人际关系而想得到别人的友谊只能是缘木求鱼，不可能达到理想的目的。广结缘，不仅使你赢得更多的客户，还会令你开阔眼界，增长才干，丰富人生阅历，增添成就感，提高耐挫力，激发和巩固自信！

表达对朋友的信任和重视才能赢得朋友

“结交新朋勿忘旧友，一如浓茶一如美酒，情谊之路长无尽头，愿这友谊天长地久。”这是一首儿童友谊歌。每个人都需要朋友。有人认为，在男人的世界里才有真正的友谊，其实，这是错误的观点，女人更需要朋友，尤其是

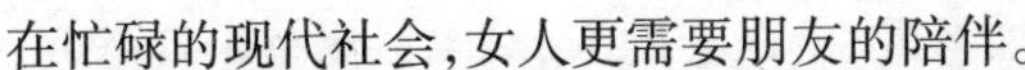

在忙碌的现代社会，女人更需要朋友的陪伴。

作家霍桑说过：“人与人之间的互助是绝对重要的，可以关系到一个人是凡人还是巨人。”所以，聪明的女人们，你要学会感情投资，在朋友落难之时，不仅要给予其物质上的帮助，更要对其表现出重视，你重视别人，才能换来别人的重视。

当然，尊重与信任也是分不开的。美国哲学家和诗人爱默生说过：你信任人，人才对你重视。以伟大的风度待人，人才表现出伟大的风度。在人际交往中，信任就是要相信他人的真诚，从积极的角度去理解他人的动机和言行，而不是胡乱猜疑，相互设防。信任他人必须真心实意，而不是口是心非。

对此，女人们，在人际交往中，你可以这样表达对朋友的信任和重视。

1.己所不欲，勿施于人，即你怎样对待自己，也就怎样对待朋友

天国有一位国王，有一天，他要和他的仆人们算账。当他开始算的时候，有人带来了一个欠他一万两银子的仆人。因为这个仆人没有什么偿还之物，国王吩咐把他和他的妻子儿女加上其一切所有财产都卖了还债。那仆人就俯身下拜说：“国王，宽限我些日子吧，将来我一定会还清的。”于是国王就动了慈悲之心，将他放了，并免去了他的债务。

可是，那仆人出得门来，碰见他的一个同伴，欠他十两银子，便揪住他，掐着他的喉咙说，“还我的钱”。他的同伴就俯身在地，央求他说：“宽限我些日子吧，将来我会还清的。”这个仆人就是不依不饶，竟将他下了牢，要待他还了钱才肯放他出来。同伴们见了他的所作所为，均感难过，就将他的行为告诉了国王。于是，国王就把他唤到跟前，对他说：“你这恶毒的奴仆，我免了你全部的债务，是因为你求我。你难道不该对你那同伴有些同情，就像我怜悯你一样吗？”国王大怒，把他交给掌刑的，直到他还清所欠的债再放他。

2. 热情待人

与人交往，良好印象的形成中，热情是第一个被对方感知到的品质，这也是人际交往中的心理规则。因为人们总是有这样的感觉，那些热情的人

肯定会有一些其他良好的品质，如有爱心、乐于助人、对生活保持乐观态度、容易接近等，而这些都是人们在交往中希望看到的。

3.避免先入为主

在与人交往的时候，你没必要处处设防。但是有些女人似乎天生敏感、多疑：害人之心不可有，防人之心不可无。无意中，她们放大了后半句，因此产生了不信任的心理。这种不信任是人际交往的大敌，它影响着你对好坏的判断，也会让你拒人于千里之外。

4.主动交往，关心对方

寻求呵护是人参与交际活动的重要驱动力。在人际交往中，你若是主动关心对方，帮对方解决一些实际问题，让对方的心理需要得到满足，对方一定会感到你对他有莫大的呵护感，因而更加信赖你，未来交际的可信度与有效度也会明显提高，对方与你交往的渴望程度也会大大增加。

建立在互惠互利基础上的关系才能更长久

生活中，人们常说："来而不往非礼也"，中国人素来也有"滴水之恩，当涌泉相报"的美好传统。人际间的关系，也正是在这种你来我往中增进的。而实际上，这样的交际心理是有依据的，这就是人际交往中的"互惠原理"，它指的是交往双方的互惠互利。只有单方获得好处的人际交往是不能长久的。所以要双方都受益，不仅是物质的，还有精神的。所以，聪明的女人们，在与人交往的过程中，如果你希望关系长久，那么，就不能一味索取，而不知付出和奉献。

但在现实生活中，我们发现，女人们扮演的似乎永远是受惠者的角色。因为性别的关系，她们认为自己更需要保护，对于他人尤其是男性的帮助感到理所当然，而事实上，你可能没发现，这就是很多男性不愿意和女性共事

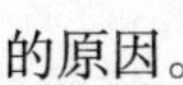

的原因。

曾经有个“六个苹果的故事”：六个苹果，如果自己每天一个，那你就仅仅只吃了六个苹果。但如果你给自己只留一个，其余五个分给舍友、同学，那你每天可能就可以尝到五种不同的水果；就算没有，自己也不过是吃少了几个苹果而已。

《影响力》书中说道：“互惠——一个古老的原则，给予，索取……再索取。”古云“投之以桃，报之以李”，互惠原理一直都被我们所了解，但是我们并没有深刻领悟到它已经深深根植在社会文化和我们的血液中，并极大程度上影响着我们的生活和工作。我们来看看下面这个故事。

《战国策》中有这样一个故事：齐国人冯谖由于贫困潦倒，几乎没有办法维持生计了。

无奈之下，冯谖前去投靠孟尝君。孟尝君问他有什么才能没有，他说没有，但是礼贤下士的孟尝君还是把他收留了下来。

后来，冯谖两次三番地对所受到的待遇感到不满，于是弹剑而歌，孟尝君闻知后，都一一满足冯谖的要求，让其在心理上也有了满足感和安全感。后来，冯谖自愿去薛收债，通过巧妙地操纵，让薛地百姓对孟尝君感恩戴德，为孟尝君开辟了一条后路。

冯谖之所以主动请求帮孟尝君收债，为孟尝君开辟后路，是为了报当初孟尝君的知遇之恩，救自己于失意之中。可以说，在与人打交道这一点上，孟尝君确实有独到之处。其实，像这样的事例在历史上何其之多，他们最终都取得了双向的成功。

所以，女人们，你应该从中得到一个交际界的真理：这个世界上最成功的人从来不会一味地向别人索取帮助——与之相反，他们会挖空心思寻求能够帮助别人的机会。很多善于交际的人，都有条交际原则，那就是帮助落难英雄，也就是这个道理。

因此，在现实生活中，你不妨全力寻求能够帮助别人的机会，让对方产生必须回报的负债感，也就是想要“人助你，必先助人”。史蒂夫·鲍尔默曾

经说过："责任感，是成就神话的土壤和条件。"

具体来说，你可以这样运用以下原理。

1.学会站在对方的立场说话

"良言一句胜过三春冬暖"，有时候，一句体贴的话，会即刻拉近彼此间的心理距离。站在对方立场说话，这是强化心理感受、获得心理认同感的重要方面。

2.主动结交和帮助对方

当你经营人脉的时候，最重要的就是主动帮助别人，不断地帮助别人，尽你所能地帮助别人，只有这样，你才会获得别人的信任和好感，你储存的人脉才会越来越广，他日你需要帮助的时候，这些人必当挺身而出，为你效力。

3.要不着痕迹地给对方好处

越是不显山露水地给足对方好处和利益，对方越是感激，因为这足以显示出你的体贴和细心。

总之，作为女性的你，应该看到互惠的重要性，也应该主动付出，不要将对手视为"敌人"，应视对手为问题的解决者，双方能接受的共同利益点的达成才是合作的最佳效果，合作双方也都是社交的成功者。

换位思考，善于为他人着想

俗话说，种瓜得瓜，种豆得豆。如果你种下善因，获得的当然是善果，也就是说，如果你常常为他人着想，那么，在某个关键时刻，别人也会很自然地为你着想。然而，当自私占据内心的时候，种下的便是"恶果"。

我们先来看下面一个故事。

相传有一个偏僻的山村，村民们每天起早贪黑种植稻谷，可年年收成很低，不能养家糊口。有一个聪明的农夫就到山外寻找一些优质的稻种，几经周折，终于如愿以偿。第一年试种，果然获得大丰收，他得到了一笔不薄的收入。左邻右舍就想从他那里换取一些优质稻种。可这位农夫想，如果大家的稻谷产量都提高了，自己不就不能发财了吗？于是，他拒绝了乡亲们的请求。

第二年，他更加辛勤劳作，期盼能有更好的收成，但始料不及的是，稻子歉收，又恢复到前年的产量。原来，在稻谷授粉时，风将邻家的劣质花粉接种到他家的优质稻子上了。

此处，你肯定会笑话这个自私又愚昧的农夫。是的，自私狭隘是一切善良美好的事物身上的毒瘤，是成功与和谐的天敌。与之形成鲜明对比的是一种善于为他人着想的博大、无私的胸怀。然而，在我们生活的周围，并不是所有的女人都能认识到这一点。

陈小姐带着在儿童车中熟睡的一岁的孩子乘公交车，司机让陈小姐将儿童车折叠好，否则就要购买1元的行李货品票。陈小姐表示，如果把车折叠起来就会把孩子弄醒，而车上没有空座位，把孩子抱在手中又很危险。她认为司机的要求不合理，坚决不交这1元钱，而司机拒不开车。为了这1元钱，陈小姐与司机“对峙”数小时，期间陈小姐多次报警，警察两度出警，车上数十人被迫转车。最后，在警察苦口婆心的劝导后，陈小姐搭乘警车回家。此事引起了路人的各种议论。

可能我们生活的周围并不乏这样的女人，她们不会替人着想。就像案例中的陈小姐为了1元的行李费而和司机“对峙”数小时，不但耽误了其他乘客的时间，还麻烦了警察。不难想象，与人交往中，她们也是咄咄逼人的。这样的女人，是没有人愿意与之深交的。

为他人着想，是一种胸怀，一种博爱，一种境界，是现代女性必备的道德素养之一。适应现代社会，你不仅要提高自己生存的能力，更要学会做人，学会关心别人，学会奉献，学会与人合作，这一切都离不开为他人着想。多为他人考虑，给人方便，就能最大限度地减少人与人之间的矛盾冲突，就能

使每个人都生活在关爱与幸福之中，让每个人都真切地感受到大家庭的温暖。这样，自己就能得到真正的快乐，同时自己也能得到别人的帮助与关心。

善于为他人着想说起来是一件容易的事，但真正地去做是一件很困难的事。为什么呢？因为个人利益与他人利益产生冲突的时候，大多数人都很难取舍，他们都有“他的利益跟我有什么关系，我有没有好处”这种心理。就是因为大多数人有这种心理，所以他们在选择的时候，更多的是偏向于个人利益。因此，要想做到替他人着想，首先要克服的就是这种自私心理，除此之外，你还需要做到以下几点

1.多顾及他人的感受

与人交往的时候，任何时候都让别人保留脸面，不要让任何人感到难堪，不要贬低别人，不要夸大别人的错误，这是联络感情的最好方法。

2.耐心聆听

无论是谁，都希望自己的观点能得到认同，因此，人们对于那些能耐心倾听他人谈话的人，都会心存好感。如果你也能做到这点，你就是他们心中善解人意的人，别人会感到你尊重他。尊重别人，别人自然也会尊重你。

3.宽容至上，多体谅他人

人非圣贤，孰能无过？所以，当对方无意间冷落了你、冒犯了你时，你要尽可能以博大的胸怀宽容对方、原谅对方，而不是无论对谁、无论对何事都要针锋相对、斤斤计较。当然，能够原谅对方的前提是，你必须是一个习惯为他人着想的人。

在交际与应酬中，你给别人的印象如何，往往决定了接下来对方对你的态度。做到以上这些，为他人着想，做个善解人意的女人，便能让你在与人交际中游刃有余。

诚信至上，信誉乃女人事业的生命

古人云“无信无以立世”，信是立人之本。现代社会，每一个渴望成功的女人，都应该牢记这一点，信誉是事业的生命。同样，在与人的交际应酬中，诚信就好比我们的一个品牌，你没有“信”也就不会有人信你，你的话和你的存在就毫无意义可言。诚信待人，是成大事者的基本做人准则，诚信为天下第一品牌！无论你是谁，做人做事，都应讲“诚信”二字，养成诚实守信的习惯，在事业上用这种习惯来工作，方可在竞争中取得胜利。

然而，现实生活中，我们也不难发现，似乎总是有一些人不相信这一点，硬要走向另一端，结果既损害了别人，又让自己吃尽苦头，他们认为交际应酬不过就是一场尔虞我诈的游戏；也有一些人认为，与人交往，重在利益，利益达到了，诚信可有可无，他们青睐交际中的欺骗并自鸣得意，殊不知，他们在获得一份利益的时候，也丧失了一份人格。

为此，诚信第一，才能让你的人生、事业之路走得越来越远。

孔子的弟子曾子有句话：“吾日三省吾身。为人谋而不忠乎？与朋友交而不信乎？传不习乎？”作为一个有德行而对社会有责任心的人，在社会交往中诚信是做人的美德。与朋友交往要诚信，一个做事做人均无信的人，是很难在社会上立足的，因为人们均不齿于那些言而无信的人。正如孔子说：“言而无信，不知其可也。”

以诚相待是现代社会人际交往中最重要的砝码，大多数矛盾都能用诚信的办法得到解决。只要真诚待人，就可能赢得良好的声誉，获得他人的信任，将可能发生的矛盾化解在无形之中。因此，当你还在利益与诚信这二者之间徘徊的时候，你应该克服言而无信的弱点，摆脱利益的干扰，维持一份长久的友谊。

很久以前，在一个古老的镇上，有一个老锁匠，老锁匠一生修锁无数，技艺高超，收费合理，深受人们敬重。更主要的是老锁匠为人正直，每修一把锁他都告诉别人他的姓名和地址，说："如果你家发生了盗窃，只要是用钥匙打开家门的，你就来找我！"

老锁匠老了，为了不让他的技艺失传，人们帮他物色徒弟，最后老锁匠挑中了两个年轻人，准备将一身技艺传给他们。一段时间以后，两个年轻人都学会了不少技术。但两个人当中只能有一个能得到真传，老锁匠决定对他们进行一次考察。

老锁匠准备了两个保险柜，分别放在两个房间，让两个徒弟去打开，谁花的时间短谁就是胜者。结果大徒弟只用了不到十分钟就打开了保险柜，而二徒弟却用了半个小时，众人都以为大徒弟必胜无疑。老锁匠问大徒弟："保险柜里有什么？"大徒弟眼中放出了光亮："师傅，里面有很多钱，全是百元大钞。"问二徒弟同样的问题，二徒弟支吾了半天说："师傅，我没看见里面有什么，您只让我打开锁，我就打开了锁。"

老锁匠十分高兴，郑重宣布二徒弟为他的正式接班人，大徒弟不服，众人不解，老锁匠微微一笑说："不管干什么行业都要讲一个'信'字，尤其是我们这一行，要有更高的职业道德。我收徒弟是要把他培养成一个高超的锁匠，他必须做到心中只有锁而无其他，对钱财视而不见。否则，心有私念，稍有贪心，登门入室或打开保险柜取钱易如反掌，最终只能害人害己。我们修锁的人，每个人心上都要有一把不能打开的锁。"

大徒弟和二徒弟不同的测试结局，关键就在于他们是否"诚"。做人就要做得踏踏实实！谁也不愿和没有诚信的人交友，诚实是建立友谊的基本前提，是赢得信任的筹码。做人诚实，才能使人放心；赢得信任，别人才有可能和你推心置腹。虚伪的人，靠欺骗过日子，虽然有时也能取得暂时的效果，但一旦被揭穿就"臭不可闻"。没有谁会被同样一个谎言欺骗两次，言而无信的人最终无法获得别人的支持和帮助，也无法维持长久的人际关系。

现代社会，很多女人都拥有自己的事业，并且，她们的事业越做越大，因为她们坚信一点，越是诚实的人，信誉就越高，越能获得人们的真诚信任。她们更善于建立自己的人际关系网，对待他人，她们时刻保持诚实的态度，让别人感受到她们一如既往的真诚，此时，诚信就成为了一种品牌。这就是为什么她们不断攀登事业高峰的原因。

因此，如果你也想建立一张牢靠关系网并且维系它，那么，你就必须做到以诚待人。如果你企图以欺骗来维持关系网，你会发现，在某一天，你会被你的关系网所驱逐。也可以说，等于你亲手放了一把火将你的关系网化为灰烬了，一切苦心的经营都土崩瓦解了。

为此，在利益面前，你必须要克服自身存在的一些劣根性和弱点，不要企图在交际中欺骗他人，不要让良好的人际关系断送在自己的手里。因为诚信是一种品牌，让这品牌为你所用，你就能在交际中得心应手！

参考文献

[1]吴淡如.性格决定幸福[M].南昌:21世纪出版社,2008.

[2]吴维库.阳光心态[M].北京:机械工业出版社,2006.